JN293925

理工系新課程

線形代数演習

解き方の手順と例題解説

川添 充・山口 睦・吉冨 賢太郎
共著

培風館

はじめに

本書は，重要な事項とつまづきやすい点に焦点をしぼり，問題を解くためのポイントと例題の解法の解説に重点をおいてまとめた線形代数学の演習書です．

本書は 12 のテーマ

空間ベクトルと平面
数ベクトルと行列の演算
行列と 1 次写像
行列の基本変形
連立 1 次方程式
逆 行 列
行 列 式
ベクトル空間と部分空間
1 次 写 像
1 次写像の表現行列
内積と計量ベクトル空間
固有値と固有ベクトル

からなります．内容は姉妹書の「理工系新課程 線形代数」(改訂版) にそっていますが，各テーマの冒頭に線形代数学の基本的な概念の定義や定理などをまとめ，授業で用いられている教科書が上記の姉妹書と異なる場合でも，本書を演習書として単独で利用できるよう配慮しました．

各テーマは，問題の種類によって分けられたトピックを含み，各トピックごとに問題の解法の手順を解説した後，例題とその解答を，答案に書く際の手本となるように記しています．読者の方々が例題の解法を参考にして，各トピックの最後にある演習問題の解答をきちんと書くことにより，線形代数学の理解を深めてもらうことをめざしています．

なお，本書のサポートサイトを

http://www.las.osakafu-u.ac.jp/mathbook/laex/

に用意しました．訂正や補足・追加の問題の情報を記載していますのでご利用下さい．本書が線形代数を学ぶうえで読者の方々のお役に立てば幸いです．

2012 年 9 月

著者ら記す

目　　次

本書の使い方

本書は，テーマごとに基本事項が 1〜4 ページにまとめられています．教科書で学んだことの整理や演習でわからなくなったときに見返すのに利用して下さい．各テーマにはいくつかのトピックが含まれており，それぞれに解法が与えられています．

【解法 ...】	どのような問題をどのように解こうとするのか，解法の説明です．
ポイント	問題を解くときのポイントがまとめられています．
手順 ...	実際に解くときの手順を示しています．ただし，どうしてそのような手順で解くのかを ポイント に照らし合わせて考えるようにしましょう．
チェック☑	解答が正しいかどうかをチェックする項目が書かれています．自分の答案をこのチェック項目にそって確認してみましょう．
例題 ...	実際に例題を用いて解法を解説しています．
解	あくまで解答例ですが，学生の皆さんが解答用紙に書く手本となることをめざして書かれていますので，まずは同じように記述するようにしましょう．
検算	例題の解で，チェック☑ の項目をチェックするだけではなく，実際に検算できる場合には検算方法を記載しています．
《演　習》	例題と解を参考に，演習問題にチャレンジしてみましょう．解答ができたら，まず，チェック☑ の項目を確認してから，巻末の解答で確認してみましょう．
解説	例題の 解 や最初のまとめのなかで，知っておいたほうがよいことや，より深く理解しておいてほしいことについて補足的な解説を行っています．
注意	間違えやすい点を注意点として記載していますので，よく読んで確認して下さい．
Tips!	知っておくと役に立つ知識が書かれています．
用語	よく用いられる用語をこのマークとともに記載しています．
⟨!⟩	傍注において，注意事項や補足説明を記載しています．

用語と記法・基本的事項のまとめ

集合の要素（元）と集合の例　要素 (元)：集合 X に属するもの.
x が X の要素であることを $x \in X$ または $X \ni x$ で表す.
空集合 ($\varnothing$)：要素をもたない集合.
数学で一般的に用いられる記号　$\boldsymbol{R}$：実数全体, $\boldsymbol{C}$：複素数全体,
$\boldsymbol{N}$：自然数全体, $\boldsymbol{Z}$：整数全体, $\boldsymbol{Q}$：有理数全体.

有限集合・無限集合

(1) 有限集合：要素の個数が有限個のもの.

例：サイコロの目の数の集合, 地球上の生物全体の集合, ...

(2) 無限集合：有限集合でない集合.

例：$\boldsymbol{R}, \boldsymbol{C}, \boldsymbol{N}, \boldsymbol{Z}, \boldsymbol{Q}$, 平面上の点の集合, ...

集合の表し方

(1)「要素の列挙による表記」

例：$\{a, b\}$, $\{1, 3, 5, \dots\}$ (正の奇数), $\{2m \mid m \in \boldsymbol{Z}\}$ (偶数全体)

(2)「条件や数式による表記」$\{x \mid x$ は条件 P を満たす $\}$.

例：$\{z \mid z \in \boldsymbol{C}$ かつ $|z| = 1\}$ (複素平面の単位円), $\{m \mid m \in \boldsymbol{Z},\ m$ は偶数 $\}$ (偶数全体)

以下, X, Y は集合とする.

部分集合　$x \in Y$ ならば $x \in X$ がつねに成り立つとき, Y は X の**部分集合**といい, $Y \subset X$ または $X \supset Y$ で表す. $X = Y \Longleftrightarrow X \subset Y$ かつ $Y \subset X$ である.

(!) $\subset$ や $\supset$ は等号 (=) の場合も含む. 数の大小関係の不等号 $\leqq, \geqq$ に相当する. $X \subset Y$ かつ $X \neq Y$ であることを $X \subsetneqq Y$ で表す.

合併・共通部分

X と Y の**合併**：$X \cup Y = \{x \mid x \in X$ または $x \in Y\}$,
X と Y の**共通部分**：$X \cap Y = \{x \mid x \in X$ かつ $x \in Y\}$.

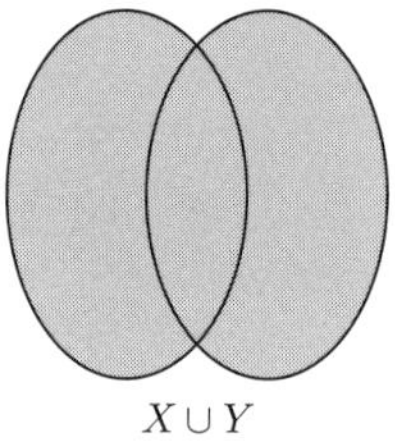

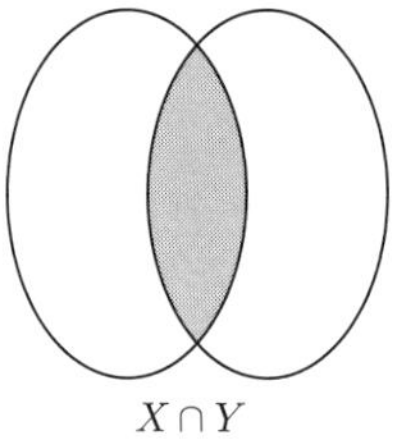

写　像　X の各要素 x に対し，Y の要素 y がただ一つ対応するとき，この対応を**写像**といい，$f : X \to Y$ と表す．

写像 $f : X \to Y$ が定まっているとき，x が y に対応することを $y = f(x)$ で表し，y を x の**像**または**写り先**という．また，Y の部分集合

$$f(X) = \{f(x) \mid x \in X\}$$

を X の f による像という．

⚠ $x \overset{f}{\mapsto} y$ とも書く．

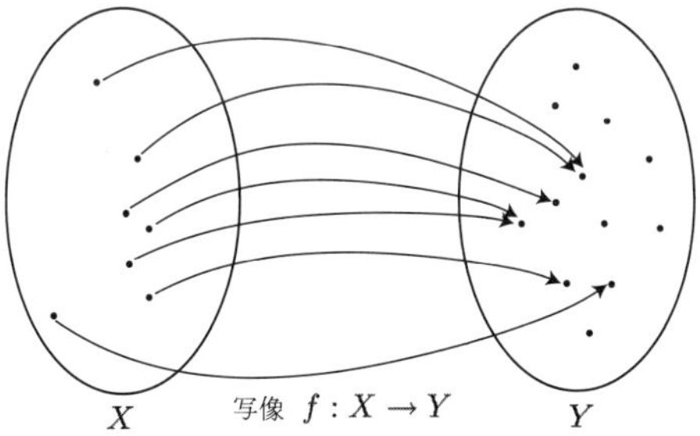

恒等写像　X から X への写像で，すべての $x \in X$ に対して x を対応させるものを**恒等写像**といい，id_X で表す．

$$id_X(x) = x$$

⚠ X が明らかなときは単に id と書く．

写像の合成　2つの写像 $f : X \to Y$, $g : Y \to Z$ に対し，g と f の**合成写像** $g \circ f$ を

$$g \circ f : X \to Z, \quad (g \circ f)(x) = g(f(x))$$

で定義する．

逆写像　$f : X \to Y$ に対し，$g : Y \to X$ で $g \circ f = id_X$, $f \circ g = id_Y$ を満たすような写像を f の**逆写像**（インバース）といい，$g = f^{-1}$ と表す．

例：(1) $f : \boldsymbol{R}^2 \to \boldsymbol{R}^2$, $f : \begin{pmatrix} x \\ y \end{pmatrix} \mapsto \begin{pmatrix} 2x - 3y \\ x - 2y \end{pmatrix} \Longrightarrow f^{-1}\left(\begin{pmatrix} x \\ y \end{pmatrix}\right) = \begin{pmatrix} 2x - 3y \\ x - 2y \end{pmatrix}$

(2) $f : \boldsymbol{N} \to \boldsymbol{N}$, $f(n) = n + 1 \Longrightarrow f^{-1}$ は存在しない．

代数学の基本定理　$f(x)$ を多項式とするとき，代数方程式 $f(x) = 0$ は複素数 $\boldsymbol{C}$ において必ず解をもち，次のように因数分解される．

$$f(x) = a(x - \lambda_1)^{m_1}(x - \lambda_2)^{m_2} \cdots (x - \lambda_k)^{m_k} \quad (\lambda_1, \lambda_2, \ldots, \lambda_k \in \boldsymbol{C})$$

ここで，$\lambda_1, \lambda_2, \ldots, \lambda_k$ は互いに異なる $f(x) = 0$ の解であり，m_i は解 λ_i の**重複度**といわれる．

⚠ $f(x)$ は実数係数でも複素数係数でもよい．

空間ベクトルと平面

空間または平面の点 X の位置ベクトルが $\boldsymbol{x}$ のとき，点 X を点 $\boldsymbol{x}$ と表す．

空間ベクトルの内積　空間のベクトル $\boldsymbol{u}=\begin{pmatrix}u_1\\u_2\\u_3\end{pmatrix}$，$\boldsymbol{v}=\begin{pmatrix}v_1\\v_2\\v_3\end{pmatrix}$ に対し，内積と直交性，長さを以下のように定義する．

(1) $\boldsymbol{u},\boldsymbol{v}$ の内積 $(\boldsymbol{u},\boldsymbol{v})$ の定義：　$(\boldsymbol{u},\boldsymbol{v})=u_1v_1+u_2v_2+u_3v_3$

(2) $\boldsymbol{u},\boldsymbol{v}$ の直交性の定義：　$\boldsymbol{u}\perp\boldsymbol{v} \overset{\text{定義}}{\Longleftrightarrow} (\boldsymbol{u},\boldsymbol{v})=0$

(3) $\boldsymbol{v}$ の長さの定義：　$||\boldsymbol{v}||=\sqrt{(\boldsymbol{v},\boldsymbol{v})}=\sqrt{v_1^2+v_2^2+v_3^2}$

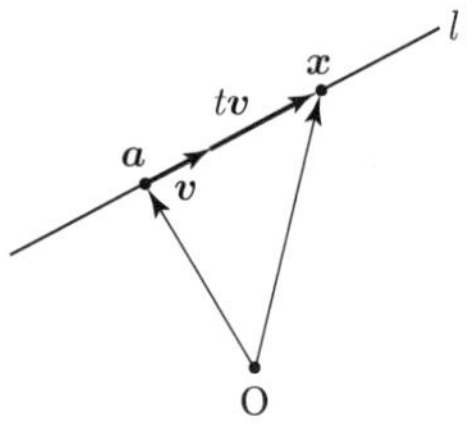

直線のパラメータ表示　点 $\boldsymbol{a}$ を通って，$\boldsymbol{v}\,(\neq\boldsymbol{0})$ に平行な直線 l の上の点 $\boldsymbol{x}$ を表すパラメータ表示は $\boldsymbol{x}=\boldsymbol{a}+t\boldsymbol{v}\ (t\in\boldsymbol{R})$ である．$\boldsymbol{v}$ を直線 l の**方向ベクトル**という．

直線の方程式　空間内の直線のパラメータ表示が $\begin{pmatrix}x\\y\\z\end{pmatrix}=\begin{pmatrix}x_0\\y_0\\z_0\end{pmatrix}+t\begin{pmatrix}p\\q\\r\end{pmatrix}$ $(t\in\boldsymbol{R})$ のときの直線の方程式：　$\dfrac{x-x_0}{p}=\dfrac{y-y_0}{q}=\dfrac{z-z_0}{r}$ $(pqr\neq 0)$

⚠ $pqr\neq 0$ のときの方程式は解法 1 を参照.

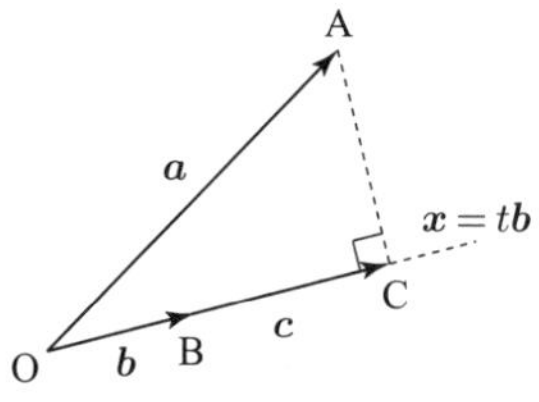

正射影　$\boldsymbol{a},\boldsymbol{b}$ を平面または空間の 2 点，$\boldsymbol{a}$ から直線 $\boldsymbol{x}=t\boldsymbol{b}\ (t\in\boldsymbol{R})$ に下ろした垂線の足を $\boldsymbol{c}$ とすると，$\boldsymbol{c}=\dfrac{(\boldsymbol{a},\boldsymbol{b})}{(\boldsymbol{b},\boldsymbol{b})}\boldsymbol{b}$ が成り立つ．$\boldsymbol{c}$ を $\boldsymbol{a}$ から $\boldsymbol{b}$ への**正射影**という．

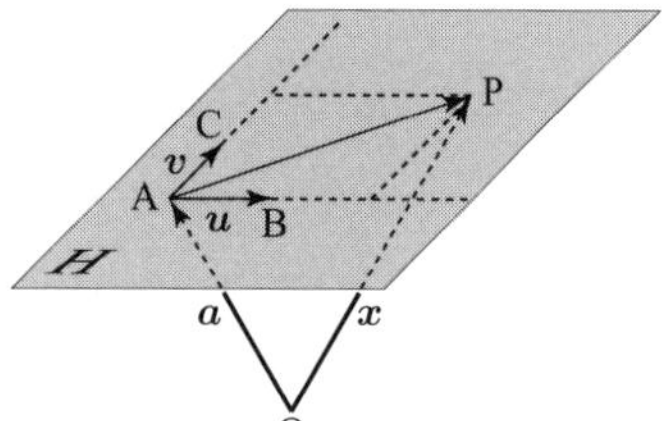

平面のパラメータ表示　H を空間における平面とする．$\boldsymbol{u},\boldsymbol{v}$ を H と平行なベクトルで，一方が他方の実数倍でないとする．このとき，H 上の 1 点 $\boldsymbol{a}$ をとると，H 上の点 $\boldsymbol{x}$ を表すパラメータ表示は $\boldsymbol{x}=\boldsymbol{a}+s\boldsymbol{u}+t\boldsymbol{v}\ \ (s,t\in\boldsymbol{R})$ である．

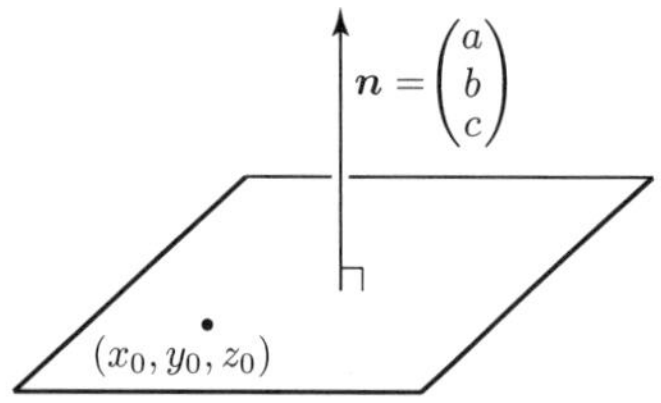

平面の方程式　ベクトル $\boldsymbol{n}=\begin{pmatrix}a\\b\\c\end{pmatrix}$ に垂直で (x_0,y_0,z_0) を通る平面の方程式は

$$a(x-x_0)+b(y-y_0)+c(z-z_0)=0$$

で与えられる．逆に，方程式 $ax+by+cz=d$ はベクトル $\begin{pmatrix}a\\b\\c\end{pmatrix}$ に垂直な平面を表す．$\boldsymbol{n}$ をこの平面の**法線ベクトル**という．

1. 直線のパラメータ表示と方程式を求める

【解法 1】

異なる 2 点 $\mathrm{A}(a_1, a_2, a_3)$, $\mathrm{B}(b_1, b_2, b_3)$ を通る直線のパラメータ表示と方程式の求め方.

ポイント 直線のパラメータ表示は，直線上の 1 点と方向ベクトル $\overrightarrow{\mathrm{AB}}$ によって与えられる．方程式はパラメータ表示から t を消去して得られる．

手順1 直線のパラメータ表示は $\begin{pmatrix} x \\ y \\ z \end{pmatrix} = \begin{pmatrix} a_1 \\ a_2 \\ a_3 \end{pmatrix} + t \begin{pmatrix} b_1 - a_1 \\ b_2 - a_2 \\ b_3 - a_3 \end{pmatrix}$ $(t \in \boldsymbol{R})$ で与えられる.

手順2 方程式はパラメータ表示から t を消去することによって求める. $a_i = b_i$ のときは，t の項がなくなるので，各 $i = 1, 2, 3$ について $a_i = b_i$ か $a_i \neq b_i$ かによって場合分けをする.

場合分け① $a_i \neq b_i$ $(i = 1, 2, 3)$ のとき，

$$\frac{x - a_1}{b_1 - a_1} = \frac{y - a_2}{b_2 - a_2} = \frac{z - a_3}{b_3 - a_3}$$

場合分け② いずれか 1 つの i について，$a_i = b_i$ のとき，例えば $a_1 = b_1$, $a_2 \neq b_2$, $a_3 \neq b_3$ のときは，

$$x = a_1, \qquad \frac{y - a_2}{b_2 - a_2} = \frac{z - a_3}{b_3 - a_3}$$

⚠ この場合は yz 平面に平行な直線となる.

場合分け③ 2 つの i について $a_i = b_i$ のとき，例えば $a_1 = b_1$, $a_2 = b_2$, $a_3 \neq b_3$ のときは，

$$x = a_1, \qquad y = a_2$$

⚠ この場合は z 軸に平行な直線となる.

解説 直線の方程式が 2 つの等式で与えられるのは，各等式が平面の方程式を表しており，直線がその 2 平面の交線であることによる.

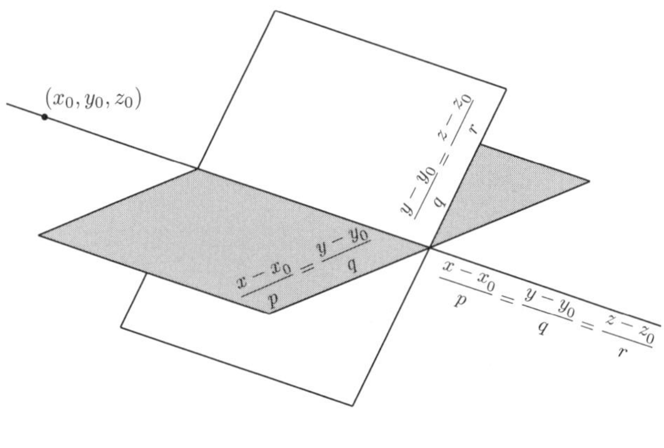

例題 1 空間の 3 点 A, B, C を $A(1,3,5)$, $B(2,-1,3)$, $C(2,2,5)$ とする．直線 AB および AC のパラメータ表示と方程式を求めよ．

解 直線 AB のパラメータ表示は

手順 1 ☞

$$\begin{pmatrix} x \\ y \\ z \end{pmatrix} = \overrightarrow{\mathrm{OA}} + t\overrightarrow{\mathrm{AB}} = \begin{pmatrix} 1 \\ 3 \\ 5 \end{pmatrix} + t \begin{pmatrix} 2-1 \\ -1-3 \\ 3-5 \end{pmatrix} = \begin{pmatrix} 1 \\ 3 \\ 5 \end{pmatrix} + t \begin{pmatrix} 1 \\ -4 \\ -2 \end{pmatrix} \quad (t \in \boldsymbol{R})$$

で与えられる．各成分ごとに t について解くと

手順 2 場合分け① ☞

$x = 1 + t$ より $t = x - 1$; $y = 3 - 4t$ より $t = \dfrac{y-3}{-4}$; $z = 5 - 2t$ より $t = \dfrac{z-5}{-2}$

を得る．よって，直線 AB の方程式は

◇!2 平面 $x-1=-\frac{y-3}{4}$ と $x-1=-\frac{z-5}{2}$ の交わり．

$$x - 1 = -\frac{y-3}{4} = -\frac{z-5}{2}$$

また，直線 AC のパラメータ表示は

手順 1 ☞

$$\begin{pmatrix} x \\ y \\ z \end{pmatrix} = \overrightarrow{\mathrm{OA}} + t\overrightarrow{\mathrm{AC}} = \begin{pmatrix} 1 \\ 3 \\ 5 \end{pmatrix} + t \begin{pmatrix} 1 \\ -1 \\ 0 \end{pmatrix} \quad (t \in \boldsymbol{R})$$

より，直線 AB の場合と同様にして，

手順 2 場合分け② ☞

$$x = 1 + t \text{ より } t = x - 1; \quad y = 3 - t \text{ より } t = -y + 3; \quad z = 5$$

よって，直線 AC の方程式は

◇!2 平面 $x-1=-y+3$ と $z=5$ の交わり．

$$x - 1 = -y + 3, \quad z = 5$$

となる． ∎

注意 直線 AC の方程式を $x-1=-y+3$ としないようにしよう．これは平面の方程式であり，もう一つ平面の方程式 $z=5$ が必要であることに注意する．

注意 直線上の 1 点と方向ベクトルのとり方は一通りではないので，パラメータ表示も一通りに定まるものではない．

《演 習》

問題 1 次の 2 点 A, B を通る直線のパラメータ表示と方程式を求めよ．

(1) $A(2,1,5)$, $B(-1,3,4)$

(2) $A(1,1,3)$, $B(2,1,-1)$

(3) $A(1,1,5)$, $B(1,7,5)$

2. 3点が与えられた平面のパラメータ表示を求める

【解法　2】

同一直線上にない3点 $\mathrm{A}(x_1, y_1, z_1)$, $\mathrm{B}(x_2, y_2, z_2)$, $\mathrm{C}(x_3, y_3, z_3)$ を通る平面のパラメータ表示の求め方.

ポイント 同一直線上にない3点 A, B, C を含む平面は，点 A を通り，$\boldsymbol{u} = \overrightarrow{\mathrm{AB}}$, $\boldsymbol{v} = \overrightarrow{\mathrm{AC}}$ に平行な平面である．3点が同一直線上にないことから，$\boldsymbol{u}, \boldsymbol{v}$ は，一方が他方の実数倍にならない.

手順1 $\boldsymbol{u} = \overrightarrow{\mathrm{AB}} = \begin{pmatrix} x_2 - x_1 \\ y_2 - y_1 \\ z_2 - z_1 \end{pmatrix}$, $\boldsymbol{v} = \overrightarrow{\mathrm{AC}} = \begin{pmatrix} x_3 - x_1 \\ y_3 - y_1 \\ z_3 - z_1 \end{pmatrix}$ を求める.

手順2 $\boldsymbol{a} = \overrightarrow{\mathrm{OA}}$ として，$\boldsymbol{x} = \boldsymbol{a} + s\boldsymbol{u} + t\boldsymbol{v} \quad (s, t \in \boldsymbol{R})$ は求めるパラメータ表示である.

例題 2　空間における3点 $\mathrm{A}(1, 3, 1)$, $\mathrm{B}(-1, 1, 2)$, $\mathrm{C}(0, 2, 5)$ を通る平面 H のパラメータ表示を求めよ.

解　平面に平行なベクトル $\boldsymbol{u}, \boldsymbol{v}$ として，$\boldsymbol{u} = \overrightarrow{\mathrm{AB}}$, $\boldsymbol{v} = \overrightarrow{\mathrm{AC}}$ をとると,

$$\boldsymbol{u} = \begin{pmatrix} -2 \\ -2 \\ 1 \end{pmatrix}, \qquad \boldsymbol{v} = \begin{pmatrix} -1 \\ -1 \\ 4 \end{pmatrix}.$$

☜ 手順1

また，O を原点として，$\boldsymbol{a} = \overrightarrow{\mathrm{OA}} = \begin{pmatrix} 1 \\ 3 \\ 1 \end{pmatrix}$.

よって，平面 H のパラメータ表示は次のようになる.

$$\begin{pmatrix} x \\ y \\ z \end{pmatrix} = \begin{pmatrix} 1 \\ 3 \\ 1 \end{pmatrix} + s\begin{pmatrix} -2 \\ -2 \\ 1 \end{pmatrix} + t\begin{pmatrix} -1 \\ -1 \\ 4 \end{pmatrix} \quad (s, t \in \boldsymbol{R})$$

∎ ☜ 手順2

注意　平面上の1点と，平面に平行なベクトルのとり方は一通りではないので，平面のパラメータ表示も一通りに定まるものではない.

《演　習》

問題 2　次の3点 A, B, C を通る平面のパラメータ表示を求めよ.

(1)　$\mathrm{A}(3, 1, 1)$, $\mathrm{B}(2, 0, -1)$, $\mathrm{C}(4, 1, 2)$

(2)　$\mathrm{A}(1, -1, 3)$, $\mathrm{B}(2, -1, 4)$, $\mathrm{C}(3, -1, -1)$

(3)　$\mathrm{A}(3, 4, 5)$, $\mathrm{B}(-1, 4, 2)$, $\mathrm{C}(2, 0, 3)$

3. 方程式から平面のパラメータ表示を求める

【解法 3】

方程式 $ax+by+cz=d$ で与えられる平面のパラメータ表示の求め方.

ポイント 平面に平行なベクトルは，法線ベクトルと直交するベクトルである.

手順1 $\begin{pmatrix} a \\ b \\ c \end{pmatrix}$ に垂直で，一方が他方の実数倍でないベクトル $\boldsymbol{u}, \boldsymbol{v}$ を求める.

実際には，$\begin{pmatrix} b \\ -a \\ 0 \end{pmatrix}, \begin{pmatrix} c \\ 0 \\ -a \end{pmatrix}, \begin{pmatrix} 0 \\ c \\ -b \end{pmatrix}$ のうち，一方が他方の実数倍でないように 2 つのベクトルを選べば条件を満たす.

手順2 平面上の 1 点 $\mathrm{A}(p,q,r)$ をとり，$\boldsymbol{a}=\begin{pmatrix} p \\ q \\ r \end{pmatrix}$ とおくと，平面 H のパラメータ表示 $\boldsymbol{x}=\boldsymbol{a}+s\boldsymbol{u}+t\boldsymbol{v}$ $(s,\, t \in \boldsymbol{R})$ を得る.

チェック
- ❏ $\boldsymbol{u}, \boldsymbol{v}$ の一方が他方の実数倍でないこと.
- ❏ $\boldsymbol{u}, \boldsymbol{v}$ が $\begin{pmatrix} a \\ b \\ c \end{pmatrix}$ と直交すること.
- ❏ $\boldsymbol{a}$ が H 上にあること.

例題 3 空間における平面 $H: 3x+4y-5z=2$ のパラメータ表示を求めよ.

解 平面 H の法線ベクトル $\begin{pmatrix} 3 \\ 4 \\ -5 \end{pmatrix}$ と直交し，一方が他方の実数倍でないベクトルとして，$\begin{pmatrix} 4 \\ -3 \\ 0 \end{pmatrix}, \begin{pmatrix} 5 \\ 0 \\ 3 \end{pmatrix}$ がとれる．H は点 $(1,1,1)$ を通るから次のパラメータ表示が得られる.

手順1☞

$$\boldsymbol{x}=\begin{pmatrix} 1 \\ 1 \\ 1 \end{pmatrix}+s\begin{pmatrix} 4 \\ -3 \\ 0 \end{pmatrix}+t\begin{pmatrix} 5 \\ 0 \\ 3 \end{pmatrix} \quad (s,t \in \boldsymbol{R})$$ ■

手順2☞

(!) H 上の 3 点をとり，解法 2 を用いてもよい．ただし，**3 点を同一直線上にあるものを選んでしまうと平面のパラメータ表示は得られないので注意.**

《演 習》

問題 3 次の方程式で与えられた平面のパラメータ表示を求めよ.

(1) $x+2y-z=3$　　(2) $3x-z=1$

(3) $x=2$　　(4) $x-y-3z=0$

4. パラメータ表示から平面の方程式を求める

【解法 4】

$\boldsymbol{a} = \begin{pmatrix} x_0 \\ y_0 \\ z_0 \end{pmatrix}$, $\boldsymbol{u} = \begin{pmatrix} u_1 \\ u_2 \\ u_3 \end{pmatrix}$, $\boldsymbol{v} = \begin{pmatrix} v_1 \\ v_2 \\ v_3 \end{pmatrix}$ として，パラメータ表示 $\boldsymbol{x} = \boldsymbol{a} + s\boldsymbol{u} + t\boldsymbol{v}$ $(s, t \in \boldsymbol{R})$ で与えられる平面 H の方程式の求め方．

ポイント $\boldsymbol{u}, \boldsymbol{v}$ に垂直なベクトル $\boldsymbol{n}$ が定数倍を除いて 1 つ求まる．これが平面の法線ベクトルである．法線ベクトルと点 (x_0, y_0, z_0) から平面の方程式が得られる．

手順 1 H の法線ベクトル $\boldsymbol{n} = \begin{pmatrix} a \\ b \\ c \end{pmatrix}$ を，$\boldsymbol{u}$, $\boldsymbol{v}$ との直交条件

$$\begin{cases} u_1 a + u_2 b + u_3 c = 0 \\ v_1 a + v_2 b + v_3 c = 0 \end{cases}$$

を解いて求める．

手順 2 方程式 $a(x - x_0) + b(y - y_0) + c(z - z_0) = 0$ を整理して得られる $ax + by + cz = d$ $(d = ax_0 + by_0 + cz_0)$ が求める方程式である．

⚠ 左の連立 1 次方程式の解は無限個あるが，$a = b = c = 0$ でない解を 1 つとればよい．

チェック ❑ 3 点 $\boldsymbol{a}$, $\boldsymbol{a} + \boldsymbol{u}$, $\boldsymbol{a} + \boldsymbol{v}$ を通ること．

例題 4 パラメータ表示

$$\boldsymbol{x} = \begin{pmatrix} 1 \\ 0 \\ -1 \end{pmatrix} + s\begin{pmatrix} 1 \\ 2 \\ -1 \end{pmatrix} + t\begin{pmatrix} 3 \\ 0 \\ 1 \end{pmatrix} \quad (s, t \in \boldsymbol{R})$$

で与えられる平面の方程式を求めよ．

解 $\begin{pmatrix} 1 \\ 2 \\ -1 \end{pmatrix}$, $\begin{pmatrix} 3 \\ 0 \\ 1 \end{pmatrix}$ に直交するベクトルを $\boldsymbol{n} = \begin{pmatrix} a \\ b \\ c \end{pmatrix}$ とおくと，直交条件 $a + 2b - c = 0$ かつ $3a + c = 0$ より $a = 1$, $b = -2$, $c = -3$ は一組の解である．よって，法線ベクトルとして $\begin{pmatrix} 1 \\ -2 \\ -3 \end{pmatrix}$ がとれる．また，点 $(1, 0, -1)$ を通るから，求める方程式は $(x - 1) - 2y - 3(z + 1) = 0$ を整理して $x - 2y - 3z = 4$ である． ■

☞ 手順 1

☞ 手順 2

《演 習》

問題 4 次のパラメータ表示で与えられた平面の方程式を求めよ．ただし，$s, t \in \boldsymbol{R}$.

(1) $\boldsymbol{x} = \begin{pmatrix} 1 \\ 0 \\ 1 \end{pmatrix} + s\begin{pmatrix} 1 \\ 2 \\ 0 \end{pmatrix} + t\begin{pmatrix} 0 \\ 1 \\ -1 \end{pmatrix}$　　(2) $\boldsymbol{x} = \begin{pmatrix} 1 \\ 2 \\ 3 \end{pmatrix} + s\begin{pmatrix} 3 \\ 1 \\ 1 \end{pmatrix} + t\begin{pmatrix} 2 \\ 2 \\ 1 \end{pmatrix}$

(3) $\boldsymbol{x} = \begin{pmatrix} 1 \\ 2 \\ 3 \end{pmatrix} + s\begin{pmatrix} 2 \\ 1 \\ 0 \end{pmatrix} + t\begin{pmatrix} 1 \\ 3 \\ 0 \end{pmatrix}$

5. 3点が与えられた平面の方程式を求める

【解法　5】

3 点 $A(x_1,y_1,z_1)$, $B(x_2,y_2,z_2)$, $C(x_3,y_3,z_3)$ を通る平面 H の方程式の求め方.

ポイント 解法 2 (p.7) から平面のパラメータ表示を求め，解法 4 (p.9) から $ax+by+cz=d$ の形の方程式が得られる.

手順1　解法 2 により H のパラメータ表示 $\boldsymbol{x}=\boldsymbol{a}+s\boldsymbol{u}+t\boldsymbol{v}$ を求める.

手順2　**手順1** で得られたパラメータ表示から解法4 を用いて方程式を求める.

【解法 5 別解】

⚠ この場合も a,b,c,d は定数倍を除いて定まることに注意.

ポイント 方程式を $ax+by+cz=d$ として，3 点を通る条件から直接 a,b,c,d を求める.

手順1

$$\begin{cases} x_1a+y_1b+z_1c-d=0 \\ x_2a+y_2b+z_2c-d=0 \\ x_3a+y_3b+z_3c-d=0 \end{cases}$$

を a,b,c,d についての方程式として解く.

手順2　$ax+by+cz=d$ が求める方程式である.

チェック ❏ 3 点の座標が方程式を満たすこと.

例題 5　空間の 3 点 $A(1,3,1)$, $B(-1,1,2)$, $C(0,2,5)$ を通る平面 H の方程式を求めよ.

手順1 ☞ **解**　H はパラメータ表示 $\boldsymbol{x}=\begin{pmatrix}x\\y\\z\end{pmatrix}=\begin{pmatrix}1\\3\\1\end{pmatrix}+s\begin{pmatrix}-2\\-2\\1\end{pmatrix}+t\begin{pmatrix}-1\\-1\\4\end{pmatrix}$ $(s,t\in\boldsymbol{R})$ をもつ. H の法線ベクトルを $\boldsymbol{n}=\begin{pmatrix}a\\b\\c\end{pmatrix}$ とすると，$\begin{pmatrix}-2\\-2\\1\end{pmatrix}$ と $\begin{pmatrix}-1\\-1\\4\end{pmatrix}$ との直交

手順2 ☞ 条件 $-2a-2b+c=0$, $-a-b+4c=0$ より，$a=1$, $b=-1$, $c=0$ がとれる. すなわち，法線ベクトルとして $\begin{pmatrix}1\\-1\\0\end{pmatrix}$ がとれる. 点 $(1,3,1)$ を通るから，$(x-1)-(y-3)=0$, したがって $x-y=-2$ が求める方程式である. ■

別解　求める方程式を $ax+by+cz=d$ とすると，

$$\begin{cases} a+3b+c=d \cdots ① \\ -a+b+2c=d \cdots ② \\ 2b+5c=d \cdots ③ \end{cases}$$

が成り立つ. ① + ② より，$4b+3c=2d$. これから，③ の 2 倍を引いて $-7c=0$. したがって，$c=0$. よって $2b=d$ であるから，$b=1$ とすれば $d=2$ であり，① より $a=-1$ を得る. よって，求める方程式は $-x+y=2$ である. ■

《演　習》

問題 5　次の 3 点 A, B, C を通る平面の方程式を求めよ.

(1)　$\mathrm{A}(2,1,-2)$, $\mathrm{B}(1,3,-9)$, $\mathrm{C}(4,2,2)$

(2)　$\mathrm{A}(2,3,4)$, $\mathrm{B}(0,9,12)$, $\mathrm{C}(5,4,6)$

(3)　$\mathrm{A}(2,1,5)$, $\mathrm{B}(-1,2,-4)$, $\mathrm{C}(0,-1,-1)$

ベクトルの外積と法線ベクトル

空間のベクトル $\boldsymbol{u} = \begin{pmatrix} p_1 \\ q_1 \\ r_1 \end{pmatrix}$, $\boldsymbol{v} = \begin{pmatrix} p_2 \\ q_2 \\ r_2 \end{pmatrix}$ に対し，p_3, q_3, r_3 を次のように定めよう.

$$\begin{aligned} p_3 &= q_1 r_2 - q_2 r_1 \\ q_3 &= r_1 p_2 - r_2 p_1 \\ r_3 &= p_1 q_2 - p_2 q_1 \end{aligned}$$

このとき，ベクトル $\boldsymbol{n} = \begin{pmatrix} p_3 \\ q_3 \\ r_3 \end{pmatrix}$ は $\boldsymbol{u}, \boldsymbol{v}$ に直交することが直接の計算でわかる．この $\boldsymbol{n}$ を $\boldsymbol{u}, \boldsymbol{v}$ の外積ベクトル**といい，$\boldsymbol{u} \times \boldsymbol{v}$ と表す．$\boldsymbol{u} \times \boldsymbol{v}$ は $\boldsymbol{u}$ と $\boldsymbol{v}$ の両方に垂直で，長さ $\|\boldsymbol{u} \times \boldsymbol{v}\|$ が $\boldsymbol{u}$, $\boldsymbol{v}$ をとなりあう 2 辺とする平行四辺形の面積と等しいという性質をもつ．また，向きは $\boldsymbol{u}$ から $\boldsymbol{v}$ に向かって右ねじを回すとき，右ねじが進む向きをもつ.

例：

$$\begin{pmatrix} 1 \\ 0 \\ 0 \end{pmatrix} \times \begin{pmatrix} 0 \\ 1 \\ 0 \end{pmatrix} = \begin{pmatrix} 0 \\ 0 \\ 1 \end{pmatrix}$$

$$\begin{pmatrix} 0 \\ 1 \\ 0 \end{pmatrix} \times \begin{pmatrix} 1 \\ 0 \\ 0 \end{pmatrix} = -\begin{pmatrix} 0 \\ 0 \\ 1 \end{pmatrix}$$

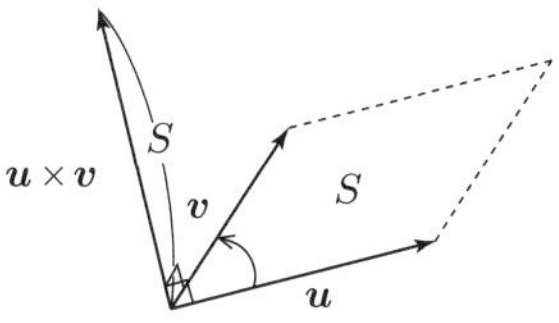

これを用いると，3 点 $\mathrm{A}(2,1,1)$, $\mathrm{B}(3,0,2)$, $\mathrm{C}(3,1,0)$ を通る平面の法線ベクトル $\begin{pmatrix} a \\ b \\ c \end{pmatrix}$ は

$$\boldsymbol{u} = \overrightarrow{\mathrm{AB}} = \begin{pmatrix} 1 \\ -1 \\ 1 \end{pmatrix}, \qquad \boldsymbol{v} = \overrightarrow{\mathrm{AC}} = \begin{pmatrix} 1 \\ 0 \\ -1 \end{pmatrix}$$

として，

$$\boldsymbol{u} \times \boldsymbol{v} = \begin{pmatrix} (-1)\cdot(-1) - 1\cdot 0 \\ 1\cdot 1 - 1\cdot(-1) \\ 1\cdot 0 - 1\cdot(-1) \end{pmatrix} = \begin{pmatrix} 1 \\ 2 \\ 1 \end{pmatrix}$$

となり，法線ベクトルとして $\begin{pmatrix} 1 \\ 2 \\ 1 \end{pmatrix}$ がとれることがわかり，平面の方程式 $x + 2y + z = 5$ が得られる.

数ベクトルと行列の演算

実 n 次元数ベクトル空間 $\boldsymbol{R}^n$

$$\boldsymbol{R}^n = \left\{ \begin{pmatrix} a_1 \\ a_2 \\ \vdots \\ a_n \end{pmatrix} \middle| \ a_1, a_2, \ldots, a_n \in \boldsymbol{R} \right\} \text{に対して,}$$

$$\text{和：} \begin{pmatrix} a_1 \\ a_2 \\ \vdots \\ a_n \end{pmatrix} + \begin{pmatrix} b_1 \\ b_2 \\ \vdots \\ b_n \end{pmatrix} = \begin{pmatrix} a_1 + b_1 \\ a_2 + b_2 \\ \vdots \\ a_n + b_n \end{pmatrix}, \ \text{スカラー倍：} c\begin{pmatrix} a_1 \\ a_2 \\ \vdots \\ a_n \end{pmatrix} = \begin{pmatrix} ca_1 \\ ca_2 \\ \vdots \\ ca_n \end{pmatrix}.$$

用語 $x_1, x_2, \ldots, x_n$ を1次結合の**係数**という.

1次結合 $\boldsymbol{a}_1, \boldsymbol{a}_2, \ldots, \boldsymbol{a}_n \in \boldsymbol{R}^n$ と $x_1, x_2, \ldots, x_n \in \boldsymbol{R}$ に対し,
$x_1\boldsymbol{a}_1 + x_2\boldsymbol{a}_2 + \cdots + x_n\boldsymbol{a}_n$ を $\boldsymbol{a}_1, \boldsymbol{a}_2, \ldots, \boldsymbol{a}_n$ の**1次結合**という.

零ベクトル $\mathbf{0}$ と基本ベクトル $\boldsymbol{e}_1, \boldsymbol{e}_2, \ldots, \boldsymbol{e}_n$

$$\mathbf{0} = \begin{pmatrix} 0 \\ 0 \\ 0 \\ \vdots \\ 0 \end{pmatrix}, \ \boldsymbol{e}_1 = \begin{pmatrix} 1 \\ 0 \\ 0 \\ \vdots \\ 0 \end{pmatrix}, \ \boldsymbol{e}_2 = \begin{pmatrix} 0 \\ 1 \\ 0 \\ \vdots \\ 0 \end{pmatrix}, \ \ldots, \ \boldsymbol{e}_n = \begin{pmatrix} 0 \\ 0 \\ \vdots \\ 0 \\ 1 \end{pmatrix}$$

用語 $m \times n$ を A の**型**または**サイズ**という.
a_{ij} を A の (i, j) **成分**という.

用語 $1 \times n$ 行列を**行ベクトル**ともよぶ.

用語 $m \times 1$ 行列を**列ベクトル**ともよび, 数ベクトルと同一視する.

⚠ 行列の型が一致しないときは和は定義できない.

行列 $A = \overbrace{\begin{pmatrix} a_{11} & a_{12} & \cdots & a_{1n} \\ a_{21} & a_{22} & \cdots & a_{2n} \\ \vdots & \vdots & & \vdots \\ a_{m1} & a_{m2} & \cdots & a_{mn} \end{pmatrix}}^{n} \Big\} m$ を $m \times n$ **行列**という. $(a_{i1} \ a_{i2} \ \cdots \ a_{in})$

を A の**第 i 行**または**第 i 行ベクトル**, $\boldsymbol{a}_j = \begin{pmatrix} a_{1j} \\ a_{2j} \\ \vdots \\ a_{mj} \end{pmatrix}$ を A の**第 j 列**または**第 j 列ベクトル**といい, $A = (\boldsymbol{a}_1 \ \boldsymbol{a}_2 \ \cdots \ \boldsymbol{a}_n) = (a_{ij})$ と略記する.

行列の和とスカラー倍 $m \times n$ 行列 $A = (a_{ij})$, $B = (b_{ij})$ と $c \in \boldsymbol{R}$ に対し,
和 $A + B$ と**スカラー倍** cA を次のように定義する.

$$\begin{pmatrix} a_{11} & \cdots & a_{1n} \\ \vdots & & \vdots \\ a_{m1} & \cdots & a_{mn} \end{pmatrix} + \begin{pmatrix} b_{11} & \cdots & b_{1n} \\ \vdots & & \vdots \\ b_{m1} & \cdots & b_{mn} \end{pmatrix} = \begin{pmatrix} a_{11} + b_{11} & \cdots & a_{1n} + b_{1n} \\ \vdots & & \vdots \\ a_{m1} + b_{m1} & \cdots & a_{mn} + b_{mn} \end{pmatrix},$$

$$c\begin{pmatrix} a_{11} & \cdots & a_{1n} \\ \vdots & & \vdots \\ a_{m1} & \cdots & a_{mn} \end{pmatrix} = \begin{pmatrix} ca_{11} & \cdots & ca_{1n} \\ \vdots & & \vdots \\ ca_{m1} & \cdots & ca_{mn} \end{pmatrix}.$$

零行列 O を $O = O_{m,n} = \begin{pmatrix} 0 & \cdots & 0 \\ \vdots & & \vdots \\ 0 & \cdots & 0 \end{pmatrix}$ で定義すると次が成り立つ.

$$A + O = O + A = A, \quad A + (-1)A = (-1)A + A = O$$

行列の積 $l \times m$ 行列 $A = (a_{ij})$, $m \times n$ 行列 $B = (b_{ij})$ に対し, 積 $C = AB$ を $l \times n$ 行列 $C = (c_{ij})$ で, $c_{ij} = a_{i1}b_{1j} + a_{i2}b_{2j} + \cdots + a_{im}b_{mj}$ と定義する.

⚠ A の列の数と B の行の数が一致しないときは積は定義できない.

$$\text{第}i\text{行} \to \begin{pmatrix} & & & \\ a_{i1}\ a_{i2} & \cdots\cdots & a_{im} \\ & & & \\ & & & \end{pmatrix} \begin{pmatrix} & b_{1j} & \\ & b_{2j} & \\ \cdots & \vdots & \cdots\cdots \\ & \vdots & \\ & b_{mj} & \end{pmatrix} = \begin{pmatrix} & \vdots & \\ \cdots & c_{ij} & \cdots\cdots \\ & \vdots & \end{pmatrix}$$

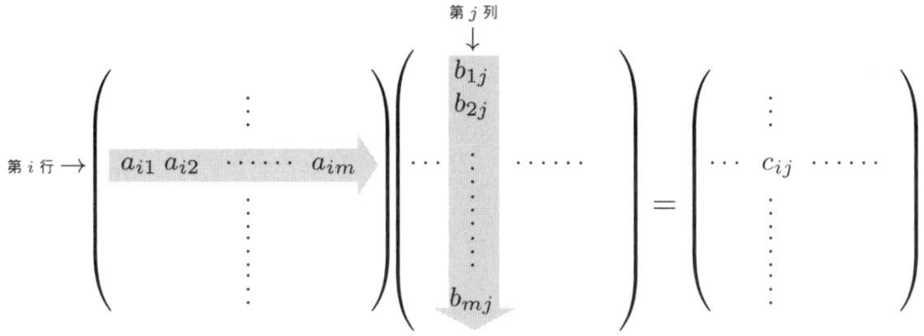

(1) $(AB)C = A(BC)$, $A(B+C) = AB + AC$, $(A+B)C = AC + BC$, また, $c \in \mathbf{R}$ に対し, $c(AB) = (cA)B = A(cB)$ が成り立つ.

(2) $m \times n$ 行列 A を $A = (\boldsymbol{a}_1\ \boldsymbol{a}_2\ \cdots\ \boldsymbol{a}_n)$ とする. このとき,
$$A \begin{pmatrix} x_1 \\ x_2 \\ \vdots \\ x_n \end{pmatrix} = x_1\boldsymbol{a}_1 + x_2\boldsymbol{a}_2 + \cdots + x_n\boldsymbol{a}_n$$

⚠ 行列とベクトルの積が行列の列ベクトルの 1 次結合であることはいろいろなところで登場する. また, とくに $A\boldsymbol{e}_j = \boldsymbol{a}_j$.

(3) $m \times n$ 行列 A と $n \times l$ 行列 $B = (\boldsymbol{b}_1\ \boldsymbol{b}_2\ \cdots\ \boldsymbol{b}_l)$ に対して,
$$AB = A(\boldsymbol{b}_1\ \boldsymbol{b}_2\ \cdots\ \boldsymbol{b}_l) = (A\boldsymbol{b}_1\ A\boldsymbol{b}_2\ \cdots\ A\boldsymbol{b}_l)$$

転置行列 $m \times n$ 行列 $A = (a_{ij})$ の**転置行列** ${}^tA$ は $n \times m$ 行列で, ${}^tA = (b_{ij})$, $b_{ij} = a_{ji}$ で定義される.

(1) 任意の行列 A に対し, ${}^t({}^tA) = A$.

⚠ ${}^t\begin{pmatrix} 1 & 2 & 3 \\ 4 & 5 & 6 \end{pmatrix} = \begin{pmatrix} 1 & 4 \\ 2 & 5 \\ 3 & 6 \end{pmatrix}$

(2) A, B: 同じ型, c: スカラーのとき, ${}^t(A + B) = {}^tA + {}^tB$, ${}^t(cA) = c\,{}^tA$.

(3) 積 AB が定義されているとき, 積 ${}^tB\,{}^tA$ も定義されて, ${}^t(AB) = {}^tB\,{}^tA$.

正方行列・単位行列・零行列 行列 A の型が $n \times n$ のとき, A を n **次正方行列**という. 以下, $A = (a_{ij})$ を n 次正方行列とする. $a_{ii}\ (i = 1, 2, \ldots, n)$ を A の**対角成分**という. 対角成分以外はすべて 0 である行列を**対角行列**という. 対角成分がすべて 1 の対角行列を**単位行列**といい, E_n または単に E で表す. 対角成分より下側がすべて 0 $(a_{ij} = 0\ (i > j))$ となる行列を**上半三角行列**, 上側がすべて 0 となる行列を**下半三角行列**という. すべての成分が 0 である n 次正方行列を**零行列**といい, O_n または単に O と表す.

用語 正方行列に対しては n を**次数**という.

⚠ 単に上三角行列, 下三角行列ともいう.

⚠ B が $m \times n$ 行列のとき, $E_m B = BE_n = B$, $cE_m B = B(cE_n) = cB$.

$$\begin{pmatrix} a_{11} & 0 & \cdots & 0 \\ 0 & a_{22} & \cdots & 0 \\ \vdots & \vdots & \ddots & \vdots \\ 0 & 0 & \cdots & a_{nn} \end{pmatrix} \quad \begin{pmatrix} 1 & 0 & \cdots & 0 \\ 0 & 1 & \cdots & 0 \\ \vdots & \vdots & \ddots & \vdots \\ 0 & 0 & \cdots & 1 \end{pmatrix} \quad \begin{pmatrix} 0 & 0 & \cdots & 0 \\ 0 & 0 & \cdots & 0 \\ \vdots & \vdots & \ddots & \vdots \\ 0 & 0 & \cdots & 0 \end{pmatrix}$$
$$\text{対角行列} \qquad\qquad \text{単位行列} \qquad\qquad \text{零行列}$$

正則行列 n 次正方行列 A に対し, n 次正方行列 X が存在して $AX = XA = E_n$ となるとき, A は**正則**であるという. X を A^{-1} と書いて A の**逆行列**という.

⚠ 実際には, $AX = E_n$ もしくは $XA = E_n$ どちらか一方を満たす X が存在すればよい.

6. 行列の積を計算する

例題 6　次の行列の積が定義されるならば計算をせよ．

(1) $\begin{pmatrix} 3 \\ -1 \\ 2 \end{pmatrix} \begin{pmatrix} 1 & 2 & -1 \end{pmatrix}$　　(2) $\begin{pmatrix} 1 & 2 & 3 \\ 3 & 4 & 5 \end{pmatrix} \begin{pmatrix} 0 \\ 0 \\ 1 \end{pmatrix}$

(3) $\begin{pmatrix} 1 & -2 & -2 \\ 3 & 1 & 4 \end{pmatrix} \begin{pmatrix} 1 & 4 \\ 2 & 2 \end{pmatrix}$　　(4) $\begin{pmatrix} 3 & 1 & -1 \\ 2 & -2 & 5 \end{pmatrix} \begin{pmatrix} 1 \\ 2 \\ 3 \end{pmatrix}$

(5) $\begin{pmatrix} 2 & 4 \\ 3 & 2 \\ 1 & 1 \end{pmatrix} \begin{pmatrix} 1 & 1 \\ 2 & 2 \\ 1 & -1 \end{pmatrix}$　　(6) $\begin{pmatrix} 3 & 1 & -1 \\ 2 & -2 & 5 \end{pmatrix} \begin{pmatrix} 1 & -1 \\ 2 & -3 \\ 3 & 4 \end{pmatrix}$

解　(1)
$$\begin{pmatrix} 3 \\ -1 \\ 2 \end{pmatrix} \begin{pmatrix} 1 & 2 & -1 \end{pmatrix} = \begin{pmatrix} 3\times 1 & 3\times 2 & 3\times(-1) \\ -1\times 1 & -1\times 2 & -1\times(-1) \\ 2\times 1 & 2\times 2 & 2\times(-1) \end{pmatrix} = \begin{pmatrix} 3 & 6 & -3 \\ -1 & -2 & 1 \\ 2 & 4 & -2 \end{pmatrix}$$

(2)
$$\begin{pmatrix} 1 & 2 & 3 \\ 3 & 4 & 5 \end{pmatrix} \begin{pmatrix} 0 \\ 0 \\ 1 \end{pmatrix} = \begin{pmatrix} 1\times 0 + 2\times 0 + 3\times 1 \\ 3\times 0 + 4\times 0 + 5\times 1 \end{pmatrix} = \begin{pmatrix} 3 \\ 5 \end{pmatrix}$$

(3)　$2 \times \underline{3}$ 行列と $\underline{2} \times 2$ 行列なので積は定義されない．

(4)
$$\begin{pmatrix} 3 & 1 & -1 \\ 2 & -2 & 5 \end{pmatrix} \begin{pmatrix} 1 \\ 2 \\ 3 \end{pmatrix} = \begin{pmatrix} 3\times 1 + 1\times 2 + (-1)\times 3 \\ 2\times 1 + (-2)\times 2 + 5\times 3 \end{pmatrix} = \begin{pmatrix} 2 \\ 13 \end{pmatrix}$$

(5)　$3 \times \underline{2}$ 行列と $\underline{3} \times 2$ 行列なので積は定義されない．

(6)
$$\begin{pmatrix} 3 & 1 & -1 \\ 2 & -2 & 5 \end{pmatrix} \begin{pmatrix} 1 & -1 \\ 2 & -3 \\ 3 & 4 \end{pmatrix}$$
$$= \begin{pmatrix} 3\times 1 + 1\times 2 + (-1)\times 3 & 3\times(-1) + 1\times(-3) + (-1)\times 4 \\ 2\times 1 + (-2)\times 2 + 5\times 3 & 2\times(-1) + (-2)\times(-3) + 5\times 4 \end{pmatrix}$$
$$= \begin{pmatrix} 2 & -10 \\ 13 & 24 \end{pmatrix}.$$ ∎

《演　習》

問題 6.1　次の計算をせよ．

(1) $\begin{pmatrix} 1 & 3 & 4 \\ 2 & -2 & 2 \\ -1 & 2 & -3 \end{pmatrix} \begin{pmatrix} 0 \\ 1 \\ 0 \end{pmatrix}$　　(2) $\begin{pmatrix} 1 & 3 & 4 \\ 2 & -2 & 2 \\ -1 & 2 & -3 \end{pmatrix} \begin{pmatrix} 1 & 1 \\ 1 & 2 \\ 0 & 1 \end{pmatrix}$

(3) $\begin{pmatrix} 1 & 2 \\ 0 & 1 \end{pmatrix} \begin{pmatrix} 1 & 1 & 1 \\ -1 & 2 & 1 \end{pmatrix}$　　(4) $\begin{pmatrix} 2 & 1 & 4 \end{pmatrix} \begin{pmatrix} 1 & 3 & 5 \\ 2 & 7 & 8 \\ -1 & -3 & -5 \end{pmatrix}$

問題 6.2 A, B, C を以下の行列とする．

$$A=\begin{pmatrix}1&-1&0\\-1&2&1\end{pmatrix},\quad B=\begin{pmatrix}-1&1&0&3\\2&3&-1&1\end{pmatrix},\quad C=\begin{pmatrix}1&3&1&-1\\2&-1&0&2\\-1&-1&3&1\end{pmatrix}$$

${}^tA$, ${}^tB$, ${}^tC$ をそれぞれ A, B, C の転置行列とする．このとき，以下の積のうち，実際に積が定義されるものをすべて選び，それらの積を計算せよ．

(1) CA　(2) BC　(3) CB

(4) ${}^tBC$　(5) ${}^tCA$　(6) ${}^tCB$

(7) $B\,{}^tA$　(8) $B\,{}^tB$　(9) $B\,{}^tC$

表計算と行列の積

あるコンビニエンスストアの店舗 2 店 (A 店と B 店) の 2 種類の商品の売り上げ個数と各商品の販売価格，1 個あたりの利益額 (単位：円) のデータから各店舗の総売上額と総利益額を集計する計算を考えてみよう．

店舗	おにぎり	サンドイッチ
A 店	100	150
B 店	180	120

商品名	売価	1 個あたりの利益
おにぎり	120	40
サンドイッチ	240	60

各店ごとの売り上げ額と利益を集計して次のような表をつくることを考える．

店舗	売り上げ総額 (円)	利益総額 (円)
A 店	(ア)	(ウ)
B 店	(イ)	(エ)

このとき，各欄 (ア)〜(エ) の数値を求める計算式は，

(ア)　$100\times120+150\times240$　(ウ)　$100\times40+150\times60$

(イ)　$180\times120+120\times240$　(エ)　$180\times40+120\times60$

であるが，この計算は，じつは行列の積

$$\begin{pmatrix}100&150\\180&120\end{pmatrix}\begin{pmatrix}120&40\\240&60\end{pmatrix}=\begin{pmatrix}100\times120+150\times240&100\times40+150\times60\\180\times120+120\times240&180\times40+120\times60\end{pmatrix}$$

と同じである．

行列と 1 次写像

全射と単射　$f : X \to Y$ を写像とする．

f は**全射** $\overset{\text{定義}}{\Longleftrightarrow}$ 各 $y \in Y$ に対し，$f(x) = y$ となる $x \in X$ が存在する．

f は**単射** $\overset{\text{定義}}{\Longleftrightarrow}$ $x_1, x_2 \in X$ に対し，$x_1 \neq x_2 \Longrightarrow f(x_1) \neq f(x_2)$ となる．

(!) 対偶 "$f(x_1) = f(x_2) \Longrightarrow x_1 = x_2$" と同値．

全射かつ単射のとき f は**全単射**という．f が全単射であることと f^{-1} が存在することは同値である．

解説　射手 (矢を射る人) の集合からりんごの集合への写像とは「各射手が 1 本の矢を放つときの，りんごの矢のささり方」と考えることができる．

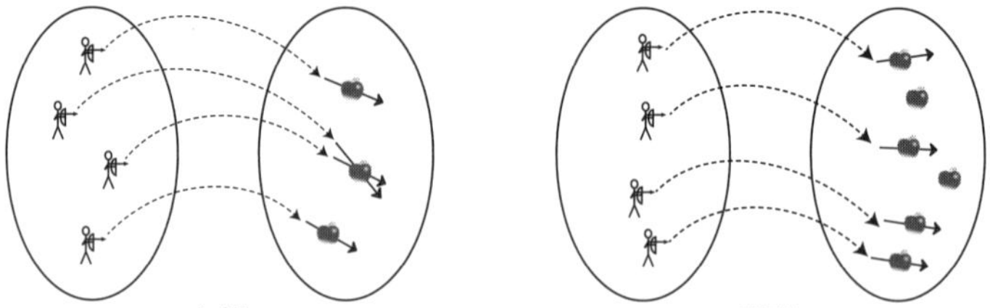

全射　　　　　　　　　　　　単射

すべてのりんごに矢がささっている　　各りんごにささっている矢は 1 本か 0 本

行列が定める写像　$m \times n$ 行列 A に対し，$T_A(\boldsymbol{x}) = A\boldsymbol{x}$ で定義される写像 $T_A : \boldsymbol{R}^n \to \boldsymbol{R}^m$ を**行列 A の定める写像**という．

用語 性質 (1), (2) をあわせて**線形性**という．「線形」も「1 次」も英語では "linear" で区別はない．

1 次写像　写像 $f : \boldsymbol{R}^n \to \boldsymbol{R}^m$ が次の性質をもつとき **1 次写像**という．

(1)　すべての $\boldsymbol{x}, \boldsymbol{y} \in \boldsymbol{R}^n$ に対して $f(\boldsymbol{x} + \boldsymbol{y}) = f(\boldsymbol{x}) + f(\boldsymbol{y})$．

(2)　すべての $\boldsymbol{x} \in \boldsymbol{R}^n$ とすべての $c \in \boldsymbol{R}$ に対して $f(c\boldsymbol{x}) = cf(\boldsymbol{x})$．

$n = m$ のとき，1 次写像 $f : \boldsymbol{R}^n \to \boldsymbol{R}^n$ をとくに **1 次変換**ともいう．

解説　(1), (2) は次の 1 つの条件にまとめることができる．
すべての $\boldsymbol{x}, \boldsymbol{y} \in \boldsymbol{R}^n$ と $c, d \in \boldsymbol{R}$ に対して「$f(c\boldsymbol{x} + d\boldsymbol{y}) = cf(\boldsymbol{x}) + df(\boldsymbol{y})$」

(!) 線形性をもつことと行列で定まるということが同値である，ということ．

1 次写像を表す行列　すべての 1 次写像 f に対して，$f = T_A$ を満たす行列 A が一通りに定まる．この A を **f を表す行列**といい，基本ベクトル $\boldsymbol{e}_1, \boldsymbol{e}_2, \ldots, \boldsymbol{e}_n \in \boldsymbol{R}^n$ を用いて次のように与えられる．

$$A = (f(\boldsymbol{e}_1)\ \ f(\boldsymbol{e}_2)\ \ \cdots\ \ f(\boldsymbol{e}_n))$$

用語 このような関数や写像の和・スカラー倍の定義を**値による算法**という．

1 次写像の演算と行列の演算　$f = T_A$, $g = T_B$ を $\boldsymbol{R}^n$ から $\boldsymbol{R}^m$ への 1 次写像とする．f, g の和 $f + g$ とスカラー倍 cf は次で定義される．

$$(f+g)(\boldsymbol{x}) = f(\boldsymbol{x}) + g(\boldsymbol{x}), \qquad (cf)(\boldsymbol{x}) = c(f(\boldsymbol{x}))$$

これらも 1 次写像で $f + g = T_{A+B}$, $cf = T_{cA}$ となる．また，1 次写像 $h = T_C : \boldsymbol{R}^m \to \boldsymbol{R}^l$ に対し，合成写像 $h \circ f$ も 1 次写像であり $h \circ f = T_{CA}$ となる．

7. 1次写像を表す行列を求める

【解法 7】

$\boldsymbol{R}^n$ の n 個のベクトル $\boldsymbol{v}_1, \boldsymbol{v}_2, \ldots, \boldsymbol{v}_n$ を各々 $\boldsymbol{w}_j$ $(j = 1, 2, \ldots, n)$ に写す1次写像 $f : \boldsymbol{R}^n \to \boldsymbol{R}^m$ を表す行列の求め方.

ポイント 数ベクトル空間の間の1次写像 $f : \boldsymbol{R}^n \to \boldsymbol{R}^m$ は, 行列 A によって必ず表される. そのような A は具体的に $A = (f(\boldsymbol{e}_1)\ f(\boldsymbol{e}_2)\ \cdots\ f(\boldsymbol{e}_n))$ で与えられるので, 基本ベクトル $\boldsymbol{e}_1, \boldsymbol{e}_2, \ldots, \boldsymbol{e}_n$ の像を求めればよい.

手順1 各ベクトル $\boldsymbol{v}_i$ を基本ベクトルの1次結合で表す.

$$\boldsymbol{v}_i = c_{i1}\boldsymbol{e}_1 + c_{i2}\boldsymbol{e}_2 + \cdots + c_{in}\boldsymbol{e}_n \quad (i = 1, 2, \ldots, n)$$

(!) c_{ij} は $\boldsymbol{v}_i$ の第 j 成分.

手順2 **手順1** の式を基本ベクトル $\boldsymbol{e}_1, \boldsymbol{e}_2, \ldots, \boldsymbol{e}_n$ について解いて (解けないときは, f は定まらない), 各 $\boldsymbol{e}_j$ を $\boldsymbol{v}_1, \boldsymbol{v}_2, \ldots, \boldsymbol{v}_n$ の1次結合で表す.

$$\boldsymbol{e}_i = d_{i1}\boldsymbol{v}_1 + d_{i2}\boldsymbol{v}_2 + \cdots + d_{in}\boldsymbol{v}_n \quad (i = 1, 2, \ldots, n)$$

手順3 f の線形性より $f(\boldsymbol{e}_i)$ が求まる.

$$f(\boldsymbol{e}_i) = d_{i1}\boldsymbol{w}_1 + d_{i2}\boldsymbol{w}_2 + \cdots + d_{in}\boldsymbol{w}_n \quad (i = 1, 2, \ldots, n)$$

(!) $f(\boldsymbol{e}_i)$ は $\boldsymbol{R}^m$ のベクトルである.

手順4 $A = (f(\boldsymbol{e}_1)\ f(\boldsymbol{e}_2)\ \cdots\ f(\boldsymbol{e}_n))$ が f を表す行列である.

チェック ❑ $A\boldsymbol{v}_i = \boldsymbol{w}_i$ $(i = 1, 2, \ldots, n)$ を満たすこと.

例題 7.1 平面上の1次変換 f が点 $(3, 2)$ を点 $(1, -1)$ に写し, 点 $(2, 1)$ を点 $(2, 4)$ にそれぞれ写すとき, f を表す行列を求めよ.

解 基本ベクトルとして $\boldsymbol{e}_1, \boldsymbol{e}_2$ に対して $f(\boldsymbol{e}_1), f(\boldsymbol{e}_2)$ を求めればよい.

$\begin{pmatrix} 3 \\ 2 \end{pmatrix} = 3\boldsymbol{e}_1 + 2\boldsymbol{e}_2,\ \begin{pmatrix} 2 \\ 1 \end{pmatrix} = 2\boldsymbol{e}_1 + \boldsymbol{e}_2$ であるから, これを $\boldsymbol{e}_1, \boldsymbol{e}_2$ について解くと ☞手順1

$\boldsymbol{e}_1 = -\begin{pmatrix} 3 \\ 2 \end{pmatrix} + 2\begin{pmatrix} 2 \\ 1 \end{pmatrix},\ \boldsymbol{e}_2 = 2\begin{pmatrix} 3 \\ 2 \end{pmatrix} - 3\begin{pmatrix} 2 \\ 1 \end{pmatrix}$ が得られる. よって, f の線形性より, ☞手順2

$$f(\boldsymbol{e}_1) = -\begin{pmatrix} 1 \\ -1 \end{pmatrix} + 2\begin{pmatrix} 2 \\ 4 \end{pmatrix} = \begin{pmatrix} 3 \\ 9 \end{pmatrix},\quad f(\boldsymbol{e}_2) = 2\begin{pmatrix} 1 \\ -1 \end{pmatrix} - 3\begin{pmatrix} 2 \\ 4 \end{pmatrix} = \begin{pmatrix} -4 \\ -14 \end{pmatrix}$$ ☞手順3

となる. よって, 求める行列は $(f(\boldsymbol{e}_1)\ f(\boldsymbol{e}_2)) = \begin{pmatrix} 3 & -4 \\ 9 & -14 \end{pmatrix}$ である. ■ ☞手順4

《演 習》

問題 7.1 平面上の1次変換 f が次の条件を満たすとき, f を表す行列を求めよ.

(1) 点 $(1, 3)$ を点 $(2, 5)$ に, 点 $(3, 7)$ を点 $(4, 9)$ にそれぞれ写す.

(2) 点 $(5, 7)$ を点 $(26, 13)$ に, 点 $(3, 1)$ を点 $(6, 11)$ にそれぞれ写す.

例題 7.2 1 次写像 $f : \boldsymbol{R}^3 \to \boldsymbol{R}^2$ が点 $(1,1,0)$ を点 $(2,1)$ に，点 $(2,3,1)$ を点 $(-1,0)$ に，点 $(0,2,1)$ を点 $(1,3)$ にそれぞれ写すとき，f を表す行列を求めよ．

解 $\boldsymbol{v}_1 = \begin{pmatrix}1\\1\\0\end{pmatrix}$, $\boldsymbol{v}_2 = \begin{pmatrix}2\\3\\1\end{pmatrix}$, $\boldsymbol{v}_3 = \begin{pmatrix}0\\2\\1\end{pmatrix}$ とおくと，

手順 1 ☞

$$\begin{cases} \boldsymbol{v}_1 = \boldsymbol{e}_1 + \boldsymbol{e}_2 \cdots\cdots ① \\ \boldsymbol{v}_2 = 2\boldsymbol{e}_1 + 3\boldsymbol{e}_2 + \boldsymbol{e}_3 \cdots\cdots ② \\ \boldsymbol{v}_3 = 2\boldsymbol{e}_2 + \boldsymbol{e}_3 \cdots\cdots ③ \end{cases}$$

② − ① × 2 より，$\boldsymbol{v}_2 - 2\boldsymbol{v}_1 = \boldsymbol{e}_2 + \boldsymbol{e}_3$ となるから，③ とあわせて

手順 2 ☞

$$\boldsymbol{e}_2 = 2\boldsymbol{v}_1 - \boldsymbol{v}_2 + \boldsymbol{v}_3, \quad \boldsymbol{e}_3 = -4\boldsymbol{v}_1 + 2\boldsymbol{v}_2 - \boldsymbol{v}_3$$

を得る．① より $\boldsymbol{e}_1 = -\boldsymbol{v}_1 + \boldsymbol{v}_2 - \boldsymbol{v}_3$ となる．よって，

手順 3 ☞

$$f(\boldsymbol{e}_1) = -f(\boldsymbol{v}_1) + f(\boldsymbol{v}_2) - f(\boldsymbol{v}_3) = -\begin{pmatrix}2\\1\end{pmatrix} + \begin{pmatrix}-1\\0\end{pmatrix} - \begin{pmatrix}1\\3\end{pmatrix} = \begin{pmatrix}-4\\-4\end{pmatrix}$$

$$f(\boldsymbol{e}_2) = 2f(\boldsymbol{v}_1) - f(\boldsymbol{v}_2) + f(\boldsymbol{v}_3) = 2\begin{pmatrix}2\\1\end{pmatrix} - \begin{pmatrix}-1\\0\end{pmatrix} + \begin{pmatrix}1\\3\end{pmatrix} = \begin{pmatrix}6\\5\end{pmatrix}$$

$$f(\boldsymbol{e}_3) = -4f(\boldsymbol{v}_1) + 2f(\boldsymbol{v}_2) - f(\boldsymbol{v}_3) = -4\begin{pmatrix}2\\1\end{pmatrix} + 2\begin{pmatrix}-1\\0\end{pmatrix} - \begin{pmatrix}1\\3\end{pmatrix} = \begin{pmatrix}-11\\-7\end{pmatrix}$$

手順 4 ☞ となる．よって，f を表す行列は

$$(f(\boldsymbol{e}_1)\ f(\boldsymbol{e}_2)\ f(\boldsymbol{e}_3)) = \begin{pmatrix}-4 & 6 & -11\\-4 & 5 & -7\end{pmatrix}$$

である． ∎

検算 $A = \begin{pmatrix}-4 & 6 & -11\\-4 & 5 & -7\end{pmatrix}$ とおくと，$A\begin{pmatrix}1\\1\\0\end{pmatrix} = \begin{pmatrix}2\\1\end{pmatrix}$, $A\begin{pmatrix}2\\3\\1\end{pmatrix} = \begin{pmatrix}-1\\0\end{pmatrix}$, $A\begin{pmatrix}0\\2\\1\end{pmatrix} = \begin{pmatrix}1\\3\end{pmatrix}$ が確かめられる．

《演 習》

問題 7.2 1 次写像 $f : \boldsymbol{R}^3 \to \boldsymbol{R}^2$ が点 $(1,0,1)$ を点 $(2,-1)$ に，点 $(0,1,1)$ を点 $(1,2)$ に，点 $(0,0,2)$ を点 $(4,-6)$ にそれぞれ写すとき，f を表す行列を求めよ．

問題 7.3 $\boldsymbol{R}^3$ の 1 次変換 f が点 $(1,2,-1)$ を点 $(1,1,1)$ に，点 $(1,3,-2)$ を点 $(1,0,-1)$ に，点 $(-1,-2,2)$ を点 $(2,1,2)$ にそれぞれ写すとき，f を表す行列を求めよ．

1 次変換と文字変形

本書は，TeX という文書整形システムを用いて組版されている．このシステムでは文字や図形の装飾として，回転や縦横独立の拡大縮小を行うことができる．

30 度回転　　横に 2 倍，縦に $\frac{2}{3}$ 倍　　横に 0.6 倍，縦に 1.5 倍

これらは，それぞれ 1 次変換

$$\begin{pmatrix} \cos\frac{\pi}{6} & -\sin\frac{\pi}{6} \\ \sin\frac{\pi}{6} & \cos\frac{\pi}{6} \end{pmatrix} \qquad \begin{pmatrix} 2 & 0 \\ 0 & \frac{2}{3} \end{pmatrix} \qquad \begin{pmatrix} 0.6 & 0 \\ 0 & 1.5 \end{pmatrix}$$

に対応する．

では，次のような変形 (水平方向の**シアー**という) はこのシステムで可能であろうか．

H $\longrightarrow$ *H*　□ $\longrightarrow$ ▱

もちろん，実際，できているし，本書ですでに登場している (探してみよう)．この変形は，行列 $\begin{pmatrix} a & b \\ 0 & c \end{pmatrix}$ の定める 1 次変換を行えばよいことがわかる．簡単のために，$\begin{pmatrix} 1 & b \\ 0 & 1 \end{pmatrix}$ の定める 1 次変換を行うにはどのようにすればよいか考えてみよう．これができれば，

$$\begin{pmatrix} a & 0 \\ 0 & c \end{pmatrix}\begin{pmatrix} 1 & \frac{b}{a} \\ 0 & 1 \end{pmatrix} = \begin{pmatrix} a & b \\ 0 & c \end{pmatrix}$$

であるから，必要に応じて，横 a 倍，縦 c 倍の変換を最後に行えば任意のシアー変換が可能である．

さて，使える変換は回転と x 軸，y 軸の各方向の拡大縮小 $\begin{pmatrix} \alpha & 0 \\ 0 & \beta \end{pmatrix}$ である．そこで，次のような変換を考えてみよう．θ 回転する変換を $R(\theta)$，$\begin{pmatrix} \alpha & 0 \\ 0 & \beta \end{pmatrix}$ で定まる変換を T とし，$\alpha\beta \neq 0$，$0 < \theta, \theta' < \frac{\pi}{2}$ として，合成 $F = R(\theta') \circ T \circ R(-\theta)$ が $\begin{pmatrix} 1 & b \\ 0 & 1 \end{pmatrix}$ となるような組合せをみつけよう．$p = \cos\theta$, $q = \sin\theta$, $r = \cos\theta'$, $s = \sin\theta'$, $t = \dfrac{q}{p} = \tan\theta$, $u = \dfrac{s}{r} = \tan\theta'$ とおくと，次の式が成り立てばよいことがわかる．

$$\alpha pr + \beta qs = \alpha qs + \beta pr = 1 \cdots ①$$

$$\alpha ps - \beta qr = 0 \cdots ② \qquad \alpha qr - \beta ps = b \cdots ③$$

② を pr で割って，$u = \frac{\beta}{\alpha}t \cdots$ ④ が得られる．① の最初の等号から，pr で割って $(\alpha-\beta)(tu-1) = 0$ となる．$\alpha = \beta$ なら F は単に回転と相似変換になってしまうから，$\alpha \neq \beta$ であり，$tu = 1$ となることがわかる．すなわち，$\theta + \theta' = \frac{\pi}{2}$ を満たし，したがって，$r = q$, $s = p$ である．また，$tu = 1$ と ④ をあわせて $t = \sqrt{\frac{\alpha}{\beta}}$ を得る．よって，① は $(\alpha+\beta)pq = 1$ となる．$pq = \cos\theta\sin\theta = \frac{t}{1+t^2}$ より $\frac{\sqrt{\alpha\beta}}{\alpha+\beta} = \frac{1}{\alpha+\beta}$ となり，$\alpha\beta = 1$ (これは行列式を用いればじつはただちにわかる) が得られ，$\tan\theta = \alpha$ すなわち $\theta = \tan^{-1}\alpha$ となる．このとき，② は $b = \alpha q^2 - \frac{1}{\alpha}p^2 = \alpha - (\alpha + \frac{1}{\alpha})p^2$ となる．$p^2 = \cos^2\theta = \frac{1}{1+\tan^2\theta} = \frac{1}{1+\alpha^2}$ だから，$b = \alpha - \frac{1}{\alpha}$，したがって $\alpha = \frac{b+\sqrt{b^2+4}}{2}$ ととればよい．

例えば，$\begin{pmatrix} 1 & 1 \\ 0 & 1 \end{pmatrix}$ の定める 1 次変換は $\alpha = \frac{1+\sqrt{5}}{2}$, $\beta = \frac{-1+\sqrt{5}}{2}$ として，$\theta = \tan^{-1}\alpha \fallingdotseq 58.3^\circ$，$\theta' = 90^\circ - \theta \fallingdotseq 31.7^\circ$ とすればよい．

A B C D E F G H . . . X Y Z $\Longrightarrow$ *ABCDEFGH . . . XYZ*

行列の基本変形

基本変形　行列に対する次の操作を**行 (列) に関する基本変形**という．

(P) 第 j 行 (列) を定数 c 倍して第 i 行 (列) に加える．$(i \neq j)$

(Q) 第 i 行 (列) を定数 $c\,(\neq 0)$ 倍する．

(R) 第 i 行 (列) と第 j 行 (列) を入れかえる．

基本変形を表す記号　本書では次のような記号を用いる．

⚠ $\longrightarrow$ を $=$ と書かないこと！

1 行目の 3 倍を 2 行目に加える

$$\begin{pmatrix} 1 & 2 & 3 \\ 3 & 1 & 4 \end{pmatrix}\downarrow_{+3} \longrightarrow \begin{pmatrix} 1 & 2 & 3 \\ 6 & 7 & 13 \end{pmatrix}$$

2 列目の -2 倍を 1 列目に加える

$$\overset{\xleftarrow{-2}}{\begin{pmatrix} 1 & 2 & 3 \\ 3 & 1 & 4 \end{pmatrix}} \longrightarrow \begin{pmatrix} -3 & 2 & 3 \\ 1 & 1 & 4 \end{pmatrix}$$

2 行目を 4 倍する

$$\begin{pmatrix} 1 & 2 & 3 \\ 3 & 1 & 4 \end{pmatrix}_{\times 4} \longrightarrow \begin{pmatrix} 1 & 2 & 3 \\ 12 & 4 & 16 \end{pmatrix}$$

3 列目を -1 倍する

$$\overset{\times(-1)}{\begin{pmatrix} 1 & 2 & 3 \\ 3 & 1 & 4 \end{pmatrix}} \longrightarrow \begin{pmatrix} 1 & 2 & -3 \\ 3 & 1 & -4 \end{pmatrix}$$

1 行目と 2 行目を入れかえる

$$\begin{pmatrix} 1 & 2 & 3 \\ 3 & 1 & 4 \end{pmatrix}\updownarrow \longrightarrow \begin{pmatrix} 3 & 1 & 4 \\ 1 & 2 & 3 \end{pmatrix}$$

1 列目と 3 列目を入れかえる

$$\overset{\longleftrightarrow}{\begin{pmatrix} 1 & 2 & 3 \\ 3 & 1 & 4 \end{pmatrix}} \longrightarrow \begin{pmatrix} 3 & 2 & 1 \\ 4 & 1 & 3 \end{pmatrix}$$

基本行列　次の 3 種類の形の行列を**基本行列**という．

$P_n(i,j;c)\ (i \neq j)$	$Q_n(i;c)\ (c \neq 0)$	$R_n(i,j)\ (i \neq j)$
$\begin{pmatrix} 1 & & \overset{j}{\vee} & \\ & \ddots & c & \\ & & \ddots & \\ \mathbf{0} & & & \ddots \\ & & & & 1 \end{pmatrix} < i$	$\begin{pmatrix} 1 & & & & \mathbf{0} \\ & \ddots & & & \\ & & 1 & & \\ & & & \overset{i}{\vee} c & \\ & & & & 1 \\ \mathbf{0} & & & & & \ddots \\ & & & & & & 1 \end{pmatrix} < i$	$\begin{pmatrix} 1 & & \overset{i}{\vee} & & \overset{j}{\vee} & & \mathbf{0} \\ & \ddots & & & & & \\ & & 1 & & & & \\ & & & 0 & \cdots & 1 & \\ & & & \vdots & 1 & \vdots & \\ & & & & \ddots & & \\ & & & & 1 & \vdots & \\ & & & 1 & \cdots & 0 & \\ & & & & & 1 & \\ \mathbf{0} & & & & & & \ddots \\ & & & & & & & 1 \end{pmatrix} \begin{matrix} < i \\ < j \end{matrix}$
E_n の (i,j) 成分を c に置き換えた行列	E_n の (i,i) 成分を c に置き換えた行列	E_n の第 i 行と第 j 行を入れかえた行列

基本行列と基本変形　基本行列を左からかけると行に関する基本変形，右からかけると列に関する基本変形を，かけられた行列に対して引き起こす．

	左からかけた場合	右からかけた場合
$P_n(i,j;c)$	第 j 行の c 倍を第 i 行に加える	第 i 列の c 倍を第 j 列に加える
$Q_n(i;c)$	第 i 行を c 倍する	第 i 列を c 倍する
$R_n(i,j)$	第 i 行と第 j 行を入れかえる	第 i 列と第 j 列を入れかえる

掃き出し　第 p 行の $-\dfrac{a_{iq}}{a_{pq}}$ 倍を第 i 行 $(i = 1, 2, \ldots, m)$ に加えることにより，a_{pq} 以外の (i, q) 成分をすべて 0 にする変形を (p, q) 成分に関する第 q 列の掃き出しという．

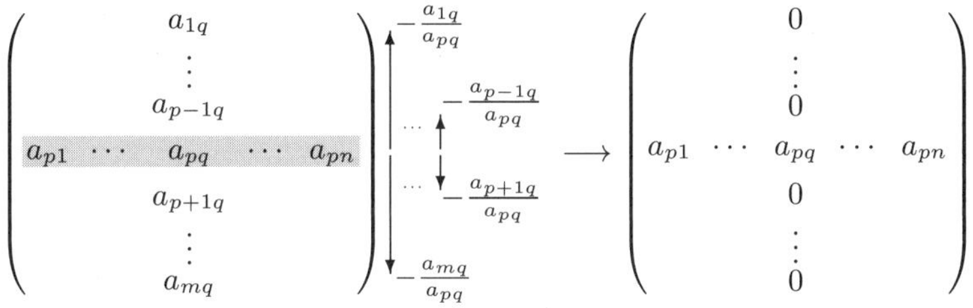

$$\begin{pmatrix} & & a_{1q} & & \\ & & \vdots & & \\ & & a_{p-1\,q} & & \\ a_{p1} & \cdots & a_{pq} & \cdots & a_{pn} \\ & & a_{p+1\,q} & & \\ & & \vdots & & \\ & & a_{mq} & & \end{pmatrix} \begin{matrix} -\frac{a_{1q}}{a_{pq}} \\ \vdots \\ -\frac{a_{p-1\,q}}{a_{pq}} \\ \\ -\frac{a_{p+1\,q}}{a_{pq}} \\ \vdots \\ -\frac{a_{mq}}{a_{pq}} \end{matrix} \longrightarrow \begin{pmatrix} & & 0 & & \\ & & \vdots & & \\ & & 0 & & \\ a_{p1} & \cdots & a_{pq} & \cdots & a_{pn} \\ & & 0 & & \\ & & \vdots & & \\ & & 0 & & \end{pmatrix}$$

第 q 列の $-\dfrac{a_{pi}}{a_{pq}}$ 倍を第 j 列 $(j = 1, 2, \ldots, n)$ に加えることにより，a_{pq} 以外の (p, j) 成分をすべて 0 にする変形を (p, q) 成分に関する第 p 行の掃き出しという．

$$\begin{pmatrix} & & a_{1q} & & \\ & & \vdots & & \\ a_{p1} \cdots a_{pq-1} & a_{pq} & a_{pq+1} \cdots a_{pn} \\ & & \vdots & & \\ & & a_{mq} & & \end{pmatrix} \longrightarrow \begin{pmatrix} & & a_{1q} & & \\ & & \vdots & & \\ 0 & \cdots & 0 & a_{pq} & 0 & \cdots & 0 \\ & & \vdots & & \\ & & a_{mq} & & \end{pmatrix}$$

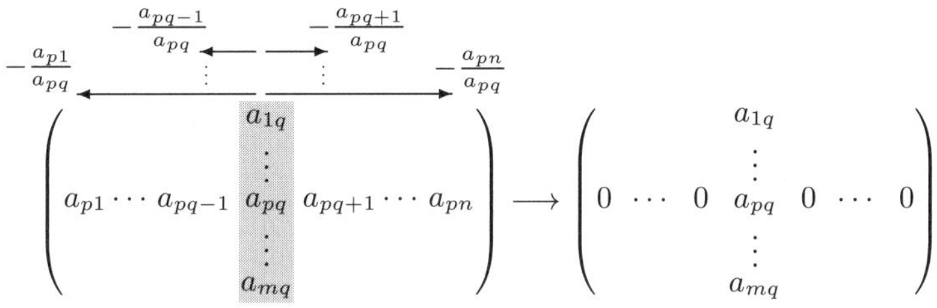

階段行列とその階数　すべての行列は，行に関する基本変形により，下図のような形 (階段行列) に変形できる．行列 A から行に関する基本変形を繰り返し適用して得られる階段行列の **0** でない行の数 (階段の段数) を行列 A の **階数 (rank)** といい $\operatorname{rank} A$ で表す．

①階段行列に変形する方法や変形で得られる階段行列は一通りではない．しかし，階数はつねに同じ値になる．このことから，$\operatorname{rank} A$ は確定する．

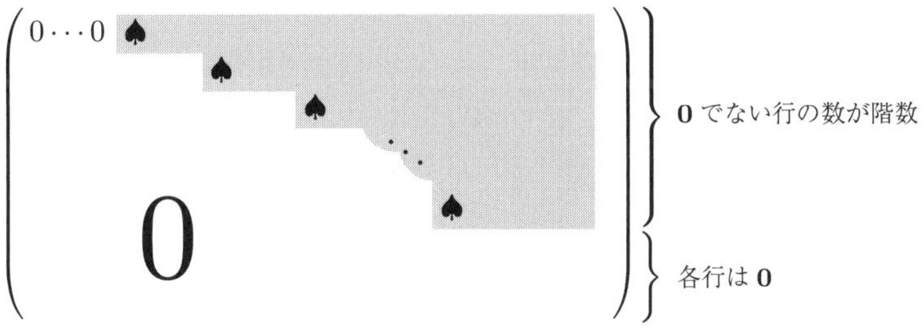

図で ♠ は，**0** でない行において最も左にある 0 でない成分を表す．♠ の位置は行が 1 つ下がるごとに 1 つ以上右に移動した形になっている．ある行から下はすべて 0 になることもある．零行列も階段行列であり，階数は 0 である．

8. 行列の階数を求める

【解法 8】

行列 $A = \begin{pmatrix} a_{11} & a_{12} & \cdots & a_{1n} \\ a_{21} & a_{22} & \cdots & a_{2n} \\ \vdots & \vdots & & \vdots \\ a_{m1} & a_{m2} & \cdots & a_{mn} \end{pmatrix}$ の階段行列への変形と階数の求め方.

ポイント 行に関して帰納的に変形していく. 左から見て最初に $\mathbf{0}$ でない列が $\boldsymbol{a}_{j(1)}$ であるとき, 必要なら行の交換により, $a_{1j(1)} \neq 0$ とする. $(1, j(1))$ について第 $j(1)$ 列を掃き出し, 第 2 行目以降かつ第 $j(1)+1$ 列以降の $(m-1) \times (n-j(1))$ 型の行列について同じ変形を繰り返すと階段行列が得られる.

手順1 第 1 列から順に列を調べ, 0 以外の成分をもつ最初の列 ($j(1)$ 列) をみつける. もしそのような列がなければ **手順6** へ.

手順2 $a_{1j(1)} \neq 0$ ならば, **手順4** へ.

手順3 $a_{1j(1)} = 0,\ a_{ij(1)} \neq 0$ ならば 1 行目と i 行目を交換する.

手順4 $(1, j(1))$ 成分に関して $j(1)$ 列を掃き出す.

手順5 第 2 行から第 m 行, 第 $j(1)+1$ 列から第 n 列の部分に対し, **手順1**〜**手順4** を繰り返す.

手順6 **手順5** で得られた階段行列の行のうち, 0 でない成分を含む行の個数 r が階数 (rank A) である.

(!) この例では $j(1) = 1$, $a_{11} \neq 0$.

$$\begin{pmatrix} a_{11} & a_{12} & \cdots & a_{1n} \\ a_{21} & a_{22} & \cdots & a_{2n} \\ \vdots & \vdots & & \vdots \\ a_{m1} & a_{m2} & \cdots & a_{mn} \end{pmatrix} \xrightarrow{\text{第 1 列を掃き出し}} \begin{pmatrix} a_{11} & a_{12} & \cdots & a_{1n} \\ 0 & b_{22} & \cdots & b_{2n} \\ \vdots & \vdots & & \vdots \\ 0 & b_{m2} & \cdots & b_{mn} \end{pmatrix} \longrightarrow \cdots$$

この部分について繰り返す

$$\cdots \to \begin{pmatrix} a_{11} & a_{12} & \cdots & a_{1j(3)} & \cdots & a_{1n} \\ 0 & b_{22} & \cdots & b_{2j(3)} & \cdots & b_{2n} \\ 0 & 0 & \cdots 0 & c_{3j(3)} & \cdots & c_{3n} \\ \vdots & \vdots & \vdots & \vdots & & \vdots \\ 0 & 0 & \cdots 0 & c_{mj(3)} & \cdots & c_{mn} \end{pmatrix} \to \cdots \to \begin{pmatrix} a_{11} & a_{12} & \cdots & & \cdots & a_{1n} \\ 0 & b_{22} & \cdots & & \cdots & b_{2n} \\ 0 & \cdots 0 & c_{3j(3)} & \cdots & & c_{3n} \\ \vdots & & & \ddots & & \vdots \\ 0 & \cdots & \cdots 0 & & d_{rj(r)} \cdots & d_{rn} \\ & \mathbf{0} & & \cdots & & \mathbf{0} \end{pmatrix}$$

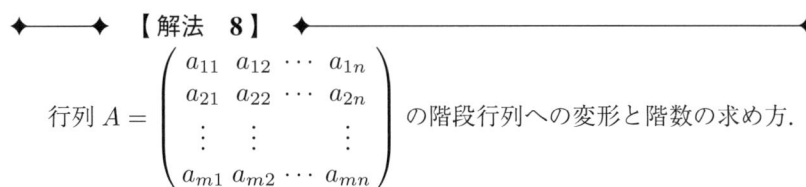

例題 8　次の行列 A を行に関する基本変形によって階段行列に変形し，階数を求めよ．

$$A=\begin{pmatrix}1&2&1&-1\\2&4&2&1\\3&2&1&1\\2&2&1&3\end{pmatrix}$$

解　$(1,1)$ 成分が 1 なので，$(1,1)$ 成分で第 1 列を掃き出す．

$$\begin{pmatrix}1&2&1&-1\\2&4&2&1\\3&2&1&1\\2&2&1&3\end{pmatrix}\begin{matrix}\\ \downarrow-2\\ \downarrow-3\\ \downarrow-2\end{matrix}\to\begin{pmatrix}1&2&1&-1\\0&0&0&3\\0&-4&-2&4\\0&-2&-1&5\end{pmatrix}\updownarrow$$

☞ 手順 1 ～ 手順 4

$$\to\begin{pmatrix}1&2&1&-1\\0&-2&-1&5\\0&-4&-2&4\\0&0&0&3\end{pmatrix}\begin{matrix}\\ \\ \downarrow-2\\ \\ \end{matrix}\to\begin{pmatrix}1&2&1&-1\\0&-2&-1&5\\0&0&0&-6\\0&0&0&3\end{pmatrix}\begin{matrix}\\ \\ \\ \downarrow+\frac{1}{2}\end{matrix}$$

☞ 手順 5
2 行目以下で繰り返す．

$$\to\begin{pmatrix}1&2&1&-1\\0&-2&-1&5\\0&0&0&-6\\0&0&0&0\end{pmatrix}$$

☞ 手順 5
3 行目以下も同様．

となって階段行列を得る．よって，階数は 3 である．∎

Tips!　整数成分の行列で掃き出す列の成分に 1 がない場合は，1 となる成分をまずつくっておくと計算がしやすい (分数で計算してもよいが，間違えやすいので注意しよう)．

$$\begin{pmatrix}3&3&5\\4&4&7\\8&5&6\end{pmatrix}\begin{matrix}\\ \downarrow-1\\ \\ \end{matrix}\to\begin{pmatrix}3&3&5\\1&1&2\\8&5&6\end{pmatrix}\updownarrow\to\begin{pmatrix}1&1&2\\3&3&5\\8&5&6\end{pmatrix}\begin{matrix}\\ \downarrow-3\\ \downarrow-8\end{matrix}\to\cdots$$

(整数の範囲で計算が可能)

《 演　習 》

問題 8　次の行列を行に関する基本変形によって階段行列に変形し，階数を求めよ．

(1) $\begin{pmatrix}0&0&2\\1&2&3\end{pmatrix}$　　(2) $\begin{pmatrix}1&2&3\\2&4&6\\3&6&9\end{pmatrix}$

(3) $\begin{pmatrix}0&1&2\\0&-1&-2\\0&2&4\end{pmatrix}$　　(4) $\begin{pmatrix}1&2&1&3\\1&2&2&5\\0&0&1&2\end{pmatrix}$

(5) $\begin{pmatrix}3&1&2&-1\\1&2&-1&3\\3&-4&7&-11\end{pmatrix}$　　(6) $\begin{pmatrix}1&1&3&5&7\\2&3&7&4&9\\1&0&2&11&12\end{pmatrix}$

連立 1 次方程式

係数行列・拡大係数行列　未知数 $x_1, x_2, \ldots, x_n$ についての連立 1 次方程式

$$\begin{cases} a_{11}\,x_1 + a_{12}\,x_2 + \cdots + a_{1n}\,x_n = b_1 \\ a_{21}\,x_1 + a_{22}\,x_2 + \cdots + a_{2n}\,x_n = b_2 \\ \qquad\cdots\cdots \\ a_{m1}x_1 + a_{m2}x_2 + \cdots + a_{mn}x_n = b_m \end{cases}$$

は，$A = \begin{pmatrix} a_{11} & a_{12} & \cdots & a_{1n} \\ a_{21} & a_{22} & \cdots & a_{2n} \\ \vdots & \vdots & & \vdots \\ a_{m1} & a_{m2} & \cdots & a_{mn} \end{pmatrix}$，$\boldsymbol{x} = \begin{pmatrix} x_1 \\ x_2 \\ \vdots \\ x_n \end{pmatrix}$，$\boldsymbol{b} = \begin{pmatrix} b_1 \\ b_2 \\ \vdots \\ b_m \end{pmatrix}$ とおくとき，

$$A\boldsymbol{x} = \boldsymbol{b}$$

と表される．このとき，A を上の連立 1 次方程式の**係数行列**といい，A と $\boldsymbol{b}$ を並べた行列

$$\widetilde{A} = (A\,|\,\boldsymbol{b}) = \left(\begin{array}{cccc|c} a_{11} & a_{12} & \cdots & a_{1n} & b_1 \\ a_{21} & a_{22} & \cdots & a_{2n} & b_2 \\ \vdots & \vdots & & \vdots & \vdots \\ a_{m1} & a_{m2} & \cdots & a_{mn} & b_m \end{array}\right)$$

⚠縦線 | は形式的なものなので省略してもよい．

を**拡大係数行列**という．

連立 1 次方程式の式変形と行列の基本変形　連立 1 次方程式を解くための式変形は，拡大係数行列への行に関する基本変形に対応する．

連立 1 次方程式の変形	拡大係数行列に対する操作
(1) ある等式の両辺を定数倍して，他の等式の辺々に加える．	(1) ある行の定数倍を別の行に加える．
(2) ある式の両辺を定数 ($\neq 0$) 倍する．	(2) ある行を定数 ($\neq 0$) 倍する．
(3) 2 つの式を入れかえる．	(3) 2 つの行を入れかえる．

解説　連立 1 次方程式 $A\boldsymbol{x} = \boldsymbol{b}$ に対し，拡大係数行列 $(A\,|\,\boldsymbol{b})$ から行に関する基本変形により得られる行列を $(B\,|\,\boldsymbol{c})$ とすると，ある正則な行列 X があって，

$$(B\,|\,\boldsymbol{c}) = X(A\,|\,\boldsymbol{b})$$

となっている．$B = XA$, $\boldsymbol{c} = X\boldsymbol{b}$ であるから，

⚠X は各基本変形に対応する基本行列の積である．

$$A\boldsymbol{x} = \boldsymbol{b} \Longleftrightarrow XA\boldsymbol{x} = X\boldsymbol{b} \Longleftrightarrow B\boldsymbol{x} = \boldsymbol{c}$$

すなわち，連立 1 次方程式 $B\boldsymbol{x} = \boldsymbol{c}$ と $A\boldsymbol{x} = \boldsymbol{b}$ は同値であり，2 つの解は一致する．

このことから，拡大係数行列を行に関して基本変形して，**対応する方程式の解が容易にわかるような形**の行列にすればよいことがわかる．この形こそが，次の被約階段行列である．

被約階段行列　すべての行列は，行に関する基本変形により被約階段行列に変形できる．**被約階段行列**とは，階段行列であって，階数を r とするとき，各 $i = 1, 2, \ldots, r$ 行の最も左にある 0 でない成分が $(i, j(i))$ 成分であるとき，第 $j(i)$ 列が基本ベクトル $\boldsymbol{e}_i$ となっているものである (右図 および p.26 の下の例参照).

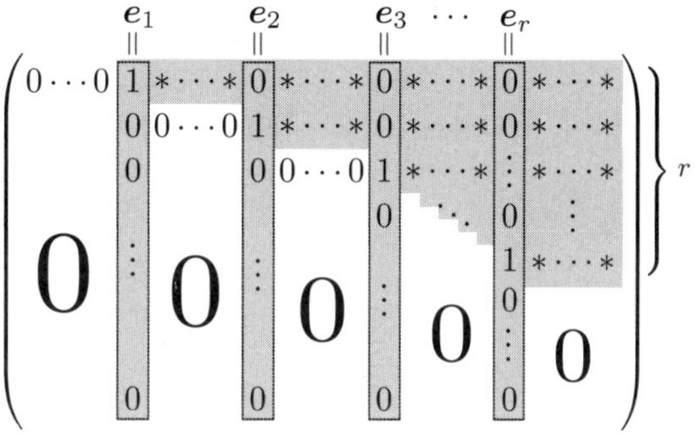

被約階段行列は，行に関する基本変形で階段行列に変形した後，階段行列の各行の ♠ を用いて列を掃き出すことで ♠ の上部の成分をすべて 0 にし，かつ，各行に ♠ の逆数をかけて ♠ を 1 にすることで得られる.

⚠ ♠ $\neq 0$ である.

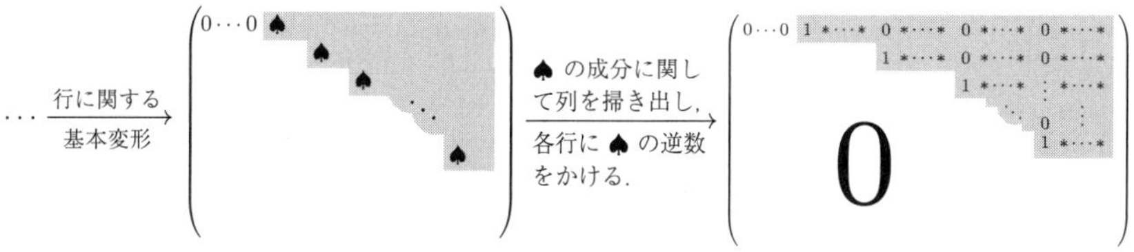

被約階段行列と連立 1 次方程式の解　$A\boldsymbol{x} = \boldsymbol{b}$ を n 個の未知数についての連立 1 次方程式とする．この連立 1 次方程式の拡大係数行列 $(A \,|\, \boldsymbol{b})$ に対して行に関する基本変形を繰り返して，係数行列の部分を被約階段行列にしたものを $(B \,|\, \boldsymbol{c})$ とおくとき，以下が成り立つ.

- $\mathrm{rank}\, B < \mathrm{rank}(B \,|\, \boldsymbol{c})$ のとき，解は存在しない.
- $\mathrm{rank}\, B = \mathrm{rank}(B \,|\, \boldsymbol{c}) = n$ のとき，$(B \,|\, \boldsymbol{c}) = \begin{pmatrix} E_n & \boldsymbol{c}' \\ O & 0 \end{pmatrix}$ の形になり，解は 1 通りに定まる.
- $\mathrm{rank}\, B = \mathrm{rank}(B \,|\, \boldsymbol{c}) < n$ のとき，解は無限個あり，B の各行で，「最も左にある値が 1 の成分の列」に対応する未知数が，これら以外の未知数をパラメータとして次のように表される (解のパラメータ表示)．このとき，解を表すのに必要なパラメータの個数は $q = n - \mathrm{rank}\, A$ である.

⚠ $\mathrm{rank}\, A = \mathrm{rank}\, B$

$$\boldsymbol{x} = \boldsymbol{a} + t_1\boldsymbol{c}_1 + t_2\boldsymbol{c}_2 + \cdots + t_q\boldsymbol{c}_q$$
$$= \begin{pmatrix} a_1 \\ a_2 \\ \vdots \\ a_n \end{pmatrix} + t_1 \begin{pmatrix} c_{11} \\ c_{21} \\ \vdots \\ c_{n1} \end{pmatrix} + t_2 \begin{pmatrix} c_{12} \\ c_{22} \\ \vdots \\ c_{n2} \end{pmatrix} + \cdots + t_q \begin{pmatrix} c_{1q} \\ c_{2q} \\ \vdots \\ c_{nq} \end{pmatrix}$$

解説　B が被約階段行列になると，対応する連立 1 次方程式が階段の段の列に対応する変数について**互いに干渉しない形**になっているのでパラメータ表示が容易に求められるのである.

9. 被約階段行列に変形する

◆──────◆【解法 9】◆──────◆

$m \times n$ 行列 A を行に関する基本変形を用いて被約階段行列に変形する方法.

◆──────────────────────◆

> **ポイント** 階段行列に変形した後さらに，階段の "段" の成分 ($(i, j(i))$ 成分) を用いて列の掃き出しを行い，i 行を $(i, j(i))$ 成分で割ればよい．

手順1 解法 8 (p. 22) を用いて A を階段行列 B に変形する．
$b_{i1} = \cdots = b_{ij(i)-1} = 0, b_{ij(i)} \neq 0$ とする．

$$B = \begin{pmatrix} 0 \cdots 0 & b_{1j(1)} & \cdots * & * & \cdots & * & \cdots & * & \cdots \\ 0 \cdots 0 & 0 & \cdots 0 & b_{2j(2)} & & * & \cdots & * & \cdots \\ & & & & \ddots & & & \vdots & \\ & & \mathbf{0} & & & b_{kj(k)} & \cdots & \vdots & \\ & & & & & & \ddots & \vdots & \\ & & & & & & & b_{rj(r)} & \\ & & & & & & & \mathbf{0} & \cdots \end{pmatrix}$$

(列見出し: $j(1), j(2), \cdots, j(k), \cdots, j(r)$)

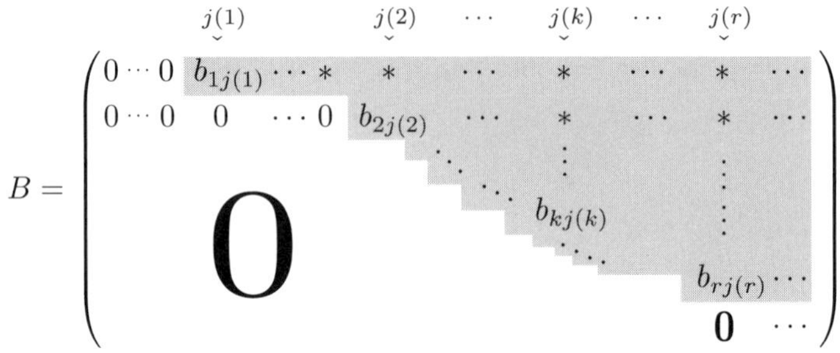

手順2 各 $i = 1, 2, \ldots, r$ に対し，i 行目を $b_{ij(i)}^{-1}$ 倍して，$(i, j(i))$ 成分を 1 にする．

手順3 $i = 2, \ldots, r$ に対し，各 $j(r)$ 列を $(i, j(i))$ 成分に関して掃き出す．

◆──────────────────────◆

> **Tips!** 階段行列への変形のときと同様に，整数成分の行列の場合，定数倍以外の基本変形で $b_{ij(i)} = 1$ となるようにしておくと **手順3** の掃き出しの計算が楽になる．

被約階段行列である例： $\begin{pmatrix} 0 & 1 & 2 & 0 \\ 0 & 0 & 0 & 1 \end{pmatrix}$, $\begin{pmatrix} 1 & 0 & 0 & 1 \\ 0 & 0 & 1 & -1 \end{pmatrix}$.

被約階段行列でない例： $\begin{pmatrix} 1 & 2 & 3 \\ 0 & 1 & 1 \end{pmatrix}$, $\begin{pmatrix} 2 & 0 & 1 \\ 0 & 1 & 1 \end{pmatrix}$, $\begin{pmatrix} 0 & 0 & 1 \\ 0 & 1 & -1 \end{pmatrix}$. これらはそれぞれ次のようにすれば被約階段行列になる．

$$\begin{pmatrix} 1 & 2 & 3 \\ 0 & 1 & 1 \end{pmatrix} \xrightarrow{\uparrow^{-2}} \begin{pmatrix} 1 & 0 & 1 \\ 0 & 1 & 1 \end{pmatrix}$$

$$\begin{pmatrix} 2 & 0 & 1 \\ 0 & 1 & 1 \end{pmatrix} \xrightarrow{\times \frac{1}{2}} \begin{pmatrix} 1 & 0 & \frac{1}{2} \\ 0 & 1 & 1 \end{pmatrix}$$

$$\begin{pmatrix} 0 & 0 & 1 \\ 0 & 1 & -1 \end{pmatrix} \updownarrow \rightarrow \begin{pmatrix} 0 & 1 & -1 \\ 0 & 0 & 1 \end{pmatrix} \xrightarrow{\uparrow^{+1}} \begin{pmatrix} 0 & 1 & 0 \\ 0 & 0 & 1 \end{pmatrix}$$

例題 9　次の行列 A を行に関する基本変形を用いて被約階段行列に変形せよ．

$$A = \begin{pmatrix} 4 & 6 & -2 & 3 & 28 \\ 3 & 4 & -1 & 3 & 21 \\ 2 & 3 & -1 & 3 & 17 \\ 4 & 5 & -1 & 4 & 27 \end{pmatrix}$$

[解]　$(1,1)$ 成分を 1 にしてから階段行列に変形する．

$$\begin{pmatrix} 4 & 6 & -2 & 3 & 28 \\ 3 & 4 & -1 & 3 & 21 \\ 2 & 3 & -1 & 3 & 17 \\ 4 & 5 & -1 & 4 & 27 \end{pmatrix} \begin{matrix} \uparrow -1 \\ \\ \\ \downarrow -2 \end{matrix} \to \begin{pmatrix} 1 & 2 & -1 & 0 & 7 \\ 3 & 4 & -1 & 3 & 21 \\ 2 & 3 & -1 & 3 & 17 \\ 0 & -1 & 1 & -2 & -7 \end{pmatrix} \begin{matrix} \\ \downarrow -3 \\ \downarrow -2 \\ \times(-1) \end{matrix}$$

$$\to \begin{pmatrix} 1 & 2 & -1 & 0 & 7 \\ 0 & -2 & 2 & 3 & 0 \\ 0 & -1 & 1 & 3 & 3 \\ 0 & 1 & -1 & 2 & 7 \end{pmatrix} \begin{matrix} \\ \updownarrow \\ \\ \updownarrow \end{matrix} \to \begin{pmatrix} 1 & 2 & -1 & 0 & 7 \\ 0 & 1 & -1 & 2 & 7 \\ 0 & -1 & 1 & 3 & 3 \\ 0 & -2 & 2 & 3 & 0 \end{pmatrix} \begin{matrix} \uparrow -2 \\ \\ \downarrow +1 \\ \downarrow +2 \end{matrix}$$

$$\to \begin{pmatrix} 1 & 0 & 1 & -4 & -7 \\ 0 & 1 & -1 & 2 & 7 \\ 0 & 0 & 0 & 5 & 10 \\ 0 & 0 & 0 & 7 & 14 \end{pmatrix} \begin{matrix} \\ \\ \times\frac{1}{5} \\ \times\frac{1}{7} \end{matrix} \to \begin{pmatrix} 1 & 0 & 1 & -4 & -7 \\ 0 & 1 & -1 & 2 & 7 \\ 0 & 0 & 0 & 1 & 2 \\ 0 & 0 & 0 & 1 & 2 \end{pmatrix} \begin{matrix} \uparrow +4 \\ \uparrow -2 \\ \\ \downarrow -1 \end{matrix}$$

$$\to \begin{pmatrix} 1 & 0 & 1 & 0 & 1 \\ 0 & 1 & -1 & 0 & 3 \\ 0 & 0 & 0 & 1 & 2 \\ 0 & 0 & 0 & 0 & 0 \end{pmatrix}$$

となって，被約階段行列 $\begin{pmatrix} 1 & 0 & 1 & 0 & 1 \\ 0 & 1 & -1 & 0 & 3 \\ 0 & 0 & 0 & 1 & 2 \\ 0 & 0 & 0 & 0 & 0 \end{pmatrix}$ が得られる． ∎

⚠ p. 26 Tips! 参照．
$(1,1)$ 成分に 1 をつくる．

☞ 手順 1

☞ 手順 2 + 手順 3
階段行列にする手順と被約階段にする手順は順不同．

《 演　習 》

問題 9　次の行列を行に関する基本変形により被約階段行列に変形せよ．

(1) $\begin{pmatrix} 1 & 2 & 3 & 4 \\ 2 & 4 & 7 & 8 \\ 3 & 6 & 10 & 12 \end{pmatrix}$　　(2) $\begin{pmatrix} -1 & -1 & 2 & 3 \\ 1 & 2 & -3 & 0 \\ 2 & 3 & -5 & -3 \end{pmatrix}$

(3) $\begin{pmatrix} 4 & 5 & 6 & 15 \\ 1 & 2 & 3 & 6 \\ 2 & 3 & 4 & 9 \end{pmatrix}$　　(4) $\begin{pmatrix} 4 & 8 & 3 & 1 & 3 \\ 2 & 4 & 2 & 0 & 2 \\ 1 & 2 & 1 & 0 & 1 \end{pmatrix}$

10. 連立1次方程式を行列を用いて解く

◆―――◆ 【解法10】 ◆―――◆

未知数 $x_1, x_2, \ldots, x_n$ についての次の連立1次方程式

$$\begin{cases} a_{11}x_1 + a_{12}x_2 + \cdots + a_{1n}x_n = b_1 \\ a_{21}x_1 + a_{22}x_2 + \cdots + a_{2n}x_n = b_2 \\ \quad\cdots\cdots \\ a_{m1}x_1 + a_{m2}x_2 + \cdots + a_{mn}x_n = b_m \end{cases}$$

の解法.

ポイント 連立1次方程式 $A\boldsymbol{x} = \boldsymbol{b}$ の拡大係数行列 $(A\,|\,\boldsymbol{b})$ を行に関して基本変形して得られる行列が $(B\,|\,\boldsymbol{c})$ であるとき, $B\boldsymbol{x} = \boldsymbol{c}$ は $A\boldsymbol{x} = \boldsymbol{b}$ と同値な方程式である. さらに B が被約階段行列のとき, $B\boldsymbol{x} = \boldsymbol{c}$ の解のパラメータ表示が容易に得られる.

⚠ 被約階段行列にしないで方程式の形に戻しても二度手間になるので注意しよう.

$$\begin{pmatrix} a_{11} & a_{12} & \cdots & a_{1n} & \bigg| & b_1 \\ a_{21} & a_{22} & \cdots & a_{2n} & \bigg| & b_2 \\ \vdots & \vdots & & \vdots & \bigg| & \vdots \\ a_{m1} & a_{m2} & \cdots & a_{mn} & \bigg| & b_m \end{pmatrix}$$

$\downarrow$
$\vdots$ (行に関する基本変形)
$\downarrow$

$$\begin{pmatrix} 0\cdots 0 & 1 & *\cdots * & 0 & *\cdots * & 0 & *\cdots * & 0 & *\cdots * & \bigg| & c_1 \\ & & & 1 & *\cdots * & 0 & *\cdots * & 0 & *\cdots * & \bigg| & c_2 \\ & & & & & 1 & *\cdots & \vdots & *\cdots * & \bigg| & \vdots \\ & \mathbf{0} & & & & & \ddots & 0 & *\cdots * & \bigg| & \\ & & & & & & & 1 & *\cdots * & \bigg| & c_r \\ & & & & & & & & & \bigg| & c_{r+1} \\ & & & & & & & & & \bigg| & \mathbf{0} \end{pmatrix}$$

（上部に $j(1), j(2), \ldots, j(r)$ の列位置）

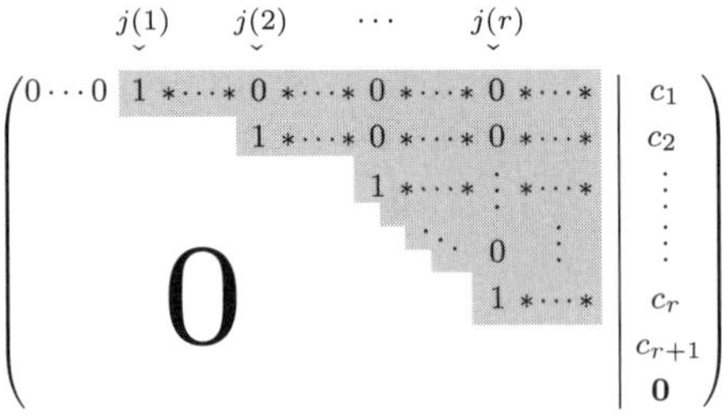

[手順1] $A\boldsymbol{x} = \boldsymbol{b}$ に対し, 拡大係数行列 $\widetilde{A} = (A\,|\,\boldsymbol{b})$ をつくる.

[手順2] $\widetilde{A}$ を行に関する基本変形を用いて階段行列に変形する. ただし, 係数行列の部分 (A) は被約階段行列になるようする (左図).

[手順3] 解は, 以下の3つの場合に分かれる.

[場合分け①] $c_{r+1} \neq 0$ のとき,「解なし」.

[場合分け②] $c_{r+1} = 0$ かつ $r = n$ のとき, 解は,
$$x_1 = c_1,\ x_2 = c_2,\ \ldots,\ x_n = c_n$$

[場合分け③] $c_{r+1} = 0$ かつ $r < n$ のとき, [手順2] で得られた行列を拡大係数行列にもつ連立1次方程式を書くと, 各行の先頭の「1」の列に対応する未知数 $x_{j(1)}, x_{j(2)}, \ldots, x_{j(r)}$ が, その他の未知数をパラメータとして表される形で解が書ける.

⚠ 連立1次方程式 $A\boldsymbol{x} = \boldsymbol{b}$ の解に含まれるパラメータの個数は, (未知数の数) $-$ (A の階数) となる.

[チェック]
- □ もとの連立1次方程式を満たしていること.
- □ パラメータの個数 $=$ (未知数の数) $-$ (係数行列の階数) であること.

⚠ 連立1次方程式として同値なものでなくなるということ.

[注意] 列に関する基本変形を行ってはならない. 例えば, 未知数 x, y についての連立1次方程式 $\begin{cases} x + 2y = 2 \\ x - 4y = 1 \end{cases}$ の拡大係数行列 $\begin{pmatrix} 1 & 2 & \bigg| & 2 \\ 1 & -4 & \bigg| & 1 \end{pmatrix}$ の「第2列を $\frac{1}{2}$ 倍する」ことは, 連立1次方程式の y の係数を $\frac{1}{2}$ 倍することになってしまい, **変形後の連立1次方程式ともとの方程式の解が一致しなくなってしまうのである.**「混ぜるな危険」である.

例題 10.1 次の連立 1 次方程式を解け.

$$\begin{cases} x + 3y - 2z = 2 \\ 2x + 5y + 3z = 3 \\ x + 2y + 5z = 1 \end{cases}$$

解 拡大係数行列 $\left(\begin{array}{ccc|c} 1 & 3 & -2 & 2 \\ 2 & 5 & 3 & 3 \\ 1 & 2 & 5 & 1 \end{array}\right)$ を行に関して基本変形する.

$$\left(\begin{array}{ccc|c} 1 & 3 & -2 & 2 \\ 2 & 5 & 3 & 3 \\ 1 & 2 & 5 & 1 \end{array}\right) \xrightarrow{\text{(第1行)}\times(-2),\ \times(-1)} \left(\begin{array}{ccc|c} 1 & 3 & -2 & 2 \\ 0 & -1 & 7 & -1 \\ 0 & -1 & 7 & -1 \end{array}\right) \xrightarrow{\text{(第2行)}\times(+3),\ \times(-1)}$$

$$\longrightarrow \left(\begin{array}{ccc|c} 1 & 0 & 19 & -1 \\ 0 & -1 & 7 & -1 \\ 0 & 0 & 0 & 0 \end{array}\right) \times(-1) \longrightarrow \left(\begin{array}{ccc|c} 1 & 0 & 19 & -1 \\ 0 & 1 & -7 & 1 \\ 0 & 0 & 0 & 0 \end{array}\right)$$

この行列に対応する連立 1 次方程式は

$$\begin{cases} x \quad + 19z = -1 \\ \quad y - 7z = 1 \end{cases}$$

よって, $z = t$ とおいて解は以下のようになる.

$$x = -1 - 19t, \qquad y = 1 + 7t, \qquad z = t$$ ∎

☞ 手順 1
拡大係数行列をつくる.

☞ 手順 2
行に関する基本変形.
⇓
係数行列を被約階段行列に変形.

☞ 手順 3
連立 1 次方程式の形に戻して, 解を記述.
⇓
場合分け③

なお, 例題 10.1 の答えをベクトルの形で表すと

$$\begin{pmatrix} x \\ y \\ z \end{pmatrix} = \begin{pmatrix} -1 \\ 1 \\ 0 \end{pmatrix} + t \begin{pmatrix} -19 \\ 7 \\ 1 \end{pmatrix} \qquad (t \in \boldsymbol{R})$$

となる.

⚠ 連立 1 次方程式の解のベクトルの形での表示は本書の後半で重要となるので, **これ以後は, ベクトルの形で解を表すことにする.**

注意 パラメータ表示を得るために連立 1 次方程式の形に戻すときは, **必ず係数行列を被約階段行列まで変形してから行うこと.** 例えば, $\left(\begin{array}{ccc|c} 1 & -1 & -1 & 1 \\ 0 & 1 & -1 & 2 \end{array}\right)$ から $\begin{cases} x - y - z = 1 \\ \quad y - z = 2 \end{cases}$ としてしまうと, x は y, z で表されているが, y が z で表されていることから, パラメータ表示を得るためには, さらに方程式を変形 ($y = z + 2$ を第 1 式に代入して y を消去) しなくてはならないのである.

⚠ 係数行列が被約階段行列のときは各方程式を独立に解くことができる.

解説 係数行列 A の列ベクトルのいくつかが $\mathbf{0}$ であるような場合がある. 連立 1 次方程式のある未知数の係数がすべて 0 であるような場合である. この場合は, その未知数もパラメータになる.

例: $\begin{pmatrix} 1 & 0 & 0 & 1 \\ 0 & 0 & 1 & 1 \end{pmatrix} \boldsymbol{x} = \mathbf{0}$ (s: 第 2 列, t: 第 4 列) の解は $\boldsymbol{x} = s \begin{pmatrix} 0 \\ 1 \\ 0 \\ 0 \end{pmatrix} + t \begin{pmatrix} -1 \\ 0 \\ -1 \\ 1 \end{pmatrix}$ となる.

⚠ この例では, 未知数が 4 個で, 係数行列の階数が 2 だから, パラメータの個数は
$$4 - 2 = 2$$
ということになる.

例題 10.2　次の連立 1 次方程式を解け.

$$\begin{cases} x + 3y - 2z = 1 \\ 2x + 7y - 11z = 2 \\ x + 2y + 5z = 3 \end{cases}$$

手順1 ☞ 拡大係数行列をつくる.

解　拡大係数行列 $\left(\begin{array}{ccc|c} 1 & 3 & -2 & 1 \\ 2 & 7 & -11 & 2 \\ 1 & 2 & 5 & 3 \end{array}\right)$ を行に関して基本変形する.

手順2 ☞ 行に関する基本変形により係数行列を被約階段行列に変形.

$$\left(\begin{array}{ccc|c} 1 & 3 & -2 & 1 \\ 2 & 7 & -11 & 2 \\ 1 & 2 & 5 & 3 \end{array}\right) \begin{matrix} \\ \downarrow{-2} \\ \downarrow{-1} \end{matrix} \longrightarrow \left(\begin{array}{ccc|c} 1 & 3 & -2 & 1 \\ 0 & 1 & -7 & 0 \\ 0 & -1 & 7 & 2 \end{array}\right) \begin{matrix} \uparrow{-3} \\ \\ \downarrow{+1} \end{matrix} \longrightarrow \left(\begin{array}{ccc|c} 1 & 0 & 19 & 1 \\ 0 & 1 & -7 & 0 \\ 0 & 0 & 0 & 2 \end{array}\right)$$

この行列に対応する連立 1 次方程式は,

$$\begin{cases} x \quad + 19z = 1 \\ \quad y - 7z = 0 \\ \qquad\quad 0 = 2 \end{cases}$$

手順3 ☞ 解の存在についての判定.
⇓
場合分け③

となるので, 解なしである. ■

《 演　習 》

問題 10　次の連立 1 次方程式を拡大係数行列の基本変形を用いて解け.

(1) $\begin{cases} x + y + 2z = 5 \\ 2x + 3y + z = 3 \\ -x - 3y + 4z = 9 \end{cases}$　　(2) $\begin{cases} x + y + z = 1 \\ 2x + 2y + 2z = 3 \end{cases}$

(3) $\begin{cases} 5x + 3y - 6z - 9w = 11 \\ 2x + 2y - 7z + 5w = 6 \\ -x - 3y + 15z - 24w = -5 \end{cases}$　　(4) $\begin{cases} 2x - y + 2z = -2 \\ x - y = 3 \\ -5x + 4y - 3z = -4 \end{cases}$

(5) $\begin{cases} -x - 6y + 4z + 8w = 12 \\ x + 2y - 2z - 3w = -3 \\ -x + y - w = -4 \\ 2x - y - z = 4 \end{cases}$　　(6) $\begin{cases} 15x + 4y - 15z - 2w = 17 \\ 7x + 2y - 7z - w = 8 \\ -12x - 3y + 12z + 3w = -12 \\ 4x + y - 4z - w = 4 \end{cases}$

11. 斉次連立 1 次方程式を係数行列の基本変形で解く

【解法 11】

未知数 $x_1, x_2, \ldots, x_n$ についての斉次連立 1 次方程式 $A\begin{pmatrix}x_1\\x_2\\\vdots\\x_n\end{pmatrix}=\mathbf{0}$ の解法.

ポイント 斉次連立 1 次方程式を行列を用いて解く場合は，拡大係数行列 $(A\,|\,\boldsymbol{b})$ の右端の列は $\mathbf{0}$ で行に関する基本変形を行っても $\mathbf{0}$ のままである．したがって，拡大係数行列の代わりに係数行列のみを被約階段行列に基本変形すればよい．

用語 必ず解 $\boldsymbol{x}=\mathbf{0}$ をもつ．これを**自明な解**という．

手順 1 係数行列 A を行に関する基本変形で被約階段行列に変形する．

手順 2 **場合分け①** $\operatorname{rank} A = n$ のとき，解は $\boldsymbol{x}=\mathbf{0}$ のみである．

場合分け② $\operatorname{rank} A < n$ のとき，**手順 1** で得られた被約階段行列を係数行列にもつ斉次連立 1 次方程式を書くと，各行の先頭の「1」の列に対応する r 個の未知数 $x_{j(1)}, x_{j(2)}, \ldots, x_{j(r)}$ が，その他の $n-\operatorname{rank} A$ 個の未知数をパラメータとして表される形で解が書ける．

例題 11 次の斉次連立 1 次方程式の解のパラメータ表示を求めよ．

$$\begin{cases}5x+5y+4z+23w=0\\4x+4y+3z+18w=0\\2x+2y+\ z+\ 8w\ =0\end{cases}$$

解 係数行列を行に関して基本変形すると，

$$\begin{pmatrix}5&5&4&23\\4&4&3&18\\2&2&1&8\end{pmatrix}\begin{matrix}\uparrow{-2}\\\uparrow{-2}\\ \ \end{matrix}\longrightarrow\begin{pmatrix}1&1&2&7\\0&0&1&2\\2&2&1&8\end{pmatrix}\begin{matrix}\ \\ \ \\\downarrow{-2}\end{matrix}\longrightarrow\begin{pmatrix}1&1&2&7\\0&0&1&2\\0&0&-3&-6\end{pmatrix}\begin{matrix}\uparrow{-2}\\ \ \\\downarrow{+3}\end{matrix}\longrightarrow\begin{pmatrix}1&1&0&3\\0&0&1&2\\0&0&0&0\end{pmatrix}$$

☞ **手順 1**

となる． $y=s,\ w=t$ とおいて解のパラメータ表示 $\begin{pmatrix}x\\y\\z\\w\end{pmatrix}=s\begin{pmatrix}-1\\1\\0\\0\end{pmatrix}+t\begin{pmatrix}-3\\0\\-2\\1\end{pmatrix}$ $(s,t\in\boldsymbol{R})$ が得られる． ∎

☞ **手順 2** **場合分け②**
$\operatorname{rank} A = 2 = 4-2$
$\Rightarrow$ パラメータは 2 個.

《演　習》

問題 11 次の斉次連立 1 次方程式を係数行列の基本変形を用いて解け．

(1) $\begin{cases}3x-5y-5z=0\\2x-2y-3z=0\\5x+\ y\ -6z=0\end{cases}$

(2) $\begin{cases}x\ -\ y\ -2z=0\\-x+\ y\ +2z=0\\-2x+2y+4z=0\end{cases}$

(3) $\begin{cases}x\ -3y+2z+\ w\ =0\\2x-5y+3z+\ 7w=0\\4x-5y+\ z\ +18w=0\end{cases}$

(4) $\begin{cases}x\ -3y+2z+\ w\ =0\\2x-\ y\ -\ z\ +12w=0\\4x-5y+\ z\ +18w=0\end{cases}$

逆　行　列

正則性・逆行列の定義　A を n 次正方行列とする．

$$A\text{が正則である} \overset{\text{定義}}{\Longleftrightarrow} XA = AX = E_n \text{となる } n \text{ 次正方行列 } X \text{ が存在.}$$

⚠ A^{-1} は A に対して一通りに定まる．

A が正則なとき，上の X を A の**逆行列**といい，A^{-1}（インバース）と書く．

正則性の条件　n 次正方行列 A に対して次が成り立つ．

A : 正則 $\Longleftrightarrow$ $\operatorname{rank} A = n$ $\Longleftrightarrow$ A は行に関する基本変形で単位行列に変形可能

⚠ 階数が n となる n 次正方被約階段行列は単位行列 E_n である．

n 次正方行列 A の正則性は，基本変形で階段行列に変形して階数を求めることで判定できる．さらに，$\operatorname{rank} A = n$ のときは必ず行に関する基本変形で単位行列にできる．

Tips! A にすべてが 0 であるような行が存在すれば $\operatorname{rank} A < n$ となるので，A は正則ではない．また，$\operatorname{rank} A = \operatorname{rank} {}^tA$ であるから，すべてが 0 であるような列が存在しても同様に A は正則ではない．

逆行列の計算　A が正則のとき，逆行列を求めるには，A と E_n を並べた $n \times 2n$ 行列 $(A \mid E_n)$ を行に関する基本変形によって左半分の n 次正方行列 A が E_n になるまで変形する．左半分が E_n になったとき，右半分の n 次正方行列が A^{-1} になっている．

$$\begin{aligned}(A \mid E_n) &\to X_1(A \mid E_n) = (X_1A \mid X_1) \to \cdots \\ &\cdots \to (X_kX_{k-1}\cdots X_1A \mid X_kX_{k-1}\cdots X_1) = (E_n \mid A^{-1})\end{aligned}$$

すなわち，上の変形で $X_kX_{k-1}\cdots X_1A = E_n$ となったとき，$X_kX_{k-1}\cdots X_1 = A^{-1}$ である．

解説　逆行列の計算は，n 組の連立 1 次方程式 $A\boldsymbol{x} = \boldsymbol{e}_i$ $(i = 1, 2, \ldots, n)$ を同時に解いていると考えることもできる．

$$X = (\boldsymbol{x}_1\ \boldsymbol{x}_2\ \cdots\ \boldsymbol{x}_n)$$

とおけば，

$$AX = (A\boldsymbol{x}_1\ A\boldsymbol{x}_2\ \cdots\ A\boldsymbol{x}_n)$$

であり，

$$AX = E_n \Longleftrightarrow A\boldsymbol{x}_i = \boldsymbol{e}_i\ (i = 1, 2, \ldots, n)$$

だからである．したがって，**列に関する基本変形を行ってはいけない**点も連立 1 次方程式の場合と同様である (p.33 の注意参照のこと).

12. 逆行列を求める

【解法 12】

n 次正方行列 $A=\begin{pmatrix} a_{11} & a_{12} & \cdots & a_{1n} \\ a_{21} & a_{22} & \cdots & a_{2n} \\ \vdots & \vdots & \ddots & \vdots \\ a_{n1} & a_{n2} & \cdots & a_{nn} \end{pmatrix}$ の正則性判定，および正則であるとき，その逆行列 A^{-1} を計算する方法．

手順 1 $n\times 2n$ 行列 $\widetilde{A}=(A\,|\,E_n)$ をつくり，$\widetilde{A}$ に行に関する基本変形を行い，左半分が階段行列となるように変形する．

解説 $\widetilde{A}$ に左側からかけた基本行列の積を X とすると，$X\widetilde{A}=(XA\,|\,XE_n)=(XA\,|\,X)$ となる．

手順 2 **手順 1** の変形後に得られた行列 $(XA\,|\,X)$ の左半分 XA の階段行列をみて A の階数 $\operatorname{rank} A$ を求める．

場合分け① $\operatorname{rank} A<n$ のとき，正則でない．

場合分け② $\operatorname{rank} A=n$ のとき，**手順 3** へ．

手順 3 $(XA\,|\,X)$ に対して，さらに行に関する基本変形を繰り返し，被約階段行列に変形する手順で変形する．このとき，左半分は単位行列になり，右半分にできている行列が A^{-1} である．

$$\left(\begin{array}{cccc|cccc} a_{11} & a_{12} & \cdots & a_{1n} & 1 & 0 & \cdots & 0 \\ a_{21} & a_{22} & \cdots & a_{2n} & 0 & 1 & \cdots & 0 \\ \vdots & \vdots & \ddots & \vdots & \vdots & \vdots & \ddots & \vdots \\ a_{n1} & a_{n2} & \cdots & a_{nn} & 0 & 0 & \cdots & 1 \end{array}\right)$$

↓
⋮ 行に関する基本変形を繰り返す．
↓

$(XA\,|\,X)$　XA 階段行列

↓ $\operatorname{rank} XA=n$ ならば正則
⋮
↓

$(YXA\,|\,YX)$
$\parallel$
$(E_n\,|\,YX)$　左半分が E_n になるように変形
このときの YX が A^{-1}

チェック ☑ ❑ $AX=E_n$ または $XA=E_n$ が成り立つこと．
（逆行列もまた正則なので，X が 0 のみの行や列をもっている，行や列が重複している，など明らかに正則でなければ間違いとわかる．）

注意 仮に次のように列変形を「混ぜ」て行ったとしよう．

$$\left(\begin{array}{cc|cc} 1 & 2 & 1 & 0 \\ 2 & 5 & 0 & 1 \end{array}\right)\downarrow_{-2} \longrightarrow \left(\begin{array}{cc|cc} 1 & 2 & 1 & 0 \\ 0 & 1 & -2 & 1 \end{array}\right) \xrightarrow{-2,\ -2} \left(\begin{array}{cc|cc} 1 & 0 & 1 & -2 \\ 0 & 1 & -2 & 5 \end{array}\right)$$

このとき，$\begin{pmatrix} 1 & -2 \\ -2 & 5 \end{pmatrix}$ は逆行列ではない．行に関する基本変形は左から基本行列をかけることであるが，列に関する基本変形は右から基本行列をかけることである．したがって，いまの場合，

$$(A\,|\,E_n)\to(XAY\,|\,XE_nY)=(E_n\,|\,XY)$$

という変形を行ったことになる．$XAY=E_n$ ということは，$A=X^{-1}Y^{-1}$ であるから，$A^{-1}=YX$ であり，一般には XY は A の逆行列にはならない．このように，連立 1 次方程式の場合と同様，「混ぜるな危険」なのである．

⚠ $\begin{pmatrix} 1 & -2 \\ -2 & 5 \end{pmatrix}\begin{pmatrix} 1 & 2 \\ 2 & 5 \end{pmatrix} = \begin{pmatrix} -3 & -8 \\ 8 & 21 \end{pmatrix} \neq \begin{pmatrix} 1 & 0 \\ 0 & 1 \end{pmatrix}$

例題 12.1 次の行列 A が正則かどうか判定し，正則な場合には逆行列 A^{-1} を求めよ．

$$A=\begin{pmatrix}1&1&1\\1&2&2\\1&2&3\end{pmatrix}$$

手順1 ☞ $(A\,|\,E_n)$ をつくり，左半分が階段行列になるまで**行に関して基本変形**する．

手順2 ☞ rank により正則性判定

手順3 ☞ さらに続行して左半分を E_n に変形．
⇓
右半分が求める逆行列．

⚠ もとの行列 A とかけて正しいことが確かめられる．必ず検算しよう．

解 A, E_3 を並べて得られる 3×6 行列 $(A\,|\,E_3)$ を行に関して基本変形する．

$$\left(\begin{array}{ccc|ccc}1&1&1&1&0&0\\1&2&2&0&1&0\\1&2&3&0&0&1\end{array}\right)\begin{matrix}\\ \downarrow_{-1}\\ \downarrow_{-1}\end{matrix}\longrightarrow\left(\begin{array}{ccc|ccc}1&1&1&1&0&0\\0&1&1&-1&1&0\\0&1&2&-1&0&1\end{array}\right)\begin{matrix}\uparrow_{-1}\\ \\ \downarrow_{-1}\end{matrix}\longrightarrow\left(\begin{array}{ccc|ccc}1&0&0&2&-1&0\\0&1&1&-1&1&0\\0&0&1&0&-1&1\end{array}\right)$$

より，$\operatorname{rank}A=3$ であり，A は正則であることがわかる．さらに，変形して，

$$\left(\begin{array}{ccc|ccc}1&0&0&2&-1&0\\0&1&1&-1&1&0\\0&0&1&0&-1&1\end{array}\right)\uparrow_{-1}\longrightarrow\left(\begin{array}{ccc|ccc}1&0&0&2&-1&0\\0&1&0&-1&2&-1\\0&0&1&0&-1&1\end{array}\right)$$

となり，左半分が単位行列になったので，このときの右半分

$$\begin{pmatrix}2&-1&0\\-1&2&-1\\0&-1&1\end{pmatrix}$$

が求める逆行列 A^{-1} である． ∎

例題 12.2 次の行列 A が正則かどうか判定し，正則な場合には逆行列 A^{-1} を求めよ．

$$A=\begin{pmatrix}1&2&3\\4&5&6\\7&8&9\end{pmatrix}$$

手順1 ☞ $(A\,|\,E_n)$ をつくり，左半分が階段行列になるまで**行に関して基本変形**する．

手順2 ☞ 場合分け① $\operatorname{rank}A<n$
⇓
正則でない．

解 A, E_3 を並べて得られる 3×6 行列 $(A\,|\,E_3)$ を行に関して基本変形する．

$$\left(\begin{array}{ccc|ccc}1&2&3&1&0&0\\4&5&6&0&1&0\\7&8&9&0&0&1\end{array}\right)\begin{matrix}\\ \downarrow_{-4}\\ \downarrow_{-7}\end{matrix}\longrightarrow\left(\begin{array}{ccc|ccc}1&2&3&1&0&0\\0&-3&-6&-4&1&0\\0&-6&-12&-7&0&1\end{array}\right)\downarrow_{-2}$$

$$\longrightarrow\left(\begin{array}{ccc|ccc}1&2&3&1&0&0\\0&-3&-6&-4&1&0\\0&0&0&1&-2&1\end{array}\right)$$

となり，行列 A の階数が 2 であることがわかる．よって，A は正則ではない． ∎

例題 12.3　次の行列 A が正則かどうか判定し，正則な場合には逆行列 A^{-1} を求めよ．

$$A = \begin{pmatrix} 3 & -1 & -2 \\ -6 & 3 & 4 \\ -2 & 2 & 1 \end{pmatrix}$$

解　A, E_3 を並べて得られる 3×6 行列 $(A\,|\,E_3)$ を行に関して基本変形する．

$$\left(\begin{array}{ccc|ccc} 3 & -1 & -2 & 1 & 0 & 0 \\ -6 & 3 & 4 & 0 & 1 & 0 \\ -2 & 2 & 1 & 0 & 0 & 1 \end{array}\right)\downarrow{+2} \longrightarrow \left(\begin{array}{ccc|ccc} 3 & -1 & -2 & 1 & 0 & 0 \\ 0 & 1 & 0 & 2 & 1 & 0 \\ -2 & 2 & 1 & 0 & 0 & 1 \end{array}\right)\uparrow{+1}$$

$$\longrightarrow \left(\begin{array}{ccc|ccc} 1 & 1 & -1 & 1 & 0 & 1 \\ 0 & 1 & 0 & 2 & 1 & 0 \\ -2 & 2 & 1 & 0 & 0 & 1 \end{array}\right)\downarrow{+2} \longrightarrow \left(\begin{array}{ccc|ccc} 1 & 1 & -1 & 1 & 0 & 1 \\ 0 & 1 & 0 & 2 & 1 & 0 \\ 0 & 4 & -1 & 2 & 0 & 3 \end{array}\right)\updownarrow{-1,\,-4} \longrightarrow \left(\begin{array}{ccc|ccc} 1 & 0 & -1 & -1 & -1 & 1 \\ 0 & 1 & 0 & 2 & 1 & 0 \\ 0 & 0 & -1 & -6 & -4 & 3 \end{array}\right)$$

より，$\operatorname{rank} A = 3$ であり，A は正則であることがわかる．さらに，変形して，

$$\left(\begin{array}{ccc|ccc} 1 & 0 & -1 & -1 & -1 & 1 \\ 0 & 1 & 0 & 2 & 1 & 0 \\ 0 & 0 & -1 & -6 & -4 & 3 \end{array}\right)\uparrow{-1} \rightarrow \left(\begin{array}{ccc|ccc} 1 & 0 & 0 & 5 & 3 & -2 \\ 0 & 1 & 0 & 2 & 1 & 0 \\ 0 & 0 & -1 & -6 & -4 & 3 \end{array}\right)_{\times(-1)}$$

$$\rightarrow \left(\begin{array}{ccc|ccc} 1 & 0 & 0 & 5 & 3 & -2 \\ 0 & 1 & 0 & 2 & 1 & 0 \\ 0 & 0 & 1 & 6 & 4 & -3 \end{array}\right)$$

となり，左半分が単位行列になったので，このときの右半分

$$\begin{pmatrix} 5 & 3 & -2 \\ 2 & 1 & 0 \\ 6 & 4 & -3 \end{pmatrix}$$

が求める逆行列 A^{-1} である．■

☞ **手順 1**　$(A\,|\,E_n)$ をつくり，左半分が階段行列になるまで行に関して基本変形する．

☞ **手順 2**　rank により正則性判定 ⇒ 場合分け② (正則)

☞ **手順 3**　さらに変形を続け，左半分を E_n に変形．
⇓
右半分が求める逆行列．

Tips!　逆行列の計算に限らず，行列の基本変形の計算では，なるべく分数がでないように計算するのが，計算間違いを減らすコツである．

・ 掃き出したい列の成分に ± 1 があれば，その行を 1 行目になるように行を入れかえて，± 1 の成分を用いて掃き出しを行う．
・ ある行の定数倍を他の行に加えるという操作を何回か行って ± 1 をつくってから掃き出す．

などの工夫ができるかどうかをつねに考えてみよう．

《 演　習 》

問題 12　次の行列が正則かどうか判定し，正則な場合には逆行列を求めよ．

(1) $\begin{pmatrix} 1 & -2 & -5 \\ 3 & 2 & 1 \\ 2 & 0 & -2 \end{pmatrix}$　　(2) $\begin{pmatrix} 1 & 1 & 2 \\ 2 & 1 & 3 \\ 3 & 1 & 5 \end{pmatrix}$

(3) $\begin{pmatrix} 2 & -1 & 1 \\ 3 & 2 & 1 \\ 1 & 3 & -1 \end{pmatrix}$　　(4) $\begin{pmatrix} 2 & 5 & 4 \\ 2 & 3 & 1 \\ 6 & 5 & -3 \end{pmatrix}$

(5) $\begin{pmatrix} 1 & 1 & 0 \\ 7 & 10 & -8 \\ -9 & -13 & 11 \end{pmatrix}$　　(6) $\begin{pmatrix} 2 & -1 & 2 \\ 1 & -1 & 0 \\ -5 & 4 & -3 \end{pmatrix}$

行　列　式

行列式　n 次正方行列 A の行列式は以下の形の式で与えられる．

$$|A| = \begin{vmatrix} a_{11} & a_{12} & \cdots & a_{1n} \\ a_{21} & a_{22} & \cdots & a_{2n} \\ \vdots & \vdots & \ddots & \vdots \\ a_{n1} & a_{n2} & \cdots & a_{nn} \end{vmatrix} = \sum_{[i_1,i_2,\ldots,i_n]\in S_n} (-1)^{N_{[i_1,i_2,\ldots,i_n]}} a_{i_1 1} a_{i_2 2} \cdots a_{i_n n}$$

ただし，

・S_n は $1, 2, \ldots, n$ の順列全体のなす集合を表す．

・$\displaystyle\sum_{[i_1,i_2,\ldots,i_n]\in S_n}$ はすべての順列について和をとることを意味する．

・$N_{[i_1,i_2,\ldots,i_n]}$ は，$i_k > i_j$ かつ $k < j$ となる (i_k, i_j) の組の個数を表す (順列 $[i_1, i_2, \ldots, i_n]$ の**反転数**という)．

⚠反転数の計算例：
$N_{[2,3,1]} = 2$,
$N_{[4,2,3,1]} = 5$.

ここで，$a_{i_1 1} a_{i_2 2} \cdots a_{i_n n}$ は，同じ行の成分をとらないように各列から取り出した成分の積である．このような $a_{i_1 1} a_{i_2 2} \cdots a_{i_n n}$ のとり方は $n!$ 通りある．これらに反転数の偶奇から決まる符号をつけて足しあわせたものが行列式である．

⚠(1), (2) の列に関する基本変形の場合は図形的に考えると覚えやすい．
(1) ある列の定数倍を他の列に加えても面積は変わらない．

$|\boldsymbol{a}\ \boldsymbol{b}| = |\boldsymbol{a}\ \boldsymbol{b}+c\boldsymbol{a}|$

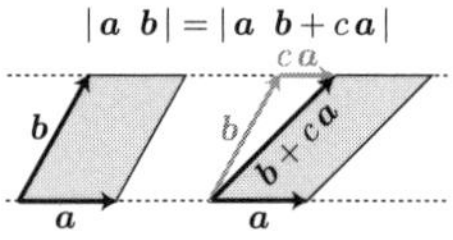

(2) ある列を c 倍 $(c > 0)$ すると面積は c 倍になる．

$|\boldsymbol{a}\ c\boldsymbol{b}| = c|\boldsymbol{a}\ \boldsymbol{b}|$

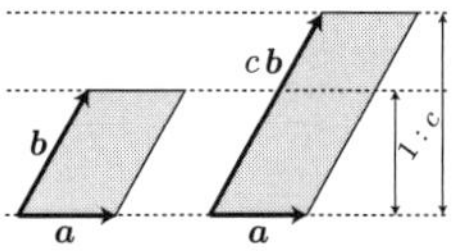

⚠行列式では基本変形をする場合に，→ ではなく = を用いることに注意しよう．

行列式と基本変形

(1) ある列の定数倍を他の列に加えたり，ある行の定数倍を他の行に加えたりしても，行列式は変わらない．

例：（2列目の −2 倍を3列目に加える；1行目の −2 倍を2行目に，−3 倍を3行目に加える）

$$\begin{vmatrix} 1 & 2 & 3 \\ 0 & 1 & 1 \\ 0 & -5 & -10 \end{vmatrix} = \begin{vmatrix} 1 & 2 & -1 \\ 0 & 1 & -1 \\ 0 & -5 & 0 \end{vmatrix}, \quad \begin{vmatrix} 1 & 2 & 3 \\ 2 & 5 & 7 \\ 3 & 1 & -1 \end{vmatrix} = \begin{vmatrix} 1 & 2 & 3 \\ 0 & 1 & 1 \\ 0 & -5 & -10 \end{vmatrix}$$

(2) ある列を c 倍したり，ある行を c 倍したりすると，行列式はもとの行列式の c 倍になる．

例：

$$\begin{vmatrix} 2 & 7 & 1 \\ 8 & 4 & 5 \\ 6 & 3 & 1 \end{vmatrix} = 2\begin{vmatrix} 1 & 7 & 1 \\ 4 & 4 & 5 \\ 3 & 3 & 1 \end{vmatrix}, \quad \begin{vmatrix} 3 & 9 & 6 \\ 2 & 1 & 3 \\ 5 & 1 & 5 \end{vmatrix} = 3\begin{vmatrix} 1 & 3 & 2 \\ 2 & 1 & 3 \\ 5 & 1 & 5 \end{vmatrix}$$

(3) 2 つの列を互いに入れかえたり，2 つの行を互いに入れかえると，行列式の符号が変わる．

例：

$$\begin{vmatrix} 1 & 2 & -1 \\ 3 & 1 & 1 \\ 5 & 4 & 2 \end{vmatrix} = -\begin{vmatrix} 2 & 1 & -1 \\ 1 & 3 & 1 \\ 4 & 5 & 2 \end{vmatrix}, \quad \begin{vmatrix} 1 & 2 & -1 \\ 3 & 1 & 1 \\ 5 & 4 & 2 \end{vmatrix} = -\begin{vmatrix} 3 & 1 & 1 \\ 1 & 2 & -1 \\ 5 & 4 & 2 \end{vmatrix}.$$

転置行列の行列式

$$|A| = |{}^tA|,\ \text{すなわち,}\quad \begin{vmatrix} a_{11} & a_{12} & \cdots & a_{1n} \\ a_{21} & a_{22} & \cdots & a_{2n} \\ \vdots & \vdots & \ddots & \vdots \\ a_{n1} & a_{n2} & \cdots & a_{nn} \end{vmatrix} = \begin{vmatrix} a_{11} & a_{21} & \cdots & a_{n1} \\ a_{12} & a_{22} & \cdots & a_{n2} \\ \vdots & \vdots & \ddots & \vdots \\ a_{1n} & a_{2n} & \cdots & a_{nn} \end{vmatrix}$$

行列式の性質

・ A: n 次正方行列, B: m 次正方行列 $\Longrightarrow \begin{vmatrix} A & C \\ O & B \end{vmatrix} = \begin{vmatrix} A & O \\ C & B \end{vmatrix} = |A||B|$

・ $$\begin{vmatrix} a_{11} & * & \cdots & * \\ 0 & a_{22} & \cdots & a_{2n} \\ \vdots & \vdots & \ddots & \vdots \\ 0 & a_{n2} & \cdots & a_{nn} \end{vmatrix} = \begin{vmatrix} a_{11} & 0 & \cdots & 0 \\ * & a_{22} & \cdots & a_{2n} \\ \vdots & \vdots & \ddots & \vdots \\ * & a_{n2} & \cdots & a_{nn} \end{vmatrix} = a_{11} \begin{vmatrix} a_{22} & \cdots & a_{2n} \\ \vdots & \ddots & \vdots \\ a_{n2} & \cdots & a_{nn} \end{vmatrix}$$

とくに，三角行列や対角行列の行列式は，対角成分の積になる．

・ A, B: n 次正方行列 $\Longrightarrow |AB| = |A||B|$

行列式の展開 $|A| = \begin{vmatrix} a_{11} & a_{12} & \cdots & a_{1n} \\ a_{21} & a_{22} & \cdots & a_{2n} \\ \vdots & \vdots & \ddots & \vdots \\ a_{n1} & a_{n2} & \cdots & a_{nn} \end{vmatrix}$ は $n-1$ 次行列式の和に分解される．

第 j 列に関する展開

$$|A| = (-1)^{1+j} a_{1j} \begin{vmatrix} A\ \text{から第 1 行} \\ \text{と第 } j \text{ 列を取り} \\ \text{除いて得られる} \\ n-1\ \text{次行列} \end{vmatrix} + (-1)^{2+j} a_{2j} \begin{vmatrix} A\ \text{から第 2 行} \\ \text{と第 } j \text{ 列を取り} \\ \text{除いて得られる} \\ n-1\ \text{次行列} \end{vmatrix} + \cdots + (-1)^{n+j} a_{nj} \begin{vmatrix} A\ \text{から第 } n \text{ 行} \\ \text{と第 } j \text{ 列を取り} \\ \text{除いて得られる} \\ n-1\ \text{次行列} \end{vmatrix}$$

第 i 行に関する展開

$$|A| = (-1)^{i+1} a_{i1} \begin{vmatrix} A\ \text{から第 } i \text{ 行} \\ \text{と第 1 列を取り} \\ \text{除いて得られる} \\ n-1\ \text{次行列} \end{vmatrix} + (-1)^{i+2} a_{i2} \begin{vmatrix} A\ \text{から第 } i \text{ 行} \\ \text{と第 2 列を取り} \\ \text{除いて得られる} \\ n-1\ \text{次行列} \end{vmatrix} + \cdots + (-1)^{i+n} a_{in} \begin{vmatrix} A\ \text{から第 } i \text{ 行} \\ \text{と第 } n \text{ 列を取り} \\ \text{除いて得られる} \\ n-1\ \text{次行列} \end{vmatrix}$$

例: $A = \begin{pmatrix} 1 & 2 & 3 \\ 4 & 5 & 6 \\ 7 & 8 & 9 \end{pmatrix}$ のとき，$\Delta_{12} = (-1)^3 \begin{vmatrix} 4 & 6 \\ 7 & 9 \end{vmatrix}$，$\Delta_{31} = (-1)^4 \begin{vmatrix} 2 & 3 \\ 5 & 6 \end{vmatrix}$．

用語 A の第 i 行と第 j 列を取り除いて得られる $n-1$ 次正方行列を A_{ij} とするとき，

$$\Delta_{ij} = (-1)^{i+j} |A_{ij}|$$

を A の (i,j)-**余因子**という．このとき，
第 j 列に関する展開は

$$|A| = \sum_{i=1}^{n} a_{ij} \Delta_{ij},$$

第 i 行に関する展開は

$$|A| = \sum_{j=1}^{n} a_{ij} \Delta_{ij}.$$

13. 行列式を計算する (数値を成分とする場合)

◆――――◆【解法 13】◆――――◆

数値を成分とする n 次正方行列 A の行列式

$$|A| = \begin{vmatrix} a_{11} & a_{12} & \cdots & a_{1n} \\ a_{21} & a_{22} & \cdots & a_{2n} \\ \vdots & \vdots & \ddots & \vdots \\ a_{n1} & a_{n2} & \cdots & a_{nn} \end{vmatrix}$$

の計算方法.

ポイント 行列式の値が行や列に関する基本変形によってどのように変わるかに気をつけながら,基本変形で $\begin{vmatrix} a_{11} & * \\ \mathbf{0} & B \end{vmatrix}$ の形に変形し,$\begin{vmatrix} a_{11} & * \\ \mathbf{0} & B \end{vmatrix} = a_{11}|B|$ を利用して,次数の低い行列式の計算に帰着させる.

手順1 すぐに値がわかる場合は直接計算する.
- すべての成分が 0 であるような行または列があれば行列式は 0.
- 三角行列や対角行列の行列式は対角成分の積.
- 2 次の行列式は $\begin{vmatrix} a & b \\ c & d \end{vmatrix} = ad - bc$ で求められる.

これ以外の場合は,**手順2** へ.

⚠ 行,列の交換が偶数回なら符号は $+$,奇数回なら符号は $-$ になる.

手順2 $a_{ij} \neq 0$ となる a_{ij} を選んで,行および列の交換により,$a = a_{ij}$ が $(1,1)$ 成分になるようにする (符号の変化に注意).

$$|A| = \pm \begin{vmatrix} a & * & \cdots & * \\ * & * & \cdots & * \\ \vdots & * & \cdots & * \\ * & * & \cdots & * \end{vmatrix}, \ a \neq 0$$

手順3 $(1,1)$ 成分を使って,第 1 列または第 1 行を掃き出す (行列式の値は不変).

$$|A| = \pm \begin{vmatrix} a & * \\ \mathbf{0} & A_1 \end{vmatrix} \quad \text{または} \quad \pm \begin{vmatrix} a & \mathbf{0} \\ * & A_1 \end{vmatrix}$$

⚠ **手順1** にあげた形の行列式に帰着されるまで繰り返す.

手順4 $|A| = \pm a|A_1|$ より,次数 $n-1$ の行列式 $|A_1|$ が計算できればよい.**手順1** に戻って,$|A_1|$ を計算する.

例題 13 次の行列式を計算せよ．

(1) $\begin{vmatrix} 1 & 2 & 3 \\ 4 & 5 & 6 \\ 7 & 8 & 9 \end{vmatrix}$　　(2) $\begin{vmatrix} 3 & 1 & 4 \\ 2 & 5 & -1 \\ 1 & 3 & 7 \end{vmatrix}$

解 (1)

$$\begin{vmatrix} 1 & 2 & 3 \\ 4 & 5 & 6 \\ 7 & 8 & 9 \end{vmatrix} \overset{\substack{\to -2 \\ \to -3}}{=} \begin{vmatrix} 1 & 0 & 0 \\ 4 & -3 & -6 \\ 7 & -6 & -12 \end{vmatrix} = \begin{vmatrix} -3 & -6 \\ -6 & -12 \end{vmatrix} = 0$$

☞ 手順2 + 手順3
(1,1) 成分 $= 1 (\neq 0)$ で行について掃き出す．

☞ 手順4
2 次行列の行列式なので，手順1 の場合に帰着する．

(2)

$$\begin{vmatrix} 3 & 1 & 4 \\ 2 & 5 & -1 \\ 1 & 3 & 7 \end{vmatrix} \updownarrow = -\begin{vmatrix} 1 & 3 & 7 \\ 2 & 5 & -1 \\ 3 & 1 & 4 \end{vmatrix} \begin{matrix} \\ \downarrow -2 \\ \downarrow -3 \end{matrix}$$

$$= -\begin{vmatrix} 1 & 3 & 7 \\ 0 & -1 & -15 \\ 0 & -8 & -17 \end{vmatrix}$$

$$= -1 \times \begin{vmatrix} -1 & -15 \\ -8 & -17 \end{vmatrix} = -\{(-1) \times (-17) - (-8) \times (-15)\}$$

$$= -(17 - 120) = 103.$$ ∎

☞ 手順2 + 手順3
(3,1) 成分 $= 1$ なので，1 行目と 3 行目を交換して (1,1) 成分で列について掃き出す．

☞ 手順4
2 次行列の行列式なので，手順1 の場合に帰着する．

注意 連立 1 次方程式や逆行列の計算では基本変形を行うごとに行列が変わっていくため，変形前と変形後の行列を矢印でつないだが，行列式の場合は，式の値を計算している式変形であるため，**行列式の計算では行列式を等号でつなぐ必要がある**．

チェック ❑ 2 つ以上の異なる方法で計算して一致すること．

（行列式の検算は絶対的なものはない．一般には，複数の方法 — 例えば上の例題の (1) の場合なら行に関する基本変形で列を掃き出す — で計算して確認するのがよい．また，数値の行列式でも余因子を用いた展開式も併用するなど，いろいろな方法で計算するとよい．）

《 演 習 》

問題 13 次の行列式を計算せよ．

(1) $\begin{vmatrix} -5 & 3 & 1 \\ -3 & 2 & 2 \\ 4 & -7 & -6 \end{vmatrix}$　　(2) $\begin{vmatrix} -3 & -1 & -2 \\ 9 & 1 & 0 \\ -4 & -1 & -1 \end{vmatrix}$　　(3) $\begin{vmatrix} -6 & -8 & -20 \\ 8 & 14 & 40 \\ -2 & -4 & -12 \end{vmatrix}$

(4) $\begin{vmatrix} 2 & -1 & 3 & 4 \\ -1 & 2 & 1 & 4 \\ -2 & 3 & 4 & 1 \\ 1 & 1 & 3 & 5 \end{vmatrix}$　　(5) $\begin{vmatrix} 3 & 5 & 2 & 4 \\ -2 & -2 & -1 & -2 \\ 3 & 1 & 1 & 1 \\ 5 & 4 & 2 & 3 \end{vmatrix}$

14. 行列式を計算する (文字式や関数を成分にもつ場合)

【解法 14】

行列 A が文字式や関数を成分にもつ場合で，基本変形のみにより計算することが困難である場合は，基本変形と行または列に関する展開を用いて計算する．

手順1 a_{ij} が数値であるようなものがあれば，(i,j) 成分を使った掃き出し，または，基本変形により，i 行または j 列に 0 となる成分ができるだけ多くなるようにする．

(!)すべての成分が数値でない場合には，手順2 からでよい．

手順2 手順1 の i 行または j 列について $|A|$ を展開する．

$$|A| = a_{i1}\Delta_{i1} + \cdots + a_{in}\Delta_{in} \text{ または } |A| = a_{1j}\Delta_{1j} + \cdots + a_{nj}\Delta_{nj}$$

(!)Δ_{ij} は (i,j) 余因子 (p.37).

手順3 $n-1$ 次行列式である余因子 Δ_{ij} を求める．→ 手順1 へ.

例題 14 行または列に関する展開を用いて次の行列式を計算せよ．

$$\begin{vmatrix} x & 1 & x-1 \\ -1 & 2 & x+1 \\ 1 & x & 2x-1 \end{vmatrix}$$

手順2 ☞ 解 第 1 列について展開すると，

$$\begin{vmatrix} x & 1 & x-1 \\ -1 & 2 & x+1 \\ 1 & x & 2x-1 \end{vmatrix} = (-1)^{1+1}x\begin{vmatrix} 2 & x+1 \\ x & 2x-1 \end{vmatrix}$$
$$+ (-1)^{1+2}(-1)\begin{vmatrix} 1 & x-1 \\ x & 2x-1 \end{vmatrix} + (-1)^{1+3}1\cdot\begin{vmatrix} 1 & x-1 \\ 2 & x+1 \end{vmatrix}$$

(!)余因子の符号に注意しよう．

となる．したがって，

手順3 ☞

$$\begin{aligned}(\text{与式}) &= x\left(2(2x-1) - x(x+1)\right) + (2x-1-x(x-1)) + (x+1-2(x-1)) \\ &= x\left(-x^2+3x-2\right) + \left(-x^2+3x-1\right) + (-x+3) \\ &= -x^3+2x^2+2\end{aligned}$$

■

注意 3 次の行列式は 6 つの項の和に書けるが，6 つの項のつくり方と符号のつけ方を左図のようにして覚えることができる．

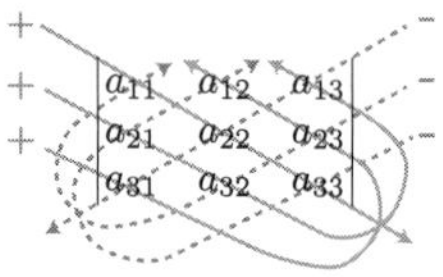

$$\begin{vmatrix} a_{11} & a_{12} & a_{13} \\ a_{21} & a_{22} & a_{23} \\ a_{31} & a_{32} & a_{33} \end{vmatrix} = a_{11}a_{22}a_{33} + a_{12}a_{23}a_{31} + a_{13}a_{21}a_{32} - a_{11}a_{23}a_{32} - a_{13}a_{22}a_{31} - a_{12}a_{21}a_{33}$$

この覚え方は**サラスの公式**とよばれているが，このやり方は 4 次以上の行列式ではできないので，3 次限定の公式であることを肝に銘じておこう．

《演 習》

問題 14.1 次の行列式を計算せよ．

(1) $\begin{vmatrix} -5 & 0 & 0 & 3 \\ -8 & -2 & 1 & 8 \\ 2 & -2 & 1 & 2 \\ -6 & 0 & 0 & 4 \end{vmatrix}$　　(2) $\begin{vmatrix} 1 & 0 & -1 & -1 \\ -1 & -1 & -3 & -2 \\ -4 & 1 & -1 & 2 \\ 4 & -1 & 2 & -1 \end{vmatrix}$

(3) $\begin{vmatrix} -5 & 1 & 0 & 4 \\ -2 & -2 & -2 & 0 \\ 2 & -1 & -3 & -4 \\ -2 & -1 & 0 & 1 \end{vmatrix}$　　(4) $\begin{vmatrix} 1 & 6 & 26 & 28 \\ 0 & 19 & 76 & 80 \\ -1 & -15 & -56 & -56 \\ 2 & 12 & 38 & 33 \end{vmatrix}$

問題 14.2 次の行列式を計算せよ．

(1) $\begin{vmatrix} 2x-2 & x-2 & -x-1 \\ 2x-1 & x+1 & -x+1 \\ 2x-3 & x-1 & -x-3 \end{vmatrix}$　　(2) $\begin{vmatrix} x+5 & 8 & 40 \\ 3 & x & 15 \\ -2 & -2 & x-13 \end{vmatrix}$

(3) $\begin{vmatrix} 1 & a^2 & a^3 \\ 1 & b^2 & b^3 \\ 1 & c^2 & c^3 \end{vmatrix}$　　(4) $\begin{vmatrix} b^2+c^2 & ab & ca \\ ab & c^2+a^2 & bc \\ ca & bc & a^2+b^2 \end{vmatrix}$

問題 14.3 次の行列式を計算せよ．

(1) $\begin{vmatrix} \sin\theta\cos\varphi & r\cos\theta\cos\varphi & -r\sin\theta\sin\varphi \\ \sin\theta\sin\varphi & r\cos\theta\sin\varphi & r\sin\theta\cos\varphi \\ \cos\theta & -r\sin\theta & 0 \end{vmatrix}$

(2) $\begin{vmatrix} e^{2x} & e^{-x}\cos\pi x & e^{-x}\sin\pi x \\ \dfrac{d}{dx}e^{2x} & \dfrac{d}{dx}(e^{-x}\cos\pi x) & \dfrac{d}{dx}(e^{-x}\sin\pi x) \\ \dfrac{d^2}{dx^2}e^{2x} & \dfrac{d^2}{dx^2}(e^{-x}\cos\pi x) & \dfrac{d^2}{dx^2}(e^{-x}\sin\pi x) \end{vmatrix}$

この問題 (2) の行列式は，微分方程式

$$\frac{d^3y}{dx^3} + (\pi^2-3)\frac{dy}{dx} - 2(\pi^2+1)y = 0$$

の解 e^{2x}, $e^{-x}\cos\pi x$, $e^{-x}\sin\pi x$ に関する**ロンスキーの行列式**とよばれるものである．

ベクトル空間と部分空間

以下，$\boldsymbol{K}$ は実数全体 $\boldsymbol{R}$ または複素数全体 $\boldsymbol{C}$ とする．

用語 線形空間ともよばれる．英語では vector space という．

用語 $\boldsymbol{K}$ が自明な場合は「$\boldsymbol{K}$ 上の」は略す．ベクトル空間 V の要素をベクトルとよび，$\boldsymbol{K}$ の要素をスカラーとよぶ．

⚠ $\boldsymbol{x}'$ を $-\boldsymbol{x}$ と書く．$-\boldsymbol{x}$ は，$\boldsymbol{x}$ の -1 倍 $(-1)\boldsymbol{x}$ と一致する．

ベクトル空間の定義　集合 V に，次の 2 種類の演算

・加法：$\boldsymbol{x}, \boldsymbol{y} \in V$ に対して，V の要素 $\boldsymbol{x}+\boldsymbol{y}$ を対応させる演算

・スカラー倍：$c \in \boldsymbol{K}$ と $\boldsymbol{x} \in V$ に対して，V の要素 $c\boldsymbol{x}$ を対応させる演算

が定義されていて，任意の $\boldsymbol{x}, \boldsymbol{y}, \boldsymbol{z} \in V$, $c, d \in \boldsymbol{K}$ に対して，次の (1)〜(8) が成り立つとき，V を $\boldsymbol{K}$ 上のベクトル空間という．

(1) $(\boldsymbol{x}+\boldsymbol{y})+\boldsymbol{z}=\boldsymbol{x}+(\boldsymbol{y}+\boldsymbol{z})$　(結合法則)

(2) 零ベクトル $\boldsymbol{0}$ がただ一つ存在し，すべての $\boldsymbol{x} \in V$ に対して，

$$\boldsymbol{x}+\boldsymbol{0}=\boldsymbol{0}+\boldsymbol{x}=\boldsymbol{x}$$

(3) 各 $\boldsymbol{x} \in V$ に対して，$\boldsymbol{x}+\boldsymbol{x}'=\boldsymbol{x}'+\boldsymbol{x}=\boldsymbol{0}$ を満たす $\boldsymbol{x}' \in V$ がある．

(4) $\boldsymbol{x}+\boldsymbol{y}=\boldsymbol{y}+\boldsymbol{x}$　(交換法則)

(5) $(cd)\boldsymbol{x}=c(d\boldsymbol{x})$　(結合法則)

(6) $1\boldsymbol{x}=\boldsymbol{x}$

(7) $c(\boldsymbol{x}+\boldsymbol{y})=c\boldsymbol{x}+c\boldsymbol{y}$　(分配法則)

(8) $(c+d)\boldsymbol{x}=c\boldsymbol{x}+d\boldsymbol{x}$　(分配法則)

ベクトル空間の例

(1) n 次元数ベクトル空間 $\boldsymbol{K}^n$ は，数ベクトルの和とスカラー倍で $\boldsymbol{K}$ 上のベクトル空間である．

(2) $\boldsymbol{K}$ の要素を係数とする x の多項式全体 $P(\boldsymbol{K})$ や $\boldsymbol{K}$ の要素を係数とする n 次以下の x の多項式全体 $P_n(\boldsymbol{K})$ は，多項式の和と定数倍を加法とスカラー倍とすることにより $\boldsymbol{K}$ 上のベクトル空間になる．零ベクトルは定数項 0 のみをもつ多項式である．

(3) $\boldsymbol{R}$ の区間 I に対して

$$C^n(I)=\{f : I \to \boldsymbol{R} \mid f \text{ は } n \text{ 回微分可能 で，} f^{(n)} \text{は } I \text{ 上連続}\}$$

とおく．$f, g \in C^n(I)$ と $c \in \boldsymbol{R}$ に対し，和とスカラー倍を $(f+g)(x)=f(x)+g(x)$, $(cf)(x)=c(f(x))$ で定めると $C^n(I)$ は $\boldsymbol{R}$ 上のベクトル空間になる．零ベクトルは $x \in I$ に対し，0 を対応させる定数関数である．

⚠ W が部分空間ならば $\boldsymbol{0} \in W$ である．したがって，$\boldsymbol{0} \notin W$ ならば W は部分空間ではない．

部分空間　$\boldsymbol{K}$ 上のベクトル空間 V の空ではない部分集合 W に対して，

$$W : V \text{ の部分空間} \overset{\text{定義}}{\Longleftrightarrow} \begin{cases} (1)\ \boldsymbol{x}, \boldsymbol{y} \in W \Longrightarrow \boldsymbol{x}+\boldsymbol{y} \in W \\ (2)\ c \in \boldsymbol{K},\ \boldsymbol{x} \in W \Longrightarrow c\boldsymbol{x} \in W \end{cases}$$

以下では V は $\boldsymbol{K}$ 上のベクトル空間とする.

1 次結合　V のベクトル $\boldsymbol{v}_1, \boldsymbol{v}_2, \dots, \boldsymbol{v}_k$ とスカラー $x_1, x_2, \dots, x_k \in \boldsymbol{K}$ に対し，$x_1\boldsymbol{v}_1 + x_2\boldsymbol{v}_2 + \cdots + x_k\boldsymbol{v}_k$ を $\boldsymbol{v}_1, \boldsymbol{v}_2, \dots, \boldsymbol{v}_k$ の **1 次結合**という.

用語 $x_1, x_2, \dots, x_k$ をこの 1 次結合の**係数**という.

生成される部分空間　V のベクトル $\boldsymbol{v}_1, \boldsymbol{v}_2, \dots, \boldsymbol{v}_k$ の $\boldsymbol{K}$ 係数の 1 次結合全体 $\{x_1\boldsymbol{v}_1 + x_2\boldsymbol{v}_2 + \cdots + x_k\boldsymbol{v}_k \mid x_1, x_2, \dots, x_k \in \boldsymbol{K}\}$ は V の部分空間になる. これを $\boldsymbol{v}_1, \boldsymbol{v}_2, \dots, \boldsymbol{v}_k$ で**生成される部分空間**といい，$\langle \boldsymbol{v}_1, \boldsymbol{v}_2, \dots, \boldsymbol{v}_k \rangle$ で表す.

(!) $V = \langle \boldsymbol{v}_1, \boldsymbol{v}_2, \dots, \boldsymbol{v}_n \rangle$ のとき，$\boldsymbol{v}_1, \boldsymbol{v}_2, \dots, \boldsymbol{v}_n$ は V を**生成する**という.

解空間　$m \times n$ 行列 A に対して，$A\boldsymbol{x} = \boldsymbol{0}$ を満たす $\boldsymbol{K}^n$ のベクトル全体 $\{\boldsymbol{x} \in \boldsymbol{K}^n \mid A\boldsymbol{x} = \boldsymbol{0}\}$ は $\boldsymbol{K}^n$ の部分空間になる. これを連立 1 次方程式 $A\boldsymbol{x} = \boldsymbol{0}$ の**解空間**という.

部分空間の共通部分

W_1, W_2 が V の部分空間 $\Longrightarrow$ 共通部分 $W_1 \cap W_2$ は V の部分空間.

解空間の共通部分　$A_1 : m \times n$ 行列，$A_2 : k \times n$ 行列とする.
$\boldsymbol{K}^n$ の部分空間 W_1, W_2 を次のように定める.

W_1 : 連立 1 次方程式 $A_1\boldsymbol{x} = \boldsymbol{0}$ の解空間 $\{\boldsymbol{x} \in \boldsymbol{K}^n \mid A_1\boldsymbol{x} = \boldsymbol{0}\}$

W_2 : 連立 1 次方程式 $A_2\boldsymbol{x} = \boldsymbol{0}$ の解空間 $\{\boldsymbol{x} \in \boldsymbol{K}^n \mid A_2\boldsymbol{x} = \boldsymbol{0}\}$

このとき，$A = \begin{pmatrix} A_1 \\ A_2 \end{pmatrix}$ とおけば，

$$W_1 \cap W_2 = \{\boldsymbol{x} \mid A\boldsymbol{x} = \boldsymbol{0}\} \quad (\text{連立 1 次方程式 } A\boldsymbol{x} = \boldsymbol{0} \text{ の解空間})$$

(!) A は A_1 と A_2 を縦に並べた行列.

部分空間の和　V の部分空間 W_1, W_2 に対して，

$$W_1 + W_2 = \{\boldsymbol{w}_1 + \boldsymbol{w}_2 \mid \boldsymbol{w}_1 \in W_1,\ \boldsymbol{w}_2 \in W_2\} \quad (W_1 \text{ と } W_2 \text{ の和})$$

と定義する. W_1, W_2 の和 $W_1 + W_2$ は V の部分空間である.

3 つ以上の部分空間 $W_1, W_2, \dots, W_k$ の和も同様.

$$W_1 + W_2 + \cdots + W_k = \left\{ \sum_{j=1}^{k} \boldsymbol{w}_j \;\middle|\; \boldsymbol{w}_i \in W_i \ (i = 1, 2, \dots, k) \right\}$$

(!) 部分空間の和は集合としての合併 $W_1 \cup W_2$ と異なり，W_1 と W_2 を含む最小の部分空間である.

生成される部分空間の和　$\boldsymbol{w}_1, \dots, \boldsymbol{w}_k, \boldsymbol{u}_1, \dots, \boldsymbol{u}_l \in V$ とする.

$$W_1 = \langle \boldsymbol{w}_1, \dots, \boldsymbol{w}_k \rangle,\ W_2 = \langle \boldsymbol{u}_1, \dots, \boldsymbol{u}_l \rangle$$
$$\Longrightarrow W_1 + W_2 = \langle \boldsymbol{w}_1, \dots, \boldsymbol{w}_k, \boldsymbol{u}_1, \dots, \boldsymbol{u}_l \rangle$$

1 次独立と 1 次従属　V のベクトル $\boldsymbol{v}_1, \boldsymbol{v}_2, \ldots, \boldsymbol{v}_k$ について，

$\boldsymbol{v}_1, \boldsymbol{v}_2, \ldots, \boldsymbol{v}_k$: **1 次独立** $\overset{\text{定義}}{\Longleftrightarrow}$ $x_1, x_2, \ldots, x_k \in \boldsymbol{K}$ について，
$x_1\boldsymbol{v}_1 + x_2\boldsymbol{v}_2 + \cdots + x_k\boldsymbol{v}_k = \boldsymbol{0}$ ならば，
$x_1 = x_2 = \cdots = x_k = 0$ が成り立つ．

$\boldsymbol{v}_1, \boldsymbol{v}_2, \ldots, \boldsymbol{v}_k$: **1 次従属** $\overset{\text{定義}}{\Longleftrightarrow}$ 1 次独立ではない．
$\Longleftrightarrow$ $x_1\boldsymbol{v}_1 + x_2\boldsymbol{v}_2 + \cdots + x_k\boldsymbol{v}_k = \boldsymbol{0}$ となる
$(x_1, x_2 \ldots, x_k) \neq (0, 0, \ldots, 0)$ がある．
$\Longleftrightarrow$ $\boldsymbol{v}_1,\, \boldsymbol{v}_2, \ldots, \boldsymbol{v}_k$ のうちのいずれか一つが
他のベクトルの 1 次結合で表される．

基底と次元　V のベクトル $\boldsymbol{v}_1, \boldsymbol{v}_2, \ldots, \boldsymbol{v}_k$ について，

$\boldsymbol{v}_1,\, \boldsymbol{v}_2, \ldots, \boldsymbol{v}_k$: V **の基底** $\overset{\text{定義}}{\Longleftrightarrow}$ $\begin{cases} \text{(1)}\ \boldsymbol{v}_1, \boldsymbol{v}_2, \ldots, \boldsymbol{v}_k \text{ は } V \text{ を生成する．} \\ \text{(2)}\ \boldsymbol{v}_1, \boldsymbol{v}_2, \ldots, \boldsymbol{v}_k \text{ は 1 次独立である．} \end{cases}$

(!) $V = \{\boldsymbol{0}\}$ の基底は空集合 $\varnothing$ とする．

注意　有限個のベクトルからなる基底が存在しないベクトル空間もある．有限個のベクトルからなる基底が存在する場合も，基底のとり方は無限にあるが，基底を構成するベクトルの個数はつねに一定である．つまり，$\boldsymbol{v}_1, \boldsymbol{v}_2, \ldots, \boldsymbol{v}_n$ と $\boldsymbol{w}_1, \boldsymbol{w}_2, \ldots, \boldsymbol{w}_m$ がともに V の基底ならば，$n = m$ が成り立つ．

(!) 例えば，次数に制限のない多項式の空間 $P(\boldsymbol{R})$ には，有限個のベクトルからなる基底は存在しない．

V が n 個のベクトルからなる基底をもつとき，n を V の**次元**といい，$\dim_{\boldsymbol{K}} V$ または単に $\dim V$ で表す．ただし，$V = \{\boldsymbol{0}\}$ のとき，$\dim V = 0$ とおく．

用語 有限個のベクトルからなる基底をもつベクトル空間を**有限次元ベクトル空間**とよぶ．

(!) dim は「次元」を意味する英語 dimension の省略形である．

例 1：$\boldsymbol{K}^n$ のベクトル $\begin{pmatrix}1\\0\\0\\ \vdots\\0\end{pmatrix}, \begin{pmatrix}0\\1\\0\\ \vdots\\0\end{pmatrix}, \cdots, \begin{pmatrix}0\\0\\ \vdots\\0\\1\end{pmatrix}$ は $\boldsymbol{K}^n$ の基底である（$\boldsymbol{K}^n$ の**標準基底**という）．とくに，$\dim \boldsymbol{K}^n = n$.

例 2：$P_n(\boldsymbol{R})$ のベクトル $1, x, x^2, \ldots, x^n$ は $P_n(\boldsymbol{R})$ の基底である．とくに，$\dim P_n(\boldsymbol{R}) = n + 1$.

次の事実は，基底の構成や基底かどうかの判定の際に役に立つ．

(1) V の次元が n のとき，V の 1 次独立な n 個のベクトルは基底である．

(2) V の次元が n のとき，V を生成する n 個のベクトルは基底である．

以下，V は有限次元のベクトル空間であるとする．

斉次連立1次方程式の解空間の基底と次元　$m \times n$ 行列 A を係数行列とする斉次連立1次方程式 $A\boldsymbol{x} = \boldsymbol{0}$ の解のパラメータ表示

$$\boldsymbol{x} = t_1\boldsymbol{a}_1 + t_2\boldsymbol{a}_2 + \cdots + t_k\boldsymbol{a}_k$$

は，すべての解が $\boldsymbol{a}_1, \boldsymbol{a}_2, \cdots, \boldsymbol{a}_k$ の1次結合で表されることを意味している．いい換えると，$\boldsymbol{a}_1, \boldsymbol{a}_2, \cdots, \boldsymbol{a}_k$ は $A\boldsymbol{x} = \boldsymbol{0}$ の解空間を生成している．

また，解のパラメータ表示が解法11 (p.31) で得られたものであるとき，$\boldsymbol{a}_1, \boldsymbol{a}_2, \cdots, \boldsymbol{a}_k$ は1次独立になり，したがって，$\boldsymbol{a}_1, \boldsymbol{a}_2, \cdots, \boldsymbol{a}_k$ は $A\boldsymbol{x} = \boldsymbol{0}$ の解空間の基底になる．

解空間の次元は，「(未知数の個数)$-\ \mathrm{rank}\, A$」で与えられる．

有限個のベクトルで生成される部分空間の基底と次元　$\boldsymbol{v}_1, \boldsymbol{v}_2, \ldots, \boldsymbol{v}_k \in V$ で生成される部分空間 $\langle \boldsymbol{v}_1, \boldsymbol{v}_2, \ldots, \boldsymbol{v}_k \rangle$ においては，$\boldsymbol{v}_1, \boldsymbol{v}_2, \ldots, \boldsymbol{v}_k$ のうちから1次独立であるようにとれる最大個数のベクトルの組が基底となる．

とくに，$\boldsymbol{v}_1, \boldsymbol{v}_2, \ldots, \boldsymbol{v}_k \in \boldsymbol{K}^n$ のとき，$\langle \boldsymbol{v}_1, \boldsymbol{v}_2, \ldots, \boldsymbol{v}_k \rangle$ の次元は，行列 $(\boldsymbol{v}_1\ \boldsymbol{v}_2\ \cdots\ \boldsymbol{v}_k)$ の階数で与えられる．

$$\dim \langle \boldsymbol{v}_1, \boldsymbol{v}_2, \ldots, \boldsymbol{v}_k \rangle = \mathrm{rank}\, (\boldsymbol{v}_1\ \boldsymbol{v}_2\ \cdots\ \boldsymbol{v}_k)$$

部分空間の和の次元公式　V の部分空間 W_1, W_2 に対して，次が成り立つ．

$$\dim(W_1 + W_2) = \dim W_1 + \dim W_2 - \dim(W_1 \cap W_2)$$

部分空間の直和　V の部分空間 W_1 と W_2 について，

$$W_1 + W_2 : W_1 \text{ と } W_2 \text{ の}\textbf{直和} \overset{\text{定義}}{\Longleftrightarrow} \dim(W_1 + W_2) = \dim W_1 + \dim W_2$$

$W_1 + W_2$ が W_1 と W_2 の直和であるとき，$W_1 \oplus W_2$ で表す．

$W_1 + W_2 + \cdots + W_k$ の場合も，次元が W_j の次元の和と一致するとき，すなわち，

$$\dim(W_1 + W_2 + \cdots + W_k) = \dim W_1 + \dim W_2 + \cdots + \dim W_k$$

が成り立つとき，$W_1 + W_2 + \cdots + W_k$ を**直和**といい，$W_1 \oplus W_2 \oplus \cdots \oplus W_k$ で表す．

15. 1 次独立性を判定する (数ベクトル空間)

【解法 15】

$\boldsymbol{K}^n$ のベクトル $\boldsymbol{v}_1, \boldsymbol{v}_2, \ldots, \boldsymbol{v}_k$ が 1 次独立かどうかの調べ方.

ポイント

$A = (\boldsymbol{v}_1\ \boldsymbol{v}_2\ \cdots\ \boldsymbol{v}_k)$ とおくと,

$$x_1\boldsymbol{v}_1 + x_2\boldsymbol{v}_2 + \cdots + x_k\boldsymbol{v}_k = \boldsymbol{0} \Longleftrightarrow (\boldsymbol{v}_1\ \boldsymbol{v}_2\ \cdots\ \boldsymbol{v}_k)\begin{pmatrix} x_1 \\ x_2 \\ \vdots \\ x_k \end{pmatrix} = \boldsymbol{0}$$

より, 1 次独立かどうかは, 斉次連立 1 次方程式 $A\boldsymbol{x} = \boldsymbol{0}$ の解が自明な解のみかどうかでわかる.

◇! p.13 の行列の積 (2) の性質より.

手順 1 $x_1, x_2, \ldots, x_k \in \boldsymbol{K}$ を未知数とする $x_1\boldsymbol{v}_1 + x_2\boldsymbol{v}_2 + \cdots + x_k\boldsymbol{v}_k = \boldsymbol{0}$ という関係式を, $\boldsymbol{x} = \begin{pmatrix} x_1 \\ x_2 \\ \vdots \\ x_k \end{pmatrix}$ とおいて, 斉次連立 1 次方程式 $A\boldsymbol{x} = \boldsymbol{0}$ の形にする.

◇! A は $n \times k$ 行列 $(\boldsymbol{v}_1\ \boldsymbol{v}_2\ \cdots\ \boldsymbol{v}_k)$ になる.

手順 2 **手順 1** の連立 1 次方程式を, 係数行列の基本変形により解く.

手順 3 **場合分け①** $A\boldsymbol{x} = \boldsymbol{0}$ が自明な解 $\boldsymbol{x} = \boldsymbol{0}$ しかもたない場合, $\boldsymbol{v}_1$, $\boldsymbol{v}_2$, $\ldots$, $\boldsymbol{v}_k$ は 1 次独立.

場合分け② $A\boldsymbol{x} = \boldsymbol{0}$ が非自明な解 $\boldsymbol{x}\ (\neq \boldsymbol{0})$ をもつ場合, その一つを $\begin{pmatrix} x_1 \\ x_2 \\ \vdots \\ x_k \end{pmatrix} \neq \begin{pmatrix} 0 \\ 0 \\ \vdots \\ 0 \end{pmatrix}$ とすると, $x_1\boldsymbol{v}_1 + x_2\boldsymbol{v}_2 + \cdots + x_k\boldsymbol{v}_k = \boldsymbol{0}$ より, $\boldsymbol{v}_1, \boldsymbol{v}_2, \ldots, \boldsymbol{v}_k$ は 1 次従属.

◇! 1 次従属性の定義の同値条件 (p.44) 参照.

チェック

- ❏ (結論が 1 次独立のとき) $\operatorname{rank} A = k$ であること.
- ❏ (結論が 1 次従属のとき) $x_1\boldsymbol{v}_1 + x_2\boldsymbol{v}_2 + \cdots + x_k\boldsymbol{v}_k = \boldsymbol{0}$ が成り立つこと.

解説 どのようなベクトル空間においても, ベクトル $\boldsymbol{v}_1, \boldsymbol{v}_2, \ldots, \boldsymbol{v}_k$ が 1 次独立かどうかは,

$$x_1\boldsymbol{v}_1 + x_2\boldsymbol{v}_2 + \cdots + x_k\boldsymbol{v}_k = \boldsymbol{0} \qquad (x_1, x_2, \ldots, x_k \in \boldsymbol{K})$$

とおいて, $x_1 = x_2 = \cdots = x_k$ となるかどうかを調べることになる. まずは,

$$x_1\boldsymbol{v}_1 + x_2\boldsymbol{v}_2 + \cdots + x_k\boldsymbol{v}_k = \boldsymbol{0} \qquad (x_1, x_2, \ldots, x_k \in \boldsymbol{K})$$

と書いてみることからはじめるのが基本である.

例題 15　次の $\boldsymbol{R}^3$ のベクトルが 1 次独立かどうかを判定せよ.

(1) $\begin{pmatrix}1\\0\\-1\end{pmatrix}, \begin{pmatrix}0\\1\\1\end{pmatrix}, \begin{pmatrix}2\\1\\0\end{pmatrix}$　　(2) $\begin{pmatrix}1\\1\\0\end{pmatrix}, \begin{pmatrix}-1\\0\\1\end{pmatrix}, \begin{pmatrix}0\\1\\1\end{pmatrix}$

解 (1) $x_1\begin{pmatrix}1\\0\\-1\end{pmatrix}+x_2\begin{pmatrix}0\\1\\1\end{pmatrix}+x_3\begin{pmatrix}2\\1\\0\end{pmatrix}=\boldsymbol{0}$ とおくと,　☞ 手順 1

$$\begin{pmatrix}1&0&2\\0&1&1\\-1&1&0\end{pmatrix}\begin{pmatrix}x_1\\x_2\\x_3\end{pmatrix}=\begin{pmatrix}0\\0\\0\end{pmatrix}.$$

係数行列を行に関する基本変形で被約階段行列に変形すると,　☞ 手順 2

$$\begin{pmatrix}1&0&2\\0&1&1\\-1&1&0\end{pmatrix}\xrightarrow{+1}\begin{pmatrix}1&0&2\\0&1&1\\0&1&2\end{pmatrix}\xrightarrow{-1}\begin{pmatrix}1&0&2\\0&1&1\\0&0&1\end{pmatrix}\xrightarrow{-2,\ -1}\begin{pmatrix}1&0&0\\0&1&0\\0&0&1\end{pmatrix}$$

となって, 自明な解しかもたないことがわかる. よって, 1 次独立である.　☞ 手順 3 場合分け①

(2) $x_1\begin{pmatrix}1\\1\\0\end{pmatrix}+x_2\begin{pmatrix}-1\\0\\1\end{pmatrix}+x_3\begin{pmatrix}0\\1\\1\end{pmatrix}=\boldsymbol{0}$ とおくと,　☞ 手順 1

$$\begin{pmatrix}1&-1&0\\1&0&1\\0&1&1\end{pmatrix}\begin{pmatrix}x_1\\x_2\\x_3\end{pmatrix}=\begin{pmatrix}0\\0\\0\end{pmatrix}.$$

係数行列を行に関する基本変形で被約階段行列に変形すると,　☞ 手順 2

$$\begin{pmatrix}1&-1&0\\1&0&1\\0&1&1\end{pmatrix}\xrightarrow{-1}\begin{pmatrix}1&-1&0\\0&1&1\\0&1&1\end{pmatrix}\xrightarrow{+1,\ -1}\begin{pmatrix}1&0&1\\0&1&1\\0&0&0\end{pmatrix}$$

よって, 非自明な解として $x_1=-1,\ x_2=-1,\ x_3=1$ がとれるので,　☞ 手順 3 場合分け②

$$-\boldsymbol{v}_1-\boldsymbol{v}_2+\boldsymbol{v}_3=\boldsymbol{0}$$

より, 1 次従属である. ■

《 演 習 》

問題 15.1　次の数ベクトルが 1 次独立であるかどうかを判定せよ.

(1) $\begin{pmatrix}1\\2\\-1\end{pmatrix}, \begin{pmatrix}0\\1\\3\end{pmatrix}, \begin{pmatrix}1\\0\\-7\end{pmatrix}$　　(2) $\begin{pmatrix}3\\1\\1\end{pmatrix}, \begin{pmatrix}2\\1\\1\end{pmatrix}, \begin{pmatrix}1\\0\\1\end{pmatrix}$

問題 15.2　次の数ベクトルが 1 次独立であるかどうかを判定せよ.

(1) $\begin{pmatrix}1\\-1\\1\\3\end{pmatrix}, \begin{pmatrix}2\\1\\3\\-1\end{pmatrix}, \begin{pmatrix}3\\0\\4\\2\end{pmatrix}$　　(2) $\begin{pmatrix}1\\0\\1\\3\end{pmatrix}, \begin{pmatrix}-1\\0\\2\\2\end{pmatrix}, \begin{pmatrix}1\\0\\4\\5\end{pmatrix}$

問題 15.3　次の複素数ベクトルが $\boldsymbol{C}$ 上 1 次独立であるかどうかを判定せよ.

(1) $\begin{pmatrix}1+i\\1-i\end{pmatrix}, \begin{pmatrix}1-i\\-1-i\end{pmatrix}$　　(2) $\begin{pmatrix}3-i\\2+4i\end{pmatrix}, \begin{pmatrix}1-3i\\4+2i\end{pmatrix}$

16. 1次独立性を判定する (多項式の空間)

【解法 16】

$P_n(\boldsymbol{K})$ のベクトル (多項式) $f_1(x),\ f_2(x), \ldots, f_k(x)$ が 1 次独立かどうかの調べ方.

ポイント $c_1f_1(x)+c_2f_2(x)+\cdots+c_kf_k(x)=0 \Longleftrightarrow x$ の各次数についての係数がすべて 0 であり, $c_1f_1(x)+c_2f_2(x)+\cdots+c_kf_k(x)$ での x^j の係数は $c_1, c_2, \ldots, c_k$ の 1 次式であることより, $c_1, c_2, \ldots, c_k$ に関する斉次連立 1 次方程式の解が自明な解のみかどうかに帰着される.

手順 1

$$c_1f_1(x)+c_2f_2(x)+\cdots+c_kf_k(x)=0 \quad \cdots(*)$$

を x について展開して $1, x, x^2, \ldots, x^n$ の各べきの係数を整理する.

手順 2

$$\begin{aligned} f_1(x) &= a_{01}+a_{11}x+\cdots+a_{n1}x^n \\ f_2(x) &= a_{02}+a_{12}x+\cdots+a_{n2}x^n \\ &\ \vdots \\ f_k(x) &= a_{0k}+a_{1k}x+\cdots+a_{nk}x^n \end{aligned}$$

であるとき, $(*)$ の (x^i の係数) $=0$ とおくと, $c_1,\ c_2,\ \ldots,\ c_k$ についての連立 1 次方程式が得られる.

$$\begin{cases} a_{01}c_1+a_{02}c_2+\cdots+a_{0k}c_k=0 \\ a_{11}c_1+a_{12}c_2+\cdots+a_{1k}c_k=0 \\ \qquad\qquad\vdots \\ a_{n1}c_1+a_{n2}c_2+\cdots+a_{nk}c_k=0 \end{cases}$$

この連立 1 次方程式の係数行列を $A=(a_{ij})$ とおく.

手順 3 手順 2 の連立 1 次方程式を, 係数行列の基本変形により解く.

手順 4 場合分け① $A\boldsymbol{x}=\boldsymbol{0}$ が自明な解 $\boldsymbol{x}=\boldsymbol{0}$ しかもたない場合, $f_1(x),\ f_2(x),\ \ldots,\ f_k(x)$ は 1 次独立.

場合分け② $A\boldsymbol{x}=\boldsymbol{0}$ が非自明な解 $\boldsymbol{x}\ (\neq \boldsymbol{0})$ をもつ場合, その一つを $\begin{pmatrix} c_1 \\ c_2 \\ \vdots \\ c_k \end{pmatrix} \neq \begin{pmatrix} 0 \\ 0 \\ \vdots \\ 0 \end{pmatrix}$ とすると, $c_1f_1(x)+c_2f_2(x)+\cdots+c_kf_k(x)=0$ より, $f_1(x), f_2(x), \ldots, f_k(x)$ は 1 次従属.

(!) A の第 j 列ベクトルは $f_j(x)$ の $1,\ x,\ x^2,\ \ldots,\ x^n$ の係数を縦に並べたものになっている.

チェック
- ❏ (結論が 1 次独立のとき) $\operatorname{rank} A = k$ であること.
- ❏ (結論が 1 次従属のとき) $x_1\boldsymbol{v}_1+x_2\boldsymbol{v}_2+\cdots+x_k\boldsymbol{v}_k=\boldsymbol{0}$ が成り立つこと.

(!) 1 次従属性の定義の同値条件 (p.44) 参照.

例題 16　次の $P_3(\boldsymbol{R})$ のベクトルが 1 次独立かどうかを判定せよ．

(1)　$1+2x+x^2,\ 1+3x+2x^2,\ 1+x+x^2$

(2)　$1-x^2,\ 2+x,\ x+2x^2$

解　(1) $c_1(1+2x+x^2)+c_2(1+3x+2x^2)+c_3(1+x+x^2)=0$ より，　☞手順1

$$(c_1+c_2+c_3)+(2c_1+3c_2+c_3)x+(c_1+2c_2+c_3)x^2=0$$

であるから，$\begin{pmatrix}1&1&1\\2&3&1\\1&2&1\end{pmatrix}\begin{pmatrix}c_1\\c_2\\c_3\end{pmatrix}=\mathbf{0}$ となる．　☞手順2

この連立 1 次方程式の係数行列を行に関する基本変形で被約階段行列に変形すると，　☞手順3

$$\begin{pmatrix}1&1&1\\2&3&1\\1&2&1\end{pmatrix}\to\begin{pmatrix}1&1&1\\0&1&-1\\0&1&0\end{pmatrix}\to\begin{pmatrix}1&0&2\\0&1&-1\\0&0&1\end{pmatrix}\to\begin{pmatrix}1&0&0\\0&1&0\\0&0&1\end{pmatrix}$$

となって，自明な解しかもたないことがわかる．よって，1 次独立である．　☞手順4　場合分け①

(2) $c_1(1-x^2)+c_2(2+x)+c_3(x+2x^2)=0$ より，　☞手順1

$$(c_1+2c_2)+(c_2+c_3)x+(-c_1+2c_3)x^2=0$$

であるから，$\begin{pmatrix}1&2&0\\0&1&1\\-1&0&2\end{pmatrix}\begin{pmatrix}c_1\\c_2\\c_3\end{pmatrix}=\mathbf{0}$ となる．　☞手順2

この連立 1 次方程式の係数行列を行に関する基本変形で被約階段行列に変形すると，　☞手順3

$$\begin{pmatrix}1&2&0\\0&1&1\\-1&0&2\end{pmatrix}\to\begin{pmatrix}1&2&0\\0&1&1\\0&2&2\end{pmatrix}\to\begin{pmatrix}1&0&-2\\0&1&1\\0&0&0\end{pmatrix}$$

よって，非自明な解として $c_1=2,\ c_2=-1,\ c_3=1$ がとれるので，　☞手順4　場合分け②

$$2(1-x^2)-(2+x)+(x+2x^2)=0$$

より，1 次従属である．　■

《演　習》

問題 16.1　次の $P_3(\boldsymbol{R})$ のベクトルが 1 次独立かどうかを判定せよ．

(1)　$1,\ 1+x,\ 1+x+x^2$

(2)　$1+x^2,\ x^2,\ 2-x^2$

(3)　$x+x^2+x^3,\ x^2,\ x^3$

問題 16.2　次の $P_4(\boldsymbol{R})$ のベクトルが 1 次独立かどうかを判定せよ．

(1)　$1+x,\ 1-x^2+x^3,\ 1+x+x^2+x^4,\ 1+x^3+x^4$

(2)　$1+x,\ 1+2x+x^2,\ 1+3x+3x^2+x^3,\ 1+4x+6x^2+4x^3+x^4$

17. 連立 1 次方程式の解空間の基底を求める

【解法 17】

$m \times n$ 行列 A に対し，$\boldsymbol{K}^n$ の部分空間である連立 1 次方程式 $A\boldsymbol{x} = \boldsymbol{0}$ の解空間 W の基底と次元の求め方．

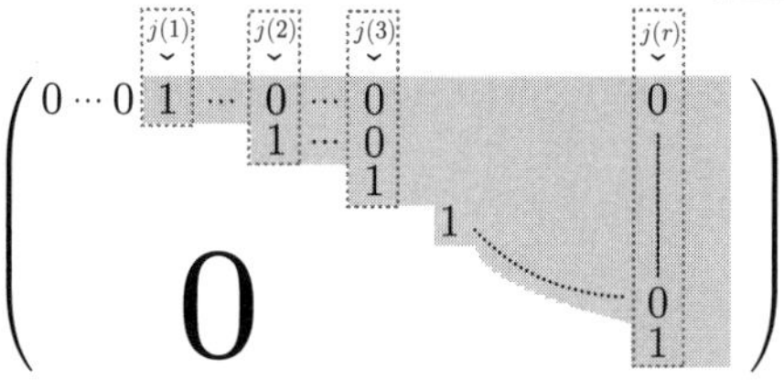

ポイント 斉次連立 1 次方程式の解のパラメータ表示が $\boldsymbol{x} = t_1\boldsymbol{u}_1 + t_2\boldsymbol{u}_2 + \cdots + t_k\boldsymbol{u}_k$ であるとき，$\boldsymbol{u}_1, \boldsymbol{u}_2, \ldots, \boldsymbol{u}_k$ は解空間を生成する．さらに，係数行列を行に関して基本変形して得られる被約階段行列から，解法 11 (p.31) によって得られるパラメータ表示の場合，すなわち，左図のような被約階段行列で，$j(1), j(2), \ldots, j(r)$ 以外の j に対応する未知数 x_j をパラメータ $t_1, t_2, \ldots, t_{n-r}$ とおいて得られるパラメータ表示 $\boldsymbol{x} = t_1\boldsymbol{u}_1 + t_2\boldsymbol{u}_2 + \cdots + t_{n-r}\boldsymbol{u}_{n-r}$ の場合，$\boldsymbol{u}_1, \boldsymbol{u}_2, \ldots, \boldsymbol{u}_{n-r}$ は必ず 1 次独立になる．

解空間の基底を求める $\Longleftrightarrow$ 係数行列を被約階段行列に行に関して基本変形し，パラメータ表示を求める

手順 1 A を行に関して被約階段行列に変形して，$A\boldsymbol{x} = \boldsymbol{0}$ の解を求める．

場合分け① $\boldsymbol{x} = \boldsymbol{0}$ の場合，解空間の次元は 0 であり，基底は空集合．

場合分け② 非自明な解をもつ場合，$r = \operatorname{rank} A$ とすると，各 $i = 1, 2, \ldots, r$ に対し，上図のような被約階段行列の形から，$x_{j(1)}, x_{j(2)}, \ldots, x_{j(r)}$ 以外の変数をパラメータ $t_1, t_2, \ldots, t_{n-r}$ とおいて解のパラメータ表示 $\boldsymbol{x} = t_1\boldsymbol{u}_1 + t_2\boldsymbol{u}_2 + \cdots + t_{n-r}\boldsymbol{u}_{n-r}$ を求め，**手順 2** へ．

手順 2 解のパラメータ表示から $V = \langle \boldsymbol{u}_1, \boldsymbol{u}_2, \ldots, \boldsymbol{u}_{n-r} \rangle$ がわかる．さらに，$\boldsymbol{u}_1, \boldsymbol{u}_2, \ldots, \boldsymbol{u}_{n-r}$ が 1 次独立であることを確認することで，$\boldsymbol{u}_1, \boldsymbol{u}_2, \ldots, \boldsymbol{u}_{n-r}$ が基底であることがわかる．このとき，次元は $n - \operatorname{rank} A$ となる．

チェック
- ❏ 基底に含まれるすべてのベクトル $\boldsymbol{x}$ が $A\boldsymbol{x} = \boldsymbol{0}$ を満たすこと．
- ❏ 解空間の次元が「(未知数の個数) $-$ rank A」となっていること．
- ❏ 基底に含まれるベクトルの個数と次元が一致すること．

解説 上の解法で，$\boldsymbol{u}_1, \boldsymbol{u}_2, \ldots, \boldsymbol{u}_{n-r}$ がつねに 1 次独立になるのは，$\boldsymbol{x}$ の $j(1), j(2), \ldots, j(r)$ 以外の成分が $t_1, t_2, \ldots, t_{n-r}$ であり，$\boldsymbol{x} = t_1\boldsymbol{u}_1 + t_2\boldsymbol{u}_2 + \cdots + t_{n-r}\boldsymbol{u}_{n-r} = \boldsymbol{0}$ とおけば，$t_1 = t_2 = \cdots = t_{n-r} = 0$ となるからである．

例題 17 $A = \begin{pmatrix} 1 & 2 & 1 & 2 \\ -1 & -2 & 0 & 1 \\ 3 & 6 & 2 & 3 \\ 2 & 4 & 1 & 1 \end{pmatrix}$ に対して連立 1 次方程式 $A\boldsymbol{x} = \boldsymbol{0}$ の解空間 $W = \{\boldsymbol{x} \in \boldsymbol{R}^4 \mid A\boldsymbol{x} = \boldsymbol{0}\}$ の基底を一組求め，また，次元を答えよ．

解 A を行に関する基本変形で被約階段行列に変形する． ☞手順1

$$\begin{pmatrix} 1 & 2 & 1 & 2 \\ -1 & -2 & 0 & 1 \\ 3 & 6 & 2 & 3 \\ 2 & 4 & 1 & 1 \end{pmatrix} \begin{matrix} \\ +1 \\ -3 \\ -2 \end{matrix} \to \begin{pmatrix} 1 & 2 & 1 & 2 \\ 0 & 0 & 1 & 3 \\ 0 & 0 & -1 & -3 \\ 0 & 0 & -1 & -3 \end{pmatrix} \begin{matrix} -1 \\ \\ +1 \\ +1 \end{matrix} \to \begin{pmatrix} 1 & 2 & 0 & -1 \\ 0 & 0 & 1 & 3 \\ 0 & 0 & 0 & 0 \\ 0 & 0 & 0 & 0 \end{pmatrix}$$

となるから，$\boldsymbol{x} = \begin{pmatrix} x_1 \\ x_2 \\ x_3 \\ x_4 \end{pmatrix}$ とするとき，$x_2 = t_1, x_4 = t_2$ とおけば，解のパラメータ ☞手順1 場合分け②

表示 $\boldsymbol{x} = t_1 \begin{pmatrix} -2 \\ 1 \\ 0 \\ 0 \end{pmatrix} + t_2 \begin{pmatrix} 1 \\ 0 \\ -3 \\ 1 \end{pmatrix}$ $(t_1, t_2 \in \boldsymbol{R})$ を得る．これより，$\begin{pmatrix} -2 \\ 1 \\ 0 \\ 0 \end{pmatrix}, \begin{pmatrix} 1 \\ 0 \\ -3 \\ 1 \end{pmatrix}$

は解空間を生成する．一方，$t_1 \begin{pmatrix} -2 \\ 1 \\ 0 \\ 0 \end{pmatrix} + t_2 \begin{pmatrix} 1 \\ 0 \\ -3 \\ 1 \end{pmatrix} = \begin{pmatrix} -2t_1 + t_2 \\ t_1 \\ -3t_2 \\ t_2 \end{pmatrix}$ であるから， ☞手順2

$$t_1 \begin{pmatrix} -2 \\ 1 \\ 0 \\ 0 \end{pmatrix} + t_2 \begin{pmatrix} 1 \\ 0 \\ -3 \\ 1 \end{pmatrix} = \boldsymbol{0} \iff t_1 = t_2 = 0$$

が成り立つ．よって，$\begin{pmatrix} -2 \\ 1 \\ 0 \\ 0 \end{pmatrix}, \begin{pmatrix} 1 \\ 0 \\ -3 \\ 1 \end{pmatrix}$ は 1 次独立である．

ゆえに，$\begin{pmatrix} -2 \\ 1 \\ 0 \\ 0 \end{pmatrix}, \begin{pmatrix} 1 \\ 0 \\ -3 \\ 1 \end{pmatrix}$ は解空間 W の基底であり，解空間の次元は 2 である． ∎

《演 習》

問題 17 次の行列 A に対して，$\boldsymbol{K}^4$ の部分空間である $A\boldsymbol{x} = \boldsymbol{0}$ の解空間 W の基底を一組求め，また，次元を答えよ．

(1) $\begin{pmatrix} 1 & 1 & 3 & 4 \\ 2 & 3 & 9 & 17 \\ 1 & 2 & 5 & 7 \end{pmatrix}$ (2) $\begin{pmatrix} 1 & 0 & 1 & 1 \\ 1 & 0 & -3 & 5 \\ 1 & 0 & 5 & -3 \end{pmatrix}$

(3) $\begin{pmatrix} 1 & 3 & 4 & 2 \\ 1 & 10 & 9 & 5 \\ 2 & -1 & 3 & 1 \\ 3 & -5 & 2 & 0 \end{pmatrix}$ (4) $\begin{pmatrix} 6 & 12 & 0 & 19 \\ 2 & 4 & 1 & 2 \\ -1 & -2 & 4 & -19 \\ -1 & -2 & 2 & -11 \end{pmatrix}$

18. 数ベクトルで生成される部分空間の基底を求める

【解法 18】

$\boldsymbol{R}^m$ のベクトルの組

$$\boldsymbol{a}_1 = \begin{pmatrix} a_{11} \\ a_{21} \\ \vdots \\ a_{m1} \end{pmatrix},\ \boldsymbol{a}_2 = \begin{pmatrix} a_{12} \\ a_{22} \\ \vdots \\ a_{m2} \end{pmatrix},\ \ldots,\ \boldsymbol{a}_n = \begin{pmatrix} a_{1n} \\ a_{2n} \\ \vdots \\ a_{mn} \end{pmatrix}$$

の生成する部分空間 $W = \langle \boldsymbol{a}_1, \boldsymbol{a}_2, \ldots, \boldsymbol{a}_n \rangle$ の基底と次元の求め方.

ポイント $\boldsymbol{a}_1, \boldsymbol{a}_2, \ldots, \boldsymbol{a}_n$ のうち, 他のベクトルの 1 次結合で表されるようなものを取り除いても, W を生成することはかわらない. 他のベクトルの 1 次結合で表されるようなベクトルをすべて除いたとき, 残ったベクトルは 1 次独立で基底となる.

手順 1 $x_1\boldsymbol{a}_1 + x_2\boldsymbol{a}_2 + \cdots + x_n\boldsymbol{a}_n = \boldsymbol{0}$ となる $x_1, x_2, \ldots, x_n$ を調べるために, $A = (\boldsymbol{a}_1\ \boldsymbol{a}_2\ \cdots\ \boldsymbol{a}_n)$, $\boldsymbol{x} = \begin{pmatrix} x_1 \\ x_2 \\ \vdots \\ x_n \end{pmatrix}$ とおいて, A を行に関する基本変形で被約階段行列に変形し, 斉次連立 1 次方程式 $A\boldsymbol{x} = \boldsymbol{0}$ の解を求める (→ p. 31 解法 11).

> ①p.13 の行列の積 (2) の性質より.

場合分け① $\boldsymbol{x} = \boldsymbol{0}$ のときは, $\boldsymbol{a}_1, \boldsymbol{a}_2, \ldots, \boldsymbol{a}_n$ は 1 次独立であるから, W の基底である. このとき, W の次元は n である.

場合分け② 非自明な解をもつときは, **手順 2** へ.

手順 2 **手順 1** の解のパラメータ表示が, $x_{s_1} = t_1$, $x_{s_2} = t_2$, …, $x_{s_k} = t_k$ として, $\boldsymbol{x} = t_1\boldsymbol{v}_1 + t_2\boldsymbol{v}_2 + \cdots + t_k\boldsymbol{v}_k$ で与えられているとき, $\boldsymbol{a}_1, \boldsymbol{a}_2, \ldots, \boldsymbol{a}_n$ から, $\boldsymbol{a}_{s_1}, \boldsymbol{a}_{s_2}, \ldots, \boldsymbol{a}_{s_k}$ を除いた残りの $n-k$ 個のベクトルが $W = \langle \boldsymbol{a}_1, \boldsymbol{a}_2, \ldots, \boldsymbol{a}_n \rangle$ の基底になる.

> ①$\boldsymbol{a}_{s_1}, \boldsymbol{a}_{s_2}, \ldots, \boldsymbol{a}_{s_k}$ を除いた残りの $n-k$ 個のベクトルが基底となることは理論的に保証されているが, 問題を解くときは, きちんと確かめる必要がある. どのように確認できるかはすぐ下の解説をみよ.

チェック
- ❑ 基底が $\boldsymbol{R}^m$ のベクトルで構成されていること.
- ❑ 基底に含まれるベクトルの個数と次元が一致していること.

解説 $A = (\boldsymbol{a}_1\ \boldsymbol{a}_2\ \cdots\ \boldsymbol{a}_n)$ として, $A\boldsymbol{x} = \boldsymbol{0}$ の解のパラメータ表示が, $x_{s_1} = t_1, x_{s_2} = t_2, \ldots, x_{s_k} = t_k$ として, $\boldsymbol{x} = t_1\boldsymbol{v}_1 + t_2\boldsymbol{v}_2 + \cdots + t_k\boldsymbol{v}_k$ で与えられているとする. $\boldsymbol{a}_1, \boldsymbol{a}_2, \ldots, \boldsymbol{a}_n$ から, $\boldsymbol{a}_{s_1}, \boldsymbol{a}_{s_2}, \ldots, \boldsymbol{a}_{s_k}$ を除いた $n-k$ 個のベクトルを $\boldsymbol{b}_1, \boldsymbol{b}_2, \ldots, \boldsymbol{b}_{n-k}$ とする. このとき, $\boldsymbol{b}_1, \boldsymbol{b}_2, \ldots, \boldsymbol{b}_{n-k}$ が $\langle \boldsymbol{a}_1, \boldsymbol{a}_2, \ldots, \boldsymbol{a}_n \rangle$ の基底になることは以下のようにして確認できる.

各 $j\ (j = 1, 2, \ldots, k)$ について, $\boldsymbol{v}_j$ の第 s_j 成分は 1 であり, $\boldsymbol{v}_i\ (i \neq j)$ の第 s_j 成分は 0 であるから, $A\boldsymbol{v}_j = \boldsymbol{0}$ は, $\boldsymbol{a}_{s_j}$ が $\boldsymbol{b}_1, \boldsymbol{b}_2, \ldots, \boldsymbol{b}_{n-k}$ の 1 次結合で表されることを示している. これから $\langle \boldsymbol{a}_1, \boldsymbol{a}_2, \ldots, \boldsymbol{a}_n \rangle = \langle \boldsymbol{b}_1, \boldsymbol{b}_2, \ldots, \boldsymbol{b}_{n-k} \rangle$ が成り立つ.

> ①正確には, $\boldsymbol{b}_1, \boldsymbol{b}_2, \ldots, \boldsymbol{b}_{n-k}$ のうち, $\boldsymbol{a}_{s_j}$ より左にある列ベクトルの 1 次結合として表される. 例えば, A を被約階段行列にして $\begin{pmatrix} 1 & 2 & 0 & 3 \\ 0 & 0 & 1 & 4 \end{pmatrix}$ になったとすると, $\boldsymbol{a}_1$, $\boldsymbol{a}_3$ が基底であり, $\boldsymbol{a}_2 = 2\boldsymbol{a}_1$, $\boldsymbol{a}_4 = 3\boldsymbol{a}_1 + 4\boldsymbol{a}_3$ が成り立つ.

$y_1\boldsymbol{b}_1 + y_2\boldsymbol{b}_2 + \cdots + y_{n-k}\boldsymbol{b}_{n-k} = \boldsymbol{0}$ ならば, $y_1\boldsymbol{b}_1 + y_2\boldsymbol{b}_2 + \cdots + y_{n-k}\boldsymbol{b}_{n-k} + 0\cdot\boldsymbol{a}_{s_1} + 0\cdot\boldsymbol{a}_{s_2} + \cdots + 0\cdot\boldsymbol{a}_{s_k} = \boldsymbol{0}$ となるから, $y_1\boldsymbol{b}_1 + y_2\boldsymbol{b}_2 + \cdots + y_{n-k}\boldsymbol{b}_{n-k} = \boldsymbol{0}$ の非自明な解は, $A\boldsymbol{x} = \boldsymbol{0}$ の非自明な解のうち $x_{s_1} = x_{s_2} = \cdots = x_{s_k} = 0$ となるものである. しかし, $x_{s_1} = x_{s_2} = \cdots = x_{s_k} = 0$ ならば, 解のパラメータ表示から $\boldsymbol{x} = \boldsymbol{0}$ となってしまうので, このような非自明な解は存在しない. つまり, $\boldsymbol{b}_1, \boldsymbol{b}_2, \ldots, \boldsymbol{b}_{n-k}$ は 1 次独立である.

注意 $A = (\boldsymbol{a}_1\ \boldsymbol{a}_2\ \cdots\ \boldsymbol{a}_n)$ に対して，$A\boldsymbol{x} = \boldsymbol{0}$ の解 $\boldsymbol{x} = \begin{pmatrix} x_1 \\ x_2 \\ \vdots \\ x_n \end{pmatrix}$ は，関係式

$$x_1\boldsymbol{a}_1 + x_2\boldsymbol{a}_2 + \cdots + x_n\boldsymbol{a}_n = \boldsymbol{0}$$

の係数を与えるベクトルである．**$A\boldsymbol{x} = \boldsymbol{0}$ の解は，$\langle \boldsymbol{a}_1, \boldsymbol{a}_2, \cdots, \boldsymbol{a}_n \rangle$ のベクトルではない**ことに注意しよう．

解説 解法 18 には次のように列に関する基本変形を用いた別解法がある．その解法には，**列に関する階段行列**の概念が必要となる．列に関する階段行列とは，「転置をとった行列が階段行列になっている行列」のことである．図で表すと右図のような形になる．各列の成分を上から見ていったとき，最初に現れる 0 でない成分の位置が，列が右へ 1 つずれるごとに左隣の列より 1 つ以上，下になっている．

「列に関する階段行列」

(!)上図で ♠ $\neq 0$ である．

列に関する階段行列について次のことが成り立つ．

- すべての行列は列に関する基本変形を繰り返すことで，列に関する階段行列に変形できる．
- 列に関する変形の前後の行列で，それぞれの行列の列ベクトルが生成する部分空間は互いに等しい．

列に関する階段行列では，0 でない成分をもつ列ベクトルは 1 次独立になるので，列に関する階段行列に変形して，0 でない成分をもつ列ベクトルを取り出せば，それがもとの行列の列ベクトルの生成する部分空間の基底になる．

【解法 18 別解】

ポイント 部分空間を生成するベクトルを列ベクトルに並べた行列を A とするとき，A の列ベクトルで生成される部分空間と，A を列に基本変形した行列の列ベクトルで生成される部分空間は一致する．

手順 1 A に対して，列に関して基本変形を繰り返し，列に関する階段行列に変形する．

手順 2 **手順 1** の結果として得られた行列の列ベクトルから，0 でない成分を含むベクトル ($\boldsymbol{0}$ と異なる列ベクトル) を抜き出すと，それらは A の列ベクトルで生成される部分空間の基底になる．次元は，基底を構成するベクトルの個数で与えられる．

例：$V = \left\langle \begin{pmatrix} 1 \\ 1 \\ 1 \end{pmatrix}, \begin{pmatrix} 1 \\ 2 \\ 2 \end{pmatrix}, \begin{pmatrix} 1 \\ 3 \\ 3 \end{pmatrix} \right\rangle$ のとき，$A = \begin{pmatrix} 1 & 1 & 1 \\ 1 & 2 & 3 \\ 1 & 2 & 3 \end{pmatrix}$ とおく．A を行に関して基本変形して $A \to \begin{pmatrix} 1 & 0 & -1 \\ 0 & 1 & 2 \\ 0 & 0 & 0 \end{pmatrix}$ を得るから，基底として，$\begin{pmatrix} 1 \\ 1 \\ 1 \end{pmatrix}, \begin{pmatrix} 1 \\ 2 \\ 2 \end{pmatrix}$ がとれることがわかる．一方，列に関して基本変形すると $A \to \begin{pmatrix} 1 & 0 & 0 \\ 1 & 1 & 0 \\ 1 & 1 & 0 \end{pmatrix}$ となるから，V の基底 $\begin{pmatrix} 1 \\ 1 \\ 1 \end{pmatrix}, \begin{pmatrix} 0 \\ 1 \\ 1 \end{pmatrix}$ が得られる．

例題 18　次の $\boldsymbol{R}^4$ のベクトルの組によって生成される部分空間の基底と次元を求めよ．

$$\begin{pmatrix}1\\1\\3\\2\end{pmatrix},\ \begin{pmatrix}0\\1\\1\\3\end{pmatrix},\ \begin{pmatrix}2\\3\\7\\7\end{pmatrix},\ \begin{pmatrix}1\\3\\6\\8\end{pmatrix}$$

手順1☞　解　$x_1\begin{pmatrix}1\\1\\3\\2\end{pmatrix}+x_2\begin{pmatrix}0\\1\\1\\3\end{pmatrix}+x_3\begin{pmatrix}2\\3\\7\\7\end{pmatrix}+x_4\begin{pmatrix}1\\3\\6\\8\end{pmatrix}=\begin{pmatrix}0\\0\\0\\0\end{pmatrix}$ となる x_1, x_2, x_3, x_4 を調べるために，斉次連立 1 次方程式 $\begin{pmatrix}1&0&2&1\\1&1&3&3\\3&1&7&6\\2&3&7&8\end{pmatrix}\begin{pmatrix}x_1\\x_2\\x_3\\x_4\end{pmatrix}=\begin{pmatrix}0\\0\\0\\0\end{pmatrix}$ を解く．

係数行列を行に関して基本変形すると，

$$\begin{pmatrix}1&0&2&1\\1&1&3&3\\3&1&7&6\\2&3&7&8\end{pmatrix}\begin{matrix}\\ \downarrow_{-1}\\ \downarrow_{-3}\\ \downarrow_{-2}\end{matrix}\longrightarrow\begin{pmatrix}1&0&2&1\\0&1&1&2\\0&1&1&3\\0&3&3&6\end{pmatrix}\begin{matrix}\\ \\ \downarrow_{-1}\\ \downarrow_{-3}\end{matrix}\longrightarrow\begin{pmatrix}1&0&2&1\\0&1&1&2\\0&0&0&1\\0&0&0&0\end{pmatrix}\begin{matrix}\uparrow_{-1}\\ \uparrow_{-2}\\ \\ \end{matrix}\longrightarrow\begin{pmatrix}1&0&2&0\\0&1&1&0\\0&0&0&1\\0&0&0&0\end{pmatrix}$$

より，解は $\boldsymbol{x}=t\begin{pmatrix}-2\\-1\\1\\0\end{pmatrix}$ $(t\in\boldsymbol{R})$ で与えられる．ここで，非自明な解 $\boldsymbol{x}=\begin{pmatrix}-2\\-1\\1\\0\end{pmatrix}$

手順2☞　から，$-2\begin{pmatrix}1\\1\\3\\2\end{pmatrix}-\begin{pmatrix}0\\1\\1\\3\end{pmatrix}+\begin{pmatrix}2\\3\\7\\7\end{pmatrix}+0\cdot\begin{pmatrix}1\\3\\6\\8\end{pmatrix}=\begin{pmatrix}0\\0\\0\\0\end{pmatrix}$ が得られるので，$\begin{pmatrix}2\\3\\7\\7\end{pmatrix}$ を取り除いて，

$$\left\langle\begin{pmatrix}1\\1\\3\\2\end{pmatrix},\begin{pmatrix}0\\1\\1\\3\end{pmatrix},\begin{pmatrix}2\\3\\7\\7\end{pmatrix},\begin{pmatrix}1\\3\\6\\8\end{pmatrix}\right\rangle=\left\langle\begin{pmatrix}1\\1\\3\\2\end{pmatrix},\begin{pmatrix}0\\1\\1\\3\end{pmatrix},\begin{pmatrix}1\\3\\6\\8\end{pmatrix}\right\rangle$$

を得る．

解のパラメータ表示から，$x_1\begin{pmatrix}1\\1\\3\\2\end{pmatrix}+x_2\begin{pmatrix}0\\1\\1\\3\end{pmatrix}+x_3\begin{pmatrix}2\\3\\7\\7\end{pmatrix}+x_4\begin{pmatrix}1\\3\\6\\8\end{pmatrix}=\begin{pmatrix}0\\0\\0\\0\end{pmatrix}$ は $x_3=0$ を満たす非自明な解をもたないので，$\begin{pmatrix}1\\1\\3\\2\end{pmatrix},\begin{pmatrix}0\\1\\1\\3\end{pmatrix},\begin{pmatrix}1\\3\\6\\8\end{pmatrix}$ は 1 次独立である．

これらは，$\left\langle\begin{pmatrix}1\\1\\3\\2\end{pmatrix},\begin{pmatrix}0\\1\\1\\3\end{pmatrix},\begin{pmatrix}2\\3\\7\\7\end{pmatrix},\begin{pmatrix}1\\3\\6\\8\end{pmatrix}\right\rangle$ の基底である．また，次元は 3 である．∎

左の例題を解法 18 の別の解法で解いてみる．

別解 $\begin{pmatrix}1\\1\\3\\2\end{pmatrix}, \begin{pmatrix}0\\1\\1\\3\end{pmatrix}, \begin{pmatrix}2\\3\\7\\7\end{pmatrix}, \begin{pmatrix}1\\3\\6\\8\end{pmatrix}$ を並べて得られる行列を $A = \begin{pmatrix}1&0&2&1\\1&1&3&3\\3&1&7&6\\2&3&7&8\end{pmatrix}$ とする．A の列ベクトルの生成する空間と，A を列に関して基本変形した行列の列ベクトルの生成する空間は一致する．A を列に関して基本変形して，列に関する階段行列に変形すると，

$$\begin{pmatrix}1&0&2&1\\1&1&3&3\\3&1&7&6\\2&3&7&8\end{pmatrix} \to \begin{pmatrix}1&0&0&0\\1&1&1&2\\3&1&1&3\\2&3&3&6\end{pmatrix} \to \begin{pmatrix}1&0&0&0\\1&1&0&0\\3&1&0&1\\2&3&0&0\end{pmatrix} \to \begin{pmatrix}1&0&0&0\\1&1&0&0\\3&1&1&0\\2&3&0&0\end{pmatrix}$$

この変形結果より，

$$\left\langle \begin{pmatrix}1\\1\\3\\2\end{pmatrix}, \begin{pmatrix}0\\1\\1\\3\end{pmatrix}, \begin{pmatrix}2\\3\\7\\7\end{pmatrix}, \begin{pmatrix}1\\3\\6\\8\end{pmatrix} \right\rangle = \left\langle \begin{pmatrix}1\\1\\3\\2\end{pmatrix}, \begin{pmatrix}0\\1\\1\\3\end{pmatrix}, \begin{pmatrix}0\\0\\1\\0\end{pmatrix} \right\rangle$$

となる．$\begin{pmatrix}1\\1\\3\\2\end{pmatrix}, \begin{pmatrix}0\\1\\1\\3\end{pmatrix}, \begin{pmatrix}0\\0\\1\\0\end{pmatrix}$ は明らかに 1 次独立なので，この部分空間の基底であり，次元は 3 である． ∎

《演　習》

問題 18.1 次のベクトルの組によって生成される $\boldsymbol{R}^3$ の部分空間の基底を，与えられたベクトルから選んで答えよ．

(1) $\begin{pmatrix}1\\2\\3\end{pmatrix}, \begin{pmatrix}3\\2\\2\end{pmatrix}, \begin{pmatrix}1\\-2\\-4\end{pmatrix}$　　(2) $\begin{pmatrix}2\\1\\-1\end{pmatrix}, \begin{pmatrix}5\\2\\-2\end{pmatrix}, \begin{pmatrix}1\\1\\1\end{pmatrix}, \begin{pmatrix}2\\0\\-2\end{pmatrix}$

問題 18.2 次のベクトルの組によって生成される $\boldsymbol{R}^4$ の部分空間の基底を，与えられたベクトルから選んで答えよ．

(1) $\begin{pmatrix}1\\3\\1\\2\end{pmatrix}, \begin{pmatrix}2\\1\\1\\3\end{pmatrix}, \begin{pmatrix}2\\6\\2\\4\end{pmatrix}, \begin{pmatrix}3\\4\\2\\5\end{pmatrix}$　　(2) $\begin{pmatrix}-1\\1\\1\\4\end{pmatrix}, \begin{pmatrix}0\\1\\5\\2\end{pmatrix}, \begin{pmatrix}2\\-1\\3\\-6\end{pmatrix}, \begin{pmatrix}1\\1\\0\\1\end{pmatrix}$

問題 18.3 問題 18.1，問題 18.2 の部分空間の基底を，列に関する基本変形を用いて求めよ．

19. 多項式で生成される部分空間の基底を求める

【解法 19】

$P_n(\boldsymbol{R})$ の多項式 $f_1(x), f_2(x), \ldots, f_k(x)$ によって生成される部分空間 W の基底と次元の求め方.

ポイント　$c_1f_1(x)+c_2f_2(x)+\cdots+c_kf_k(x)=0 \Longleftrightarrow x$ の各次数についての係数がすべて 0 であり，$c_1f_1(x)+c_2f_2(x)+\cdots+c_kf_k(x)$ での x^j の係数は c_i の 1 次式であることより，c_i に関する斉次連立 1 次方程式の解を調べることに帰着される.

手順1　$c_1f_1(x)+c_2f_2(x)+\cdots+c_kf_k(x)=0$ を x について展開して $1, x, x^2, \ldots, x^n$ の各べきの係数を整理する.

手順2　$f_j(x)=a_{0j}+a_{1j}x+\cdots+a_{nj}x^n$ $(j=1,2,\ldots,k)$ であるとき，x^i の係数 $=0$ とおくと，$c_1, c_2, \ldots, c_k$ についての連立 1 次方程式となる.

$$\begin{cases} a_{01}c_1+a_{02}c_2+\cdots+a_{0k}c_k=0 \\ a_{11}c_1+a_{12}c_2+\cdots+a_{1k}c_k=0 \\ \qquad\qquad\vdots \\ a_{n1}c_1+a_{n2}c_2+\cdots+a_{nk}c_k=0 \end{cases}$$

この連立 1 次方程式の係数行列を $A=(a_{ij})$ とおく.

手順3　手順1 の連立 1 次方程式を，係数行列の基本変形により解く.

手順4　場合分け① $A\boldsymbol{x}=\boldsymbol{0}$ が自明な解 $\boldsymbol{x}=\boldsymbol{0}$ しかもたない場合，$f_1(x), f_2(x), \ldots, f_k(x)$ は 1 次独立であるから，W の基底である.

場合分け② $A\boldsymbol{x}=\boldsymbol{0}$ が非自明な解 $\boldsymbol{x}\ (\neq \boldsymbol{0})$ をもつ場合，その一つを $\begin{pmatrix} c_1 \\ c_2 \\ \vdots \\ c_k \end{pmatrix} \neq \begin{pmatrix} 0 \\ 0 \\ \vdots \\ 0 \end{pmatrix}$ とすると，$c_1f_1(x)+c_2f_2(x)+\cdots+c_kf_k(x)=0$ より，$f_1(x), f_2(x), \ldots, f_k(x)$ は 1 次従属.

(!) A の第 j 列ベクトルは $f_j(x)$ の $1, x, x^2, \ldots, x^n$ の係数を縦に並べたものになっている.

手順5　手順1 の解のパラメータ表示を，$c_{s_1}=t_1, c_{s_2}=t_2, \ldots, c_{s_p}=t_p$ として，$\boldsymbol{x}=t_1\boldsymbol{v}_1+t_2\boldsymbol{v}_2+\cdots+t_p\boldsymbol{v}_p$ で与えられているとき，$f_1(x), f_2(x), \ldots, f_k(x)$ から，$f_{s_1}(x), f_{s_2}(x), \ldots, f_{s_p}(x)$ を除いた残りの $k-p$ 個のベクトル (多項式) が $W=\langle f_1(x), f_2(x), \ldots, f_k(x)\rangle$ の基底になる.

チェック
- ❏ 基底に含まれる多項式の次数が n 以下であること.
  (問題で与えられた $P_n(\boldsymbol{K})$ の要素となっていること.)
- ❏ 基底に含まれるベクトルの個数と次元が一致していること.

例題 19 $P_3(\boldsymbol{R})$ の次のベクトルの組によって生成される部分空間の基底を求めよ．

$$1+x,\ 2-x-x^2,\ 3x+x^2,\ 1+x+x^3$$

解　4 つのベクトルの 1 次独立性を調べるために，　手順 1

$$c_1(1+x)+c_2(2-x-x^2)+c_3(3x+x^2)+c_4(1+x+x^3)=0$$

とおいて，x^i の係数で整理すると，次の連立 1 次方程式を得る．　手順 2

$$\begin{cases} c_1+2c_2 \qquad\quad +c_4=0 \\ c_1-\ c_2\ +3c_3+c_4=0 \\ \quad -\ c_2\ +\ c_3 \qquad =0 \\ \qquad\qquad\qquad c_4=0 \end{cases}$$

係数行列 $A=\begin{pmatrix}1&2&0&1\\1&-1&3&1\\0&-1&1&0\\0&0&0&1\end{pmatrix}$ を行に関して基本変形すると，　手順 3

$$\begin{pmatrix}1&2&0&1\\1&-1&3&1\\0&-1&1&0\\0&0&0&1\end{pmatrix}\overset{\times(-1)}{\longrightarrow}\begin{pmatrix}1&2&0&1\\0&-3&3&0\\0&-1&1&0\\0&0&0&1\end{pmatrix}\times\left(-\tfrac{1}{3}\right)\longrightarrow\begin{pmatrix}1&2&0&1\\0&1&-1&0\\0&-1&1&0\\0&0&0&1\end{pmatrix}$$

$$\longrightarrow\begin{pmatrix}1&0&2&0\\0&1&-1&0\\0&0&0&0\\0&0&0&1\end{pmatrix}\longrightarrow\begin{pmatrix}1&0&2&0\\0&1&-1&0\\0&0&0&1\\0&0&0&0\end{pmatrix}$$

となるので，$\begin{pmatrix}c_1\\c_2\\c_3\\c_4\end{pmatrix}=t\begin{pmatrix}-2\\1\\1\\0\end{pmatrix}$ $(t\in\boldsymbol{R})$ が得られる．数ベクトルの場合と同様に，　手順 4　場合分け②

これは，$1+x,\ 2-x-x^2,\ 1+x+x^3$ が 1 次独立で，

$$3x+x^2=2(1+x)+(-1)(2-x-x^2)$$

となることを表している．よって，基底として　手順 5

$$1+x,\ 2-x-x^2,\ 1+x+x^3$$

がとれる．　■

《演　習》

問題 19 次のベクトルの組によって生成される $P(\boldsymbol{R})$ の部分空間の基底を求めよ．

(1)　$1,\ 1+x,\ x,\ 1+x+x^2$

(2)　$1+x,\ x-x^2,\ x^2-x^3,\ 1+2x-x^3$

(3)　$x^2+x^3,\ 1+x^2-x^3,\ -1+2x^3,\ 2+3x^2-x^3$

20. 部分空間の和の基底と次元を求める

【解法 20】

ベクトル空間 V の部分空間 W_1, W_2 の和の基底と次元の求め方.

ポイント W_1, W_2 が $W_1 = \langle \boldsymbol{w}_1, \ldots, \boldsymbol{w}_t \rangle, W_2 = \langle \boldsymbol{u}_1, \ldots, \boldsymbol{u}_s \rangle$ と表せるとき，$W_1 + W_2 = \langle \boldsymbol{w}_1, \ldots, \boldsymbol{w}_t, \boldsymbol{u}_1, \ldots, \boldsymbol{u}_s \rangle$ となる．したがって，生成するベクトルが与えられた 2 つの部分空間の和の基底と次元は，生成される部分空間の基底と次元を求める問題 (→ p.52，解法 18) に帰着される．

手順 1　W_1, W_2 を生成するベクトルを求め，

$$W_1 = \langle \boldsymbol{w}_1, \ldots, \boldsymbol{w}_t \rangle$$

$$W_2 = \langle \boldsymbol{u}_1, \ldots, \boldsymbol{u}_s \rangle$$

と表す．

解説　手順 1 において，例えば，斉次連立 1 次方程式の解空間ならば，斉次連立 1 次方程式を解いて解空間の基底を求めればよい．W_1, W_2 を生成するベクトルが与えられているときは 手順 1 は不要.

手順 2　$W_1 + W_2 = \langle \boldsymbol{w}_1, \ldots, \boldsymbol{w}_t, \boldsymbol{u}_1, \ldots, \boldsymbol{u}_s \rangle$ に対して，$W_1 + W_2$ が数ベクトル空間の部分空間の場合は解法 18 (p.52)，多項式空間の部分空間の場合は解法 19 (p.56) を適用して，$W_1 + W_2$ の基底と次元を求める．

チェック
- ❏ 基底に含まれるベクトルが V のベクトルであること.
  (数ベクトルならば次元，多項式ならば次数に注意.)
- ❏ 基底に含まれるベクトルの個数と次元が一致していること.

注意　部分空間の**和の次元**は部分空間の**次元の和**ではない！　例えば，$\boldsymbol{R}^3$ における 2 つの互いに平行でない平面 W_1, W_2 (ただし，W_1, W_2 は原点 O を通る) を考えてみると，

$$\dim W_1 + \dim W_2 = 4$$

であるが，一方で $W_1 + W_2$ は $\boldsymbol{R}^3$ の部分空間であるから，

$$\dim(W_1 + W_2) \leqq \dim \boldsymbol{R}^3 = 3 < 4 = \dim W_1 + \dim W_2$$

である．

例題 20.1 次の $\boldsymbol{R}^4$ の 2 つの部分空間 W_1, W_2 の和 W_1+W_2 の基底と次元を求めよ．

$$W_1 = \left\langle \begin{pmatrix}1\\0\\1\\3\end{pmatrix}, \begin{pmatrix}-1\\1\\2\\1\end{pmatrix}, \begin{pmatrix}-1\\2\\5\\5\end{pmatrix} \right\rangle, \quad W_2 = \left\langle \begin{pmatrix}2\\1\\1\\3\end{pmatrix}, \begin{pmatrix}1\\2\\3\\4\end{pmatrix} \right\rangle$$

解 $W_1+W_2 = \left\langle \begin{pmatrix}1\\0\\1\\3\end{pmatrix}, \begin{pmatrix}-1\\1\\2\\1\end{pmatrix}, \begin{pmatrix}-1\\2\\5\\5\end{pmatrix}, \begin{pmatrix}2\\1\\1\\3\end{pmatrix}, \begin{pmatrix}1\\2\\3\\4\end{pmatrix} \right\rangle$ であるから，W_1+W_2 を生成するベクトルを並べて得られる行列を係数行列とする連立 1 次方程式

☞ 手順1 は不要．

$\begin{pmatrix}1&-1&-1&2&1\\0&1&2&1&2\\1&2&5&1&3\\3&1&5&3&4\end{pmatrix}\begin{pmatrix}x_1\\x_2\\x_3\\x_4\\x_5\end{pmatrix} = \begin{pmatrix}0\\0\\0\\0\end{pmatrix}$ を係数行列の基本変形を用いて解いて，1 次独立性を調べる．

☞ 手順2

$$\begin{pmatrix}1&-1&-1&2&1\\0&1&2&1&2\\1&2&5&1&3\\3&1&5&3&4\end{pmatrix}\begin{matrix}\\ \\ \downarrow -1\\ \downarrow -3\end{matrix} \longrightarrow \begin{pmatrix}1&-1&-1&2&1\\0&1&2&1&2\\0&3&6&-1&2\\0&4&8&-3&1\end{pmatrix}\begin{matrix}\uparrow +1\\ \\ \downarrow -3\\ \downarrow -4\end{matrix}$$

$$\longrightarrow \begin{pmatrix}1&0&1&3&3\\0&1&2&1&2\\0&0&0&-4&-4\\0&0&0&-7&-7\end{pmatrix}\times\left(-\tfrac{1}{4}\right)$$

$$\longrightarrow \begin{pmatrix}1&0&1&3&3\\0&1&2&1&2\\0&0&0&1&1\\0&0&0&-7&-7\end{pmatrix}\begin{matrix}\uparrow -3\\ \uparrow -1\\ \\ \downarrow +7\end{matrix} \longrightarrow \begin{pmatrix}1&0&1&0&0\\0&1&2&0&1\\0&0&0&1&1\\0&0&0&0&0\end{pmatrix}$$

となり，解のパラメータ表示 $\boldsymbol{x} = s\begin{pmatrix}-1\\-2\\1\\0\\0\end{pmatrix} + t\begin{pmatrix}0\\-1\\0\\-1\\1\end{pmatrix}$ $(s,\, t \in \boldsymbol{R})$ が得られる．

これより，$\begin{pmatrix}-1\\2\\5\\5\end{pmatrix}, \begin{pmatrix}1\\2\\3\\4\end{pmatrix}$ が $\begin{pmatrix}1\\0\\1\\3\end{pmatrix}, \begin{pmatrix}-1\\1\\2\\1\end{pmatrix}, \begin{pmatrix}2\\1\\1\\3\end{pmatrix}$ の 1 次結合で表せることと，$\begin{pmatrix}1\\0\\1\\3\end{pmatrix}, \begin{pmatrix}-1\\1\\2\\1\end{pmatrix}, \begin{pmatrix}2\\1\\1\\3\end{pmatrix}$ が 1 次独立であることがわかる．よって，W_1+W_2 の基底として $\begin{pmatrix}1\\0\\1\\3\end{pmatrix}, \begin{pmatrix}-1\\1\\2\\1\end{pmatrix}, \begin{pmatrix}2\\1\\1\\3\end{pmatrix}$ がとれ，次元は 3 である． ■

⚠ $\begin{pmatrix}-1\\2\\5\\5\end{pmatrix} = \begin{pmatrix}1\\0\\1\\3\end{pmatrix} + 2\begin{pmatrix}-1\\1\\2\\1\end{pmatrix}$

$\begin{pmatrix}1\\2\\3\\4\end{pmatrix} = \begin{pmatrix}-1\\1\\2\\1\end{pmatrix} + \begin{pmatrix}2\\1\\1\\3\end{pmatrix}$

が成り立つ．

例題 20.2 次の $\boldsymbol{R}^4$ の 2 つの部分空間 W_1, W_2 の和 W_1+W_2 の基底と次元を求めよ.

$$W_1 = \left\{ \begin{pmatrix} x \\ y \\ z \\ w \end{pmatrix} \in \boldsymbol{R}^4 \;\middle|\; \begin{array}{c} x+y+z=0 \\ y+2z+w=0 \end{array} \right\}$$

$$W_2 = \left\langle \begin{pmatrix} 0 \\ -1 \\ 1 \\ -1 \end{pmatrix}, \begin{pmatrix} 0 \\ 0 \\ 1 \\ 0 \end{pmatrix} \right\rangle$$

手順 1 ☞ まず W_1 を生成するベクトルを求める.

解 まず, 連立 1 次方程式 $\begin{cases} x+y+\;\,z \qquad =0 \\ \qquad y+2z+w=0 \end{cases}$ を解く.

$$\begin{pmatrix} 1 & 1 & 1 & 0 \\ 0 & 1 & 2 & 1 \end{pmatrix} \uparrow^{-1} \longrightarrow \begin{pmatrix} 1 & 0 & -1 & -1 \\ 0 & 1 & 2 & 1 \end{pmatrix}$$

より, 解のパラメータ表示 $\begin{pmatrix} x \\ y \\ z \\ w \end{pmatrix} = s\begin{pmatrix} 1 \\ -2 \\ 1 \\ 0 \end{pmatrix} + t\begin{pmatrix} 1 \\ -1 \\ 0 \\ 1 \end{pmatrix}$ $(s, t \in \boldsymbol{R})$ が得られるので,

手順 2 ☞

$W_1 = \left\langle \begin{pmatrix} 1 \\ -2 \\ 1 \\ 0 \end{pmatrix}, \begin{pmatrix} 1 \\ -1 \\ 0 \\ 1 \end{pmatrix} \right\rangle$ となり, $W_1+W_2 = \left\langle \begin{pmatrix} 1 \\ -2 \\ 1 \\ 0 \end{pmatrix}, \begin{pmatrix} 1 \\ -1 \\ 0 \\ 1 \end{pmatrix}, \begin{pmatrix} 0 \\ -1 \\ 1 \\ -1 \end{pmatrix}, \begin{pmatrix} 0 \\ 0 \\ 1 \\ 0 \end{pmatrix} \right\rangle$

が得られる.

W_1+W_2 を生成するベクトルの 1 次独立性を調べるために, 連立 1 次方程式

$$\begin{pmatrix} 1 & 1 & 0 & 0 \\ -2 & -1 & -1 & 0 \\ 1 & 0 & 1 & 1 \\ 0 & 1 & -1 & 0 \end{pmatrix} \begin{pmatrix} x_1 \\ x_2 \\ x_3 \\ x_4 \end{pmatrix} = \begin{pmatrix} 0 \\ 0 \\ 0 \\ 0 \end{pmatrix}$$

を係数行列の基本変形を用いて解く.

$$\begin{pmatrix} 1 & 1 & 0 & 0 \\ -2 & -1 & -1 & 0 \\ 1 & 0 & 1 & 1 \\ 0 & 1 & -1 & 0 \end{pmatrix} \begin{matrix} \downarrow^{+2} \\ \downarrow^{-1} \end{matrix} \longrightarrow \begin{pmatrix} 1 & 1 & 0 & 0 \\ 0 & 1 & -1 & 0 \\ 0 & -1 & 1 & 1 \\ 0 & 1 & -1 & 0 \end{pmatrix} \begin{matrix} \uparrow^{-1} \\ \downarrow^{+1} \\ \downarrow^{-1} \end{matrix} \longrightarrow \begin{pmatrix} 1 & 0 & 1 & 0 \\ 0 & 1 & -1 & 0 \\ 0 & 0 & 0 & 1 \\ 0 & 0 & 0 & 0 \end{pmatrix}$$

より, 解のパラメータ表示 $\begin{pmatrix} x_1 \\ x_2 \\ x_3 \\ x_4 \end{pmatrix} = t\begin{pmatrix} -1 \\ 1 \\ 1 \\ 0 \end{pmatrix}$ $(t \in \boldsymbol{R})$ が得られる. これより,

$\begin{pmatrix} 0 \\ -1 \\ 1 \\ -1 \end{pmatrix}$ が $\begin{pmatrix} 1 \\ -2 \\ 1 \\ 0 \end{pmatrix}, \begin{pmatrix} 1 \\ -1 \\ 0 \\ 1 \end{pmatrix}$ の 1 次結合で表せることと, $\begin{pmatrix} 1 \\ -2 \\ 1 \\ 0 \end{pmatrix}, \begin{pmatrix} 1 \\ -1 \\ 0 \\ 1 \end{pmatrix}, \begin{pmatrix} 0 \\ 0 \\ 1 \\ 0 \end{pmatrix}$ が

1 次独立であることがわかる. よって, W_1+W_2 の基底として $\begin{pmatrix} 1 \\ -2 \\ 1 \\ 0 \end{pmatrix}, \begin{pmatrix} 1 \\ -1 \\ 0 \\ 1 \end{pmatrix}, \begin{pmatrix} 0 \\ 0 \\ 1 \\ 0 \end{pmatrix}$

がとれ, 次元は 3 である. ∎

◇! $\begin{pmatrix} 0 \\ -1 \\ 1 \\ -1 \end{pmatrix} = \begin{pmatrix} 1 \\ -2 \\ 1 \\ 0 \end{pmatrix} - \begin{pmatrix} 1 \\ -1 \\ 0 \\ 1 \end{pmatrix}$ が成り立つ.

《演　習》

問題 20.1 次の $\boldsymbol{R}^3$ の 2 つの部分空間 W_1, W_2 の和 W_1+W_2 の基底と次元を求めよ．

$$W_1 = \left\langle \begin{pmatrix}1\\1\\0\end{pmatrix}, \begin{pmatrix}1\\0\\1\end{pmatrix} \right\rangle, \quad W_2 = \left\langle \begin{pmatrix}1\\0\\-1\end{pmatrix} \right\rangle$$

問題 20.2 次の $\boldsymbol{R}^4$ の 2 つの部分空間 W_1, W_2 の和 W_1+W_2 の基底と次元を求めよ．

$$W_1 = \left\langle \begin{pmatrix}0\\1\\0\\-1\end{pmatrix}, \begin{pmatrix}1\\1\\1\\3\end{pmatrix} \right\rangle, \quad W_2 = \left\langle \begin{pmatrix}2\\-1\\1\\4\end{pmatrix}, \begin{pmatrix}3\\0\\2\\7\end{pmatrix} \right\rangle$$

問題 20.3 次の $P_3(\boldsymbol{R})$ の 2 つの部分空間 W_1, W_2 の和 W_1+W_2 の基底と次元を求めよ．

$$W_1 = \langle x^2+x^3, 1-x^3 \rangle, \quad W_2 = \langle 1+x^2, x-x^2+2x^3 \rangle$$

問題 20.4 次の $\boldsymbol{R}^4$ の 2 つの部分空間 W_1, W_2 の和 W_1+W_2 の基底と次元を求めよ．(ヒント：まず解空間の基底を求めよ．)

$$W_1 = \left\langle \begin{pmatrix}1\\-1\\4\\3\end{pmatrix}, \begin{pmatrix}1\\2\\3\\1\end{pmatrix} \right\rangle, \quad W_2 = \left\{ \begin{pmatrix}x\\y\\z\\w\end{pmatrix} \middle| \begin{pmatrix}1 & 1 & -1 & 2\\ 2 & 3 & 1 & 4\end{pmatrix} \begin{pmatrix}x\\y\\z\\w\end{pmatrix} = \mathbf{0} \right\}$$

21. 解空間の共通部分の基底と次元を求める

【解法 21】

$\boldsymbol{K}^n$ の部分空間 W_1 は $A_1\boldsymbol{x}=\boldsymbol{0}$ の解空間，W_2 は $A_2\boldsymbol{x}=\boldsymbol{0}$ の解空間とする．このとき，共通部分 $W_1\cap W_2$ の基底と次元の求め方．

ポイント

$\boldsymbol{x}\in\boldsymbol{K}^n$ について，$A_1\boldsymbol{x}=\boldsymbol{0}$ かつ $A_2\boldsymbol{x}=\boldsymbol{0} \Longleftrightarrow \begin{pmatrix}A_1\\A_2\end{pmatrix}\boldsymbol{x}=\boldsymbol{0}$.

手順 1　$A_1\boldsymbol{x}=\boldsymbol{0}$ と $A_2\boldsymbol{x}=\boldsymbol{0}$ をあわせた連立 1 次方程式 $\begin{pmatrix}A_1\\A_2\end{pmatrix}\boldsymbol{x}=\boldsymbol{0}$ をつくる．この連立 1 次方程式の解空間が $W_1\cap W_2$ である．

手順 2　係数行列の行に関する基本変形により，連立 1 次方程式 $\begin{pmatrix}A_1\\A_2\end{pmatrix}\boldsymbol{x}=\boldsymbol{0}$ の解空間の基底を求める (→ p.50，解法 17).

チェック

- ❏ 基底に含まれるベクトルが，$A_1\boldsymbol{x}=A_2\boldsymbol{x}=\boldsymbol{0}$ を満たすこと．
- ❏ 次元が「A_1 の列ベクトルの個数 $-\operatorname{rank}\begin{pmatrix}A_1\\A_2\end{pmatrix}$」であること．

例題 21　次の $\boldsymbol{R}^3$ の 2 つの部分空間 W_1, W_2 の共通部分 $W_1\cap W_2$ の基底と次元を求めよ．

$$W_1=\left\{\begin{pmatrix}x\\y\\z\end{pmatrix}\in\boldsymbol{R}^3 \;\middle|\; x+y+z=0 \text{ かつ } 2x-y+z=0\right\}$$

$$W_2=\left\{\begin{pmatrix}x\\y\\z\end{pmatrix}\in\boldsymbol{R}^3 \;\middle|\; x-5y-z=0\right\}$$

手順 1☞　解　$W_1\cap W_2=\left\{\begin{pmatrix}x\\y\\z\end{pmatrix}\in\boldsymbol{R}^3 \;\middle|\; \begin{array}{l}x+y+z=0\\2x-y+z=0\\x-5y-z=0\end{array}\right\}$ となるので，$W_1\cap W_2$ は斉次連立 1 次方程式

$$\begin{pmatrix}1&1&1\\2&-1&1\\1&-5&-1\end{pmatrix}\begin{pmatrix}x\\y\\z\end{pmatrix}=\begin{pmatrix}0\\0\\0\end{pmatrix}$$

手順 2☞　の解空間である．上の連立 1 次方程式の解を係数行列の基本変形を用いて求めると，

$$\begin{pmatrix}1&1&1\\2&-1&1\\1&-5&-1\end{pmatrix}\begin{matrix}\\ {\scriptstyle -2}\\ {\scriptstyle -1}\end{matrix}\longrightarrow\begin{pmatrix}1&1&1\\0&-3&-1\\0&-6&-2\end{pmatrix}\times\left(-\tfrac{1}{3}\right)\longrightarrow\begin{pmatrix}1&1&1\\0&1&\frac{1}{3}\\0&-6&-2\end{pmatrix}\begin{matrix}{\scriptstyle -1}\\ \\ {\scriptstyle +6}\end{matrix}\longrightarrow\begin{pmatrix}1&0&\frac{2}{3}\\0&1&\frac{1}{3}\\0&0&0\end{pmatrix}$$

より，$\begin{pmatrix}x\\y\\z\end{pmatrix}=t\begin{pmatrix}-2\\-1\\3\end{pmatrix}$ $(t\in\boldsymbol{R})$ となる．よって，$\begin{pmatrix}-2\\-1\\3\end{pmatrix}$ は $W_1\cap W_2$ の基底となり，$\dim W_1\cap W_2=1$ である．　■

《演　習》

問題 21　次の 2 つの部分空間 W_1, W_2 の共通部分 $W_1 \cap W_2$ の基底と次元を求めよ．

(1)

$$W_1 = \left\{ \begin{pmatrix} x \\ y \\ z \end{pmatrix} \middle| \begin{pmatrix} 1 & 1 & 2 \end{pmatrix} \begin{pmatrix} x \\ y \\ z \end{pmatrix} = \mathbf{0} \right\}$$

$$W_2 = \left\{ \begin{pmatrix} x \\ y \\ z \end{pmatrix} \middle| \begin{pmatrix} 2 & 3 & 1 \\ 3 & 3 & -4 \end{pmatrix} \begin{pmatrix} x \\ y \\ z \end{pmatrix} = \mathbf{0} \right\}$$

(2)

$$W_1 = \left\{ \begin{pmatrix} x \\ y \\ z \\ w \end{pmatrix} \middle| \begin{pmatrix} 1 & -1 & -1 & 1 \\ 0 & 2 & 3 & -2 \end{pmatrix} \begin{pmatrix} x \\ y \\ z \\ w \end{pmatrix} = \mathbf{0} \right\}$$

$$W_2 = \left\{ \begin{pmatrix} x \\ y \\ z \\ w \end{pmatrix} \middle| \begin{pmatrix} -2 & 4 & 5 & -2 \\ 1 & 3 & 5 & -4 \end{pmatrix} \begin{pmatrix} x \\ y \\ z \\ w \end{pmatrix} = \mathbf{0} \right\}$$

生成されるベクトル空間の共通部分

W_1, W_2 の一方または両方が生成するベクトルで与えられているとき，$W_1 \cap W_2$ はどのようにして求めればよいだろうか？　例えば，次のような場合を考えよう．

$$W_1 = \left\langle \begin{pmatrix} 1 \\ 0 \\ 0 \end{pmatrix}, \begin{pmatrix} 0 \\ 1 \\ 0 \end{pmatrix} \right\rangle, \quad W_2 = \left\{ \begin{pmatrix} x \\ y \\ z \end{pmatrix} \middle| x + y + z = 0 \right\}$$

この場合，$W_1 = \left\{ \begin{pmatrix} x \\ y \\ z \end{pmatrix} \middle| A \begin{pmatrix} x \\ y \\ z \end{pmatrix} = 0 \right\}$ となるような A をみつければ，解法 21 (p.62) によって解くことができる．このような A としては，例えば $A = \begin{pmatrix} 0 & 0 & 1 \end{pmatrix}$ をとればよいが，一般に $W_1 = \langle \boldsymbol{v}_1, \boldsymbol{v}_2, \ldots, \boldsymbol{v}_t \rangle$ に対して，$X = (\boldsymbol{v}_1\ \boldsymbol{v}_2\ \cdots\ \boldsymbol{v}_t)$ とおいて，${}^tX\boldsymbol{x} = \mathbf{0}$ の解空間の基底を $\boldsymbol{w}_1, \boldsymbol{w}_2, \ldots, \boldsymbol{w}_s$ とするとき，$Y = (\boldsymbol{w}_1\ \boldsymbol{w}_2\ \cdots\ \boldsymbol{w}_s)$ とおけば，W_1 は ${}^tY\boldsymbol{x} = \mathbf{0}$ の解空間となることがわかる (→ p.87).

1 次写像

以下では，V, W は $\boldsymbol{K}$ 上のベクトル空間とする．

用語 1 次写像は線形写像ともよばれる．英語では，どちらの場合も linear map という．

⚠ $V = W$ のときは，とくに V の **1 次変換**ともいう．

1 次写像の定義　$\boldsymbol{K}$ 上のベクトル空間 V, W と写像 $f: V \to W$ に対して，

$$f: \mathbf{1}\ \textbf{次写像} \overset{\text{定義}}{\iff} \begin{cases} (1)\ \boldsymbol{x}, \boldsymbol{y} \in V \Longrightarrow f(\boldsymbol{x}+\boldsymbol{y}) = f(\boldsymbol{x}) + f(\boldsymbol{y}) \\ (2)\ c \in \boldsymbol{K},\ \boldsymbol{x} \in V \Longrightarrow f(c\boldsymbol{x}) = cf(\boldsymbol{x}) \end{cases}$$

(1), (2) の条件は，次の 1 つの条件にまとめて書くことができる．

$$c, d \in \boldsymbol{K},\ \boldsymbol{x}, \boldsymbol{y} \in V \Longrightarrow f(c\boldsymbol{x} + d\boldsymbol{y}) = cf(\boldsymbol{x}) + d\,f(\boldsymbol{y})$$

これは，k 個のベクトルの 1 次結合に対しても同様に成り立つ．

$$c_1, c_2, \ldots, c_k \in \boldsymbol{K},\ \boldsymbol{x}_1, \boldsymbol{x}_2, \ldots, \boldsymbol{x}_k \in V$$
$$\Longrightarrow f(c_1\boldsymbol{x}_1 + c_2\boldsymbol{x}_2 + \cdots + c_k\boldsymbol{x}_k) = c_1 f(\boldsymbol{x}_1) + c_2 f(\boldsymbol{x}_2) + \cdots + c_k f(\boldsymbol{x}_k)$$

1 次写像である例：$m \times n$ 行列 A に対して，$f(\boldsymbol{x}) = A\boldsymbol{x}$ で定まる写像 $f: \boldsymbol{K}^n \to \boldsymbol{K}^m$，
$f(p(x)) = p'(x)$ で定まる写像 $f: P_n(\boldsymbol{R}) \to P_{n-1}(\boldsymbol{R})$，
$f(p(x)) = \displaystyle\int_0^x p(t)\,dt$ で定まる写像 $f: P_n(\boldsymbol{R}) \to P_{n+1}(\boldsymbol{R})$．

1 次写像でない例：$f(x) = 2x + 1$ で定まる写像 $f: \boldsymbol{R} \to \boldsymbol{R}$，
$\boldsymbol{x} = \begin{pmatrix} x \\ y \end{pmatrix} \in \boldsymbol{R}^2$ に対して，$f(\boldsymbol{x}) = xy$ で定まる写像 $f: \boldsymbol{R}^2 \to \boldsymbol{R}$．

1 次写像の基本性質

(1) 1 次写像は零ベクトルを零ベクトルに写す：$f(\mathbf{0}) = \mathbf{0}$．

(2) 1 次写像は基底の写り先で決まる：
$\boldsymbol{v}_1, \boldsymbol{v}_2, \ldots, \boldsymbol{v}_n : V$ の基底
$\boldsymbol{w}_1, \boldsymbol{v}_2, \ldots, \boldsymbol{w}_n : W$ のベクトル
$\Longrightarrow f(\boldsymbol{v}_j) = \boldsymbol{w}_j\ (j = 1, 2, \ldots, n)$ となる 1 次写像 f がただ一つ存在．

(3) f, g : $\boldsymbol{K}$ 上のベクトル空間 V から W への 1 次写像
f, g の和：$(f+g)(\boldsymbol{x}) = f(\boldsymbol{x}) + g(\boldsymbol{x})$
スカラー倍 $(c \in \boldsymbol{K})$：$(cf)(\boldsymbol{x}) = f(c\boldsymbol{x})$
$\Longrightarrow f+g, cf$ ともに 1 次写像である．

(4) V, W, Z : $\boldsymbol{K}$ 上のベクトル空間
$f : V \to W$, $g : W \to Z$ が 1 次写像
$\Longrightarrow$ 合成写像 $g \circ f : V \to Z$ も 1 次写像．

1 次写像の核と像，階数　$f: V \to W$ を 1 次写像とする．

カーネル
$\mathrm{Ker}\, f = \{\boldsymbol{x} \in V \mid f(\boldsymbol{x}) = \boldsymbol{0}\}$ を f の**核**という．

イメージ
$\mathrm{Im}\, f = \{f(\boldsymbol{x}) \mid \boldsymbol{x} \in V\}$ を f の**像**という．

$\mathrm{rank}\, f = \dim \mathrm{Im}\, f$ を f の**階数**という．

単射，全射となるための条件は，核・像・階数を用いて表すことができる．

$$f \text{ が単射} \iff \mathrm{Ker}\, f = \{\boldsymbol{0}\}$$
$$f \text{ が全射} \iff \mathrm{Im}\, f = W \iff \mathrm{rank}\, f = \dim W$$

1 次写像の階数と核の次元に関して次の公式 (**次元公式**) が成り立つ．

$$\dim \mathrm{Ker}\, f + \mathrm{rank}\, f = \dim V$$

◇! $\mathrm{Ker}\, f$ は V の部分空間．

◇! $\mathrm{Im}\, f$ は W の部分空間．

行列の定める 1 次写像の核と像，階数

$m \times n$ 行列 $A = \begin{pmatrix} a_{11} & a_{12} & \cdots & a_{1n} \\ a_{21} & a_{22} & \cdots & a_{2n} \\ \vdots & \vdots & & \vdots \\ a_{m1} & a_{m2} & \cdots & a_{mn} \end{pmatrix}$ が定める 1 次写像 $T_A: \boldsymbol{K}^n \to \boldsymbol{K}^m$ $(T_A(\boldsymbol{x}) = A\boldsymbol{x})$ について，以下が成り立つ．

$$\begin{aligned} \mathrm{Ker}\, T_A &= \{\boldsymbol{x} \in \boldsymbol{K}^n \mid T_A(\boldsymbol{x}) = \boldsymbol{0}\} \\ &= \{\boldsymbol{x} \in \boldsymbol{K}^n \mid A\boldsymbol{x} = \boldsymbol{0}\} \quad (A\boldsymbol{x} = \boldsymbol{0} \text{ の解空間}) \end{aligned}$$

$$\begin{aligned} \mathrm{Im}\, T_A &= \{T_A(\boldsymbol{x}) \mid \boldsymbol{x} \in \boldsymbol{K}^n\} \\ &= \{A\boldsymbol{x} \mid \boldsymbol{x} \in \boldsymbol{K}^n\} \\ &= \left\{ x_1 \begin{pmatrix} a_{11} \\ a_{21} \\ \vdots \\ a_{m1} \end{pmatrix} + x_2 \begin{pmatrix} a_{12} \\ a_{22} \\ \vdots \\ a_{m2} \end{pmatrix} + \cdots + x_n \begin{pmatrix} a_{1n} \\ a_{2n} \\ \vdots \\ a_{mn} \end{pmatrix} \,\middle|\, x_1, x_2, \ldots, x_n \in \boldsymbol{K} \right\} \\ &= \left\langle \begin{pmatrix} a_{11} \\ a_{21} \\ \vdots \\ a_{m1} \end{pmatrix}, \begin{pmatrix} a_{12} \\ a_{22} \\ \vdots \\ a_{m2} \end{pmatrix}, \ldots, \begin{pmatrix} a_{1n} \\ a_{2n} \\ \vdots \\ a_{mn} \end{pmatrix} \right\rangle \end{aligned}$$

◇! p.13 の行列の積 (2) の性質より．

$\mathrm{rank}\, T_A = \mathrm{rank}\, A$

$\dim \mathrm{Ker}\, T_A = n - \mathrm{rank}\, A$ (T_A についての次元公式) より，

<u>連立 1 次方程式 $A\boldsymbol{x} = \boldsymbol{0}$ の解空間の次元は $n - \mathrm{rank}\, A$</u>

ベクトル空間の同型

1 次写像 $f: V \to W$ が全単射のとき，f を**同型写像**という．

同型写像 $f: V \to W$ が存在するとき，V と W は**同型**であるという．

$$\boldsymbol{K} \text{ 上のベクトル空間 } V, W \text{ が同型} \iff \dim V = \dim W$$

◇! 1 次写像 $f: V \to W$ が同型写像のとき，$f^{-1}: W \to V$ も同型写像になる．V と W が同型であることを $V \cong W$ と書く．

22. 1次写像の核の基底と次元を求める

【解法 22】

$m \times n$ 行列 A の定める1次写像 $T_A : \boldsymbol{K}^n \to \boldsymbol{K}^m$ の核 $\operatorname{Ker} T_A$ の基底と次元の求め方.

ポイント $\operatorname{Ker} T_A$ は $A\boldsymbol{x} = \boldsymbol{0}$ の解空間であるから，解空間の基底の求め方と同じ (→ p.50, 解法 17).

手順1 連立1次方程式 $A\boldsymbol{x} = \boldsymbol{0}$ を係数行列 A の基本変形により解く.

　場合分け① **自明な解しかないときは，次元は 0. (基底はなし)**

　場合分け② **非自明な解をもつときは，手順2 へ.**

手順2 手順1 の解のパラメータ表示から，$A\boldsymbol{x} = \boldsymbol{0}$ の解空間の基底を求める. この基底が $\operatorname{Ker} T_A$ の基底になる. また，次元は，この解空間の次元であり，パラメータの数と等しい.

チェック

- ❏ 基底に含まれるすべてのベクトル $\boldsymbol{x}$ が $A\boldsymbol{x} = \boldsymbol{0}$ を満たすこと.
- ❏ $\dim \operatorname{Ker} T_A = n - \operatorname{rank} A$ となること.

例題 22 次の行列 A に対して，核 $\operatorname{Ker} T_A$ の基底と次元を求めよ.

$$A = \begin{pmatrix} 2 & 1 & 3 & 4 \\ 1 & 2 & 0 & 2 \\ 1 & 1 & 1 & 2 \end{pmatrix}$$

手順1 ☞ **解** $\operatorname{Ker} T_A$ は $A\boldsymbol{x} = \boldsymbol{0}$ の解空間であるから，$A\boldsymbol{x} = \boldsymbol{0}$ を解く.

$$\begin{pmatrix} 2 & 1 & 3 & 4 \\ 1 & 2 & 0 & 2 \\ 1 & 1 & 1 & 2 \end{pmatrix} \begin{matrix} \uparrow^{-2} \\ \uparrow^{-1} \\ {} \end{matrix} \to \begin{pmatrix} 0 & -1 & 1 & 0 \\ 0 & 1 & -1 & 0 \\ 1 & 1 & 1 & 2 \end{pmatrix} \updownarrow \to \begin{pmatrix} 1 & 1 & 1 & 2 \\ 0 & 1 & -1 & 0 \\ 0 & -1 & 1 & 0 \end{pmatrix} \begin{matrix} \uparrow^{-1} \\ {} \\ \downarrow_{+1} \end{matrix} \to \begin{pmatrix} 1 & 0 & 2 & 2 \\ 0 & 1 & -1 & 0 \\ 0 & 0 & 0 & 0 \end{pmatrix}$$

手順1 場合分け② ☞ より，解は $\boldsymbol{x} = s\begin{pmatrix} -2 \\ 1 \\ 1 \\ 0 \end{pmatrix} + t\begin{pmatrix} -2 \\ 0 \\ 0 \\ 1 \end{pmatrix}$ $(s, t \in \boldsymbol{R})$ と表せる. $\begin{pmatrix} -2 \\ 1 \\ 1 \\ 0 \end{pmatrix}$, $\begin{pmatrix} -2 \\ 0 \\ 0 \\ 1 \end{pmatrix}$ は，解

手順2 ☞ 空間を生成し，かつ1次独立であるから，解空間の基底である. よって，$\operatorname{Ker} T_A$ の基底として $\begin{pmatrix} -2 \\ 1 \\ 1 \\ 0 \end{pmatrix}$, $\begin{pmatrix} -2 \\ 0 \\ 0 \\ 1 \end{pmatrix}$ が得られ，$\dim \operatorname{Ker} T_A = 2$ である. ∎

《演 習》

問題 22 次の行列 A に対して核 $\operatorname{Ker} T_A$ の基底と次元を求めよ.

(1) $\begin{pmatrix} 1 & -2 & -1 & 3 \\ -2 & 4 & 2 & -6 \end{pmatrix}$　　(2) $\begin{pmatrix} 1 & 1 & -1 & 3 \\ 0 & 1 & 3 & 2 \end{pmatrix}$

(3) $\begin{pmatrix} 1 & -1 & 1 & 7 \\ 0 & 1 & -3 & -4 \\ -1 & 2 & -4 & -11 \end{pmatrix}$　　(4) $\begin{pmatrix} -1 & -2 & -3 & 0 \\ 1 & 1 & 4 & 1 \\ 3 & 4 & 12 & 4 \end{pmatrix}$

23. 1次写像の像の基底と次元を求める

【解法 23】

$m \times n$ 行列 A の定める1次写像 $T_A : \boldsymbol{K}^n \to \boldsymbol{K}^m$ の像 $\mathrm{Im}\, T_A$ の基底と次元の求め方.

ポイント $\mathrm{Im}\, T_A$ は A の列ベクトルで生成される部分空間であるから，生成される部分空間の基底の求め方と同じ (→ p.52 解法 18).

手順1 連立1次方程式 $A\boldsymbol{x} = \boldsymbol{0}$ を係数行列 A の基本変形により解く.

場合分け① **自明な解しかないときは，次元は n. 基底として，A のすべての列ベクトルがとれる.**

場合分け② **非自明な解をもつときは，手順2 へ.**

ⓘ $\boldsymbol{x} = \boldsymbol{0}$ のときは，列ベクトルは1次独立.

手順2 手順1 の解のパラメータ表示から，A の列ベクトルの1次従属関係を調べて，列ベクトルのなかから1次独立な最大個数のベクトルを抜き出せば，それらが基底である. 次元 $\dim \mathrm{Im}\, T_A$ は，$\mathrm{rank}\, A$ で与えられる.

チェック
- ❏ 基底が $\boldsymbol{K}^m$ のベクトルで構成されていること.
- ❏ 基底に含まれるベクトルの個数と次元が一致していること.

53 ページでみたように，上の解法には次の別の解法がある.

【解法 23 別解】

ポイント $\mathrm{Im}\, T_A$ は A の列ベクトルで生成される部分空間である.
A の列ベクトルで生成される部分空間と，A を列に基本変形した行列の列ベクトルで生成される部分空間は一致する. (→ p.53 解法 18 別解)

手順1 A に対して，列に関して基本変形を繰り返し，列に関する階段行列に変形する.

手順2 手順1 の結果として得られた行列の列ベクトルから，0 でない成分を含むベクトルを抜き出すと，それらは A の列ベクトルで生成される部分空間の基底になるので，$\mathrm{Im}\, T_A$ の基底でもある. 次元 $\dim \mathrm{Im}\, T_A$ は，$\mathrm{rank}\, A$ で与えられる.

例題 23　次の行列 A に対して，像 $\mathrm{Im}\, T_A$ の基底と次元を求めよ．

$$A = \begin{pmatrix} 1 & 0 & 3 & 2 \\ 2 & 1 & 1 & 1 \\ 1 & 0 & 4 & 3 \\ 3 & 0 & 4 & 1 \end{pmatrix}$$

解　$\mathrm{Im}\, T_A$ は A の列ベクトルで生成される部分空間，すなわち，

$$\mathrm{Im}\, T_A = \left\langle \begin{pmatrix} 1 \\ 2 \\ 1 \\ 3 \end{pmatrix}, \begin{pmatrix} 0 \\ 1 \\ 0 \\ 0 \end{pmatrix}, \begin{pmatrix} 3 \\ 1 \\ 4 \\ 4 \end{pmatrix}, \begin{pmatrix} 2 \\ 1 \\ 3 \\ 1 \end{pmatrix} \right\rangle$$

手順 1 ☞　であるから，$A\boldsymbol{x} = \boldsymbol{0}$ を解いて，列ベクトルの 1 次従属関係を調べる．

$$\begin{pmatrix} 1 & 0 & 3 & 2 \\ 2 & 1 & 1 & 1 \\ 1 & 0 & 4 & 3 \\ 3 & 0 & 4 & 1 \end{pmatrix} \begin{matrix} \\ -2 \\ -1 \\ -3 \end{matrix} \longrightarrow \begin{pmatrix} 1 & 0 & 3 & 2 \\ 0 & 1 & -5 & -3 \\ 0 & 0 & 1 & 1 \\ 0 & 0 & -5 & -5 \end{pmatrix} \begin{matrix} -3 \\ +5 \\ \\ +5 \end{matrix} \longrightarrow \begin{pmatrix} 1 & 0 & 0 & -1 \\ 0 & 1 & 0 & 2 \\ 0 & 0 & 1 & 1 \\ 0 & 0 & 0 & 0 \end{pmatrix}$$

手順 1　場合分け② ☞　より，解は $\boldsymbol{x} = t \begin{pmatrix} 1 \\ -2 \\ -1 \\ 1 \end{pmatrix}$ $(t \in \boldsymbol{R})$ と表せる．$A \begin{pmatrix} 1 \\ -2 \\ -1 \\ 1 \end{pmatrix} = \boldsymbol{0}$ から，

$$\begin{pmatrix} 1 \\ 2 \\ 1 \\ 3 \end{pmatrix} - 2 \begin{pmatrix} 0 \\ 1 \\ 0 \\ 0 \end{pmatrix} - \begin{pmatrix} 3 \\ 1 \\ 4 \\ 4 \end{pmatrix} + \begin{pmatrix} 2 \\ 1 \\ 3 \\ 1 \end{pmatrix} = \boldsymbol{0}$$

手順 2 ☞　であるから，$\begin{pmatrix} 2 \\ 1 \\ 3 \\ 1 \end{pmatrix}$ は $\begin{pmatrix} 1 \\ 2 \\ 1 \\ 3 \end{pmatrix}, \begin{pmatrix} 0 \\ 1 \\ 0 \\ 0 \end{pmatrix}, \begin{pmatrix} 3 \\ 1 \\ 4 \\ 4 \end{pmatrix}$ の 1 次結合で表せる．よって，

$$\mathrm{Im}\, T_A = \left\langle \begin{pmatrix} 1 \\ 2 \\ 1 \\ 3 \end{pmatrix}, \begin{pmatrix} 0 \\ 1 \\ 0 \\ 0 \end{pmatrix}, \begin{pmatrix} 3 \\ 1 \\ 4 \\ 4 \end{pmatrix} \right\rangle$$

となる．$A\boldsymbol{x} = \boldsymbol{0}$ は $\boldsymbol{x} = \begin{pmatrix} * \\ * \\ * \\ 0 \end{pmatrix}$ という形の非自明な解をもたないことから，

$\begin{pmatrix} 1 \\ 2 \\ 1 \\ 3 \end{pmatrix}, \begin{pmatrix} 0 \\ 1 \\ 0 \\ 0 \end{pmatrix}, \begin{pmatrix} 3 \\ 1 \\ 4 \\ 4 \end{pmatrix}$ は 1 次独立であることもわかるので，$\mathrm{Im}\, T_A$ の基底として，

$\begin{pmatrix} 1 \\ 2 \\ 1 \\ 3 \end{pmatrix}, \begin{pmatrix} 0 \\ 1 \\ 0 \\ 0 \end{pmatrix}, \begin{pmatrix} 3 \\ 1 \\ 4 \\ 4 \end{pmatrix}$ がとれ，次元は 3 である．　■

注意　次元だけなら $\dim \mathrm{Im}\, T_A = \mathrm{rank}\, A$ から求まるが，基底としてどの列ベクトルをとればよいかは，1 次従属の関係式を調べないとわからない．

別解 $\mathrm{Im}\,T_A$ は A の列ベクトルの生成する空間であり，A の列ベクトルの生成する空間と A を列に関して基本変形した行列の列ベクトルの生成する空間は一致する．A を列に関して基本変形して，列に関する階段行列に変形すると，

$$\begin{pmatrix}1&0&3&2\\2&1&1&1\\1&0&4&3\\3&0&4&1\end{pmatrix}\xrightarrow{-3,\ -2}\begin{pmatrix}1&0&0&0\\2&1&-5&-3\\1&0&1&1\\3&0&-5&-5\end{pmatrix}\xrightarrow{+5,\ +3}\begin{pmatrix}1&0&0&0\\2&1&0&0\\1&0&1&1\\3&0&-5&-5\end{pmatrix}$$

☞手順1

$$\xrightarrow{-1}\begin{pmatrix}1&0&0&0\\2&1&0&0\\1&0&1&0\\3&0&-5&0\end{pmatrix}$$

この変形結果より，

$$\mathrm{Im}\,T_A=\left\langle\begin{pmatrix}1\\2\\1\\3\end{pmatrix},\begin{pmatrix}0\\1\\0\\0\end{pmatrix},\begin{pmatrix}3\\1\\4\\4\end{pmatrix},\begin{pmatrix}2\\1\\3\\1\end{pmatrix}\right\rangle=\left\langle\begin{pmatrix}1\\2\\1\\3\end{pmatrix},\begin{pmatrix}0\\1\\0\\0\end{pmatrix},\begin{pmatrix}0\\0\\1\\-5\end{pmatrix}\right\rangle$$

☞手順2

となる．$\begin{pmatrix}1\\2\\1\\3\end{pmatrix},\begin{pmatrix}0\\1\\0\\0\end{pmatrix},\begin{pmatrix}0\\0\\1\\-5\end{pmatrix}$ は明らかに1次独立なので $\mathrm{Im}\,T_A$ の基底であり，次元は3である． ■

解説 列に関する階段行列の形になっている行列では，0でない成分をもつ列ベクトルは1次独立になる．

《演　習》

問題 23 次の各行列 A に対して，像 $\mathrm{Im}\,T_A$ の基底と次元を求めよ．

(1) $A=\begin{pmatrix}1&1&1&1\\2&2&1&3\\-1&-1&3&-5\end{pmatrix}$ (2) $A=\begin{pmatrix}-1&1&2&1\\1&1&0&-5\\1&2&3&4\end{pmatrix}$

(3) $A=\begin{pmatrix}1&0&2&1\\0&1&-1&1\\2&1&3&3\\1&-1&3&0\end{pmatrix}$ (4) $A=\begin{pmatrix}1&2&1&1\\-1&-1&0&-2\\1&3&0&3\\-1&2&1&-2\end{pmatrix}$

1 次写像の表現行列

以下では，V, W を $\boldsymbol{K}$ 上のベクトル空間とする．

座　標　V の基底 $\boldsymbol{v}_1, \boldsymbol{v}_2, \ldots, \boldsymbol{v}_n$ について，ベクトルの並び順も考慮する場合には $[\boldsymbol{v}_1, \boldsymbol{v}_2, \ldots, \boldsymbol{v}_n]$ と表す．V の基底 $[\boldsymbol{v}_1, \boldsymbol{v}_2, \ldots, \boldsymbol{v}_n]$ に対し，V のベクトル $\boldsymbol{x}$ は,

$$\boldsymbol{x} = x_1\boldsymbol{v}_1 + x_2\boldsymbol{v}_2 + \cdots + x_n\boldsymbol{v}_n \quad (x_1,\, x_2,\, \ldots,\, x_n \in \boldsymbol{K})$$

と 1 通りに表せる．このとき，$\begin{pmatrix} x_1 \\ x_2 \\ \vdots \\ x_n \end{pmatrix} \in \boldsymbol{K}^n$ を基底 $[\boldsymbol{v}_1, \boldsymbol{v}_2, \ldots, \boldsymbol{v}_n]$ に関する $\boldsymbol{x}$ の**座標**という．

⚠ 基底におけるベクトルの並び順を変えると，座標の成分の並び順が変わってしまうので，ベクトルの並び順は重要である．

表現行列　$f : V \to W$ を 1 次写像とし，$[\boldsymbol{v}_1, \boldsymbol{v}_2, \ldots, \boldsymbol{v}_n]$ を V の基底，$[\boldsymbol{w}_1, \boldsymbol{w}_2, \ldots, \boldsymbol{w}_m]$ を W の基底とする．このとき，次の行列 A を V の基底 $[\boldsymbol{v}_1, \boldsymbol{v}_2, \ldots, \boldsymbol{v}_n]$ と W の基底 $[\boldsymbol{w}_1, \boldsymbol{w}_2, \ldots, \boldsymbol{w}_m]$ に関する f の**表現行列**という．

⚠ 1 次変換 $f : V \to V$ で，両側の V での基底を $[\boldsymbol{v}_1, \boldsymbol{v}_2, \ldots, \boldsymbol{v}_n]$ にとる場合は，基底 $[\boldsymbol{v}_1, \boldsymbol{v}_2, \ldots, \boldsymbol{v}_n]$ に関する表現行列という．

$$A = \begin{pmatrix} a_{11} & a_{12} & \cdots & a_{1n} \\ a_{21} & a_{22} & \cdots & a_{2n} \\ \vdots & \vdots & & \vdots \\ a_{m1} & a_{m2} & \cdots & a_{mn} \end{pmatrix}$$

$[\boldsymbol{w}_1, \boldsymbol{w}_2, \ldots, \boldsymbol{w}_m]$ に関する $f(\boldsymbol{v}_1)$ の座標　　$[\boldsymbol{w}_1, \boldsymbol{w}_2, \ldots, \boldsymbol{w}_m]$ に関する $f(\boldsymbol{v}_2)$ の座標　　$\cdots$　　$[\boldsymbol{w}_1, \boldsymbol{w}_2, \ldots, \boldsymbol{w}_m]$ に関する $f(\boldsymbol{v}_n)$ の座標

1 次写像の表現行列は，$\boldsymbol{x}$ と $f(\boldsymbol{x})$ の間の座標の対応を与える．

$$\boldsymbol{y} = f(\boldsymbol{x}) \iff \begin{pmatrix} y_1 \\ y_2 \\ \vdots \\ y_m \end{pmatrix} = \begin{pmatrix} a_{11} & a_{12} & \cdots & a_{1n} \\ a_{21} & a_{22} & \cdots & a_{2n} \\ \vdots & \vdots & & \vdots \\ a_{m1} & a_{m2} & \cdots & a_{mn} \end{pmatrix} \begin{pmatrix} x_1 \\ x_2 \\ \vdots \\ x_n \end{pmatrix}$$

$[\boldsymbol{w}_1, \boldsymbol{w}_2, \ldots, \boldsymbol{w}_m]$ に関する $\boldsymbol{y}$ の座標　　$[\boldsymbol{v}_1, \boldsymbol{v}_2, \ldots, \boldsymbol{v}_n]$ と $[\boldsymbol{w}_1, \boldsymbol{w}_2, \ldots, \boldsymbol{w}_m]$ に関する f の表現行列　　$[\boldsymbol{v}_1, \boldsymbol{v}_2, \ldots, \boldsymbol{v}_n]$ に関する $\boldsymbol{x}$ の座標

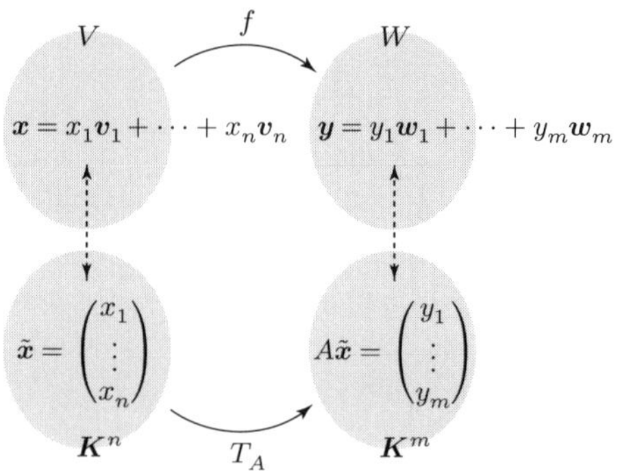

写像の合成と表現行列 $f: V \to W$, $g: W \to Z$ を 1 次写像とする．V, W, Z の基底を 1 つずつとり，これらの基底に関する f, g の表現行列をそれぞれ A, B とすると，$g \circ f: V \to Z$ の上の基底に関する表現行列は積 BA である．

表現行列の使い方 1 次写像の像・核は，表現行列の定める 1 次写像の像・核と対応する．

$$\operatorname{Im} f \cong \operatorname{Im} T_A, \quad \operatorname{Ker} f \cong \operatorname{Ker} T_A, \quad \operatorname{rank} f = \operatorname{rank} A$$

この対応により，抽象的なベクトル空間の間の 1 次写像の像や，階数を表現行列を使って求めることができる．

基底の変換行列 V の基底 $\boldsymbol{v}_1, \boldsymbol{v}_2, \ldots, \boldsymbol{v}_n$ に対して，

$$P = \begin{pmatrix} p_{11} & p_{12} & \cdots & p_{1n} \\ p_{21} & p_{22} & \cdots & p_{2n} \\ \vdots & \vdots & & \vdots \\ p_{n1} & p_{n2} & \cdots & p_{nn} \end{pmatrix} \text{ から，} \begin{cases} \boldsymbol{v}'_1 = p_{11}\boldsymbol{v}_1 + p_{21}\boldsymbol{v}_2 + \cdots + p_{n1}\boldsymbol{v}_n \\ \boldsymbol{v}'_2 = p_{12}\boldsymbol{v}_1 + p_{22}\boldsymbol{v}_2 + \cdots + p_{n2}\boldsymbol{v}_n \\ \qquad\vdots \\ \boldsymbol{v}'_n = p_{1n}\boldsymbol{v}_1 + p_{2n}\boldsymbol{v}_2 + \cdots + p_{nn}\boldsymbol{v}_n \end{cases}$$

によって与えられる $\boldsymbol{v}'_1, \boldsymbol{v}'_2, \ldots, \boldsymbol{v}'_n$ は，P が正則であるとき，再び V の基底となる．このとき，P を基底 $[\boldsymbol{v}_1, \boldsymbol{v}_2, \ldots, \boldsymbol{v}_n]$ から基底 $[\boldsymbol{v}'_1, \boldsymbol{v}'_2 \ldots, \boldsymbol{v}'_n]$ への基底の**変換行列**という．基底の変換行列は，新しい基底に関する座標をもとの基底に関する座標に写す変換を定める．

$$\left.\begin{array}{l} \widetilde{\boldsymbol{x}} : [\boldsymbol{v}_1, \boldsymbol{v}_2, \ldots, \boldsymbol{v}_n] \text{ に関する } \boldsymbol{x} \text{ の座標} \\ \widetilde{\boldsymbol{x}}' : [\boldsymbol{v}'_1, \boldsymbol{v}'_2, \ldots, \boldsymbol{v}'_n] \text{ に関する } \boldsymbol{x} \text{ の座標} \end{array}\right\} \Longrightarrow \widetilde{\boldsymbol{x}} = P\widetilde{\boldsymbol{x}}'$$

基底変換と表現行列 1 次写像 $f: V \to W$ に対して，

$A: V$ の基底 $[\boldsymbol{v}_1, \ldots, \boldsymbol{v}_n]$ と W の基底 $[\boldsymbol{w}_1, \ldots, \boldsymbol{w}_m]$ に関する表現行列

$B: V$ の基底 $[\boldsymbol{v}'_1, \ldots, \boldsymbol{v}'_n]$ と W の基底 $[\boldsymbol{w}'_1, \ldots, \boldsymbol{w}'_m]$ に関する表現行列

$P: [\boldsymbol{v}_1, \ldots, \boldsymbol{v}_n]$ から $[\boldsymbol{v}'_1, \ldots, \boldsymbol{v}'_n]$ への変換行列

$Q: [\boldsymbol{w}_1, \ldots, \boldsymbol{w}_m]$ から $[\boldsymbol{w}'_1, \ldots, \boldsymbol{w}'_m]$ への変換行列

とおくと，次が成り立つ：$B = Q^{-1}AP$.

⚠ とくに f が 1 次変換 $f: V \to V$ の場合は，A を $[\boldsymbol{v}_1, \boldsymbol{v}_2, \ldots, \boldsymbol{v}_n]$ に関する表現行列，B を $[\boldsymbol{v}'_1, \boldsymbol{v}'_2, \ldots, \boldsymbol{v}'_n]$ に関する表現行列，P を基底の変換行列とすると，次が成り立つ：

$$B = P^{-1}AP$$

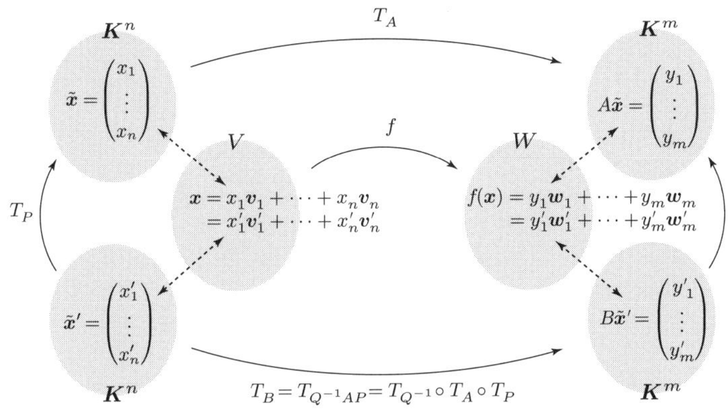

24. 座標を求める

【解法 24】

ベクトル空間 V の基底 $[\boldsymbol{v}_1, \boldsymbol{v}_2, \ldots, \boldsymbol{v}_n]$ に関する V のベクトル $\boldsymbol{v}$ の座標の求め方.

ポイント $\boldsymbol{v} = x_1\boldsymbol{v}_1 + x_2\boldsymbol{v}_2 + \cdots + x_n\boldsymbol{v}_n$ を満たす $x_1, x_2, \ldots, x_n$ を求めればよい.

手順 1　$x_1, x_2, \ldots, x_n$ の方程式 $\boldsymbol{v} = x_1\boldsymbol{v}_1 + x_2\boldsymbol{v}_2 + \cdots + x_n\boldsymbol{v}_n$ をたてる.

手順 2　手順 1 で得られた方程式を解いて得られた $x_1, x_2, \ldots, x_n$ に対して,

数ベクトル $\begin{pmatrix} x_1 \\ x_2 \\ \vdots \\ x_n \end{pmatrix}$ が求める座標である.

解説　$V = \boldsymbol{K}^n$ の場合は, $A = (\boldsymbol{v}_1\ \boldsymbol{v}_2\ \cdots\ \boldsymbol{v}_n)$ とおけば, 連立 1 次方程式 $A\begin{pmatrix} x_1 \\ x_2 \\ \vdots \\ x_n \end{pmatrix} = \boldsymbol{v}$ を拡大係数行列の基本変形により解けばよい.

チェック
- ❏ $x_1\boldsymbol{v}_1 + x_2\boldsymbol{v}_2 + \cdots + x_n\boldsymbol{v}_n$ が $\boldsymbol{v}$ と一致すること.
- ❏ 基底の並び順と座標成分の並び順が対応していること.

例題 24.1　$\boldsymbol{K}^3$ の基底 $\left[\begin{pmatrix} 1 \\ 1 \\ 3 \end{pmatrix}, \begin{pmatrix} 0 \\ 1 \\ 2 \end{pmatrix}, \begin{pmatrix} 2 \\ 3 \\ 9 \end{pmatrix}\right]$ に関するベクトル $\begin{pmatrix} 1 \\ 2 \\ 8 \end{pmatrix}$ の座標を求めよ.

手順 1 ☞　解　$x_1\begin{pmatrix} 1 \\ 1 \\ 3 \end{pmatrix} + x_2\begin{pmatrix} 0 \\ 1 \\ 2 \end{pmatrix} + x_3\begin{pmatrix} 2 \\ 3 \\ 9 \end{pmatrix} = \begin{pmatrix} 1 \\ 2 \\ 8 \end{pmatrix}$ を満たす x_1, x_2, x_3 を求めればよいの

手順 1 ☞ 解説参照.　で, 連立 1 次方程式 $\begin{pmatrix} 1 & 0 & 2 \\ 1 & 1 & 3 \\ 3 & 2 & 9 \end{pmatrix}\begin{pmatrix} x_1 \\ x_2 \\ x_3 \end{pmatrix} = \begin{pmatrix} 1 \\ 2 \\ 8 \end{pmatrix}$ を解くことに帰着される. この連立 1 次方程式の拡大係数行列を行に関して基本変形すると,

$$\left(\begin{array}{ccc|c} 1 & 0 & 2 & 1 \\ 1 & 1 & 3 & 2 \\ 3 & 2 & 9 & 8 \end{array}\right) \xrightarrow[\times(-3)]{\times(-1)} \left(\begin{array}{ccc|c} 1 & 0 & 2 & 1 \\ 0 & 1 & 1 & 1 \\ 0 & 2 & 3 & 5 \end{array}\right) \xrightarrow{\times(-2)} \left(\begin{array}{ccc|c} 1 & 0 & 2 & 1 \\ 0 & 1 & 1 & 1 \\ 0 & 0 & 1 & 3 \end{array}\right) \xrightarrow[\times(-1)]{\times(-2)} \left(\begin{array}{ccc|c} 1 & 0 & 0 & -5 \\ 0 & 1 & 0 & -2 \\ 0 & 0 & 1 & 3 \end{array}\right)$$

手順 2 ☞　となり $\begin{pmatrix} x_1 \\ x_2 \\ x_3 \end{pmatrix} = \begin{pmatrix} -5 \\ -2 \\ 3 \end{pmatrix}$ が解として得られるので, 求める座標は $\begin{pmatrix} -5 \\ -2 \\ 3 \end{pmatrix}$ である. ■

注意　座標は, 基底のベクトルの並び順のとおりに 1 次結合の係数を並べなくてはならない. 上の例題で, 基底を並び順を変えた $\left[\begin{pmatrix} 2 \\ 3 \\ 9 \end{pmatrix}, \begin{pmatrix} 0 \\ 1 \\ 2 \end{pmatrix}, \begin{pmatrix} 1 \\ 1 \\ 3 \end{pmatrix}\right]$ にとると, この基底に関する座標は $\begin{pmatrix} 3 \\ -2 \\ -5 \end{pmatrix}$ となり, 成分の並び順が反対になる.

例題 24.2 次の $P_2(\boldsymbol{R})$ の基底に関する x^2+3x-4 の座標を求めよ．
(1) $[1, x, x^2]$ (2) $[1-x, 1+x, x^2-x]$

解 (1) $x^2+3x-4=(-4)\cdot 1+3\cdot x+1\cdot x^2$ より，求める座標は $\begin{pmatrix}-4\\3\\1\end{pmatrix}$． ☞ 手順1 + 手順2

(2) 求める座標を $\begin{pmatrix}a\\b\\c\end{pmatrix}$ とおくと，

$$\begin{aligned}x^2+3x-4&=a(1-x)+b(1+x)+c(x^2-x)\\&=cx^2+(-a+b-c)x+(a+b)\end{aligned}$$ ☞ 手順1

より，a, b, c に関する連立 1 次方程式

$$\begin{cases}c=1\\-a+b-c=3\\a+b=-4\end{cases}$$

が得られるので，これを解けばよい．$c=1$ を $-a+b-c=3$ に代入すると，$-a+b=4$ となるので，

$$\begin{cases}-a+b=4\\a+b=-4\end{cases}$$

を解いて，$a=-4,\ b=0$ が得られる．よって，求める座標は $\begin{pmatrix}-4\\0\\1\end{pmatrix}$ である． ■ ☞ 手順2

(!) 未知数や方程式の数が多い場合は，拡大係数行列の基本変形を使って解けばよい．

《演　習》

問題 24.1 次の $\boldsymbol{R}^2$ の基底について，ベクトル $\begin{pmatrix}3\\1\end{pmatrix}$ の座標を求めよ．

(1) $\left[\begin{pmatrix}2\\3\end{pmatrix}, \begin{pmatrix}3\\4\end{pmatrix}\right]$ (2) $\left[\begin{pmatrix}2\\2\end{pmatrix}, \begin{pmatrix}3\\5\end{pmatrix}\right]$

問題 24.2 次の $\boldsymbol{R}^3$ の各基底について，ベクトル $\begin{pmatrix}1\\-2\\3\end{pmatrix}$ の座標を求めよ．

(1) $\left[\begin{pmatrix}0\\1\\0\end{pmatrix}, \begin{pmatrix}-1\\0\\0\end{pmatrix}, \begin{pmatrix}1\\-2\\1\end{pmatrix}\right]$ (2) $\left[\begin{pmatrix}-3\\-1\\1\end{pmatrix}, \begin{pmatrix}2\\5\\-2\end{pmatrix}, \begin{pmatrix}-2\\-2\\1\end{pmatrix}\right]$

問題 24.3 次の $\boldsymbol{C}^2$ の基底について，ベクトル $\begin{pmatrix}i\\1\end{pmatrix}$ の座標を求めよ．

(1) $\left[\begin{pmatrix}1\\0\end{pmatrix}, \begin{pmatrix}0\\1\end{pmatrix}\right]$ (2) $\left[\begin{pmatrix}1\\i\end{pmatrix}, \begin{pmatrix}i\\1\end{pmatrix}\right]$

問題 24.4 次の $P_2(\boldsymbol{R})$ の基底に関する $3x^2+2x+1$ の座標を求めよ．
(1) $[1, x, x^2]$ (2) $[1-x+x^2, 1+x+x^2, 1+x]$

25. 表現行列を求める

【解法 25】

1 次写像 $f: V \to W$ について，V の基底 $[\boldsymbol{v}_1, \boldsymbol{v}_2, \ldots, \boldsymbol{v}_n]$ と W の基底 $[\boldsymbol{w}_1, \boldsymbol{w}_2, \ldots, \boldsymbol{w}_m]$ に関する f の表現行列の求め方．

ポイント f の表現行列は，V の基底を f で写したベクトル $f(\boldsymbol{v}_1), f(\boldsymbol{v}_2), \ldots, f(\boldsymbol{v}_n)$ の W の基底に関する座標を列ベクトルとして並べることで得られる．

手順 1 各 $j = 1, 2, \ldots, n$ に対し，$f(\boldsymbol{v}_j)$ を $[\boldsymbol{w}_1, \boldsymbol{w}_2, \ldots, \boldsymbol{w}_m]$ の 1 次結合で表す．すなわち，$f(\boldsymbol{v}_j) = a_{1j}\boldsymbol{w}_1 + a_{2j}\boldsymbol{w}_2 + \cdots + a_{mj}\boldsymbol{w}_m$

手順 2 **手順 1** の結果から，各 $f(\boldsymbol{v}_j)$ の $[\boldsymbol{w}_1, \boldsymbol{w}_2, \ldots, \boldsymbol{w}_m]$ に関する座標を求めて，$f(\boldsymbol{v}_1)$ の座標を 1 列目，$f(\boldsymbol{v}_2)$ の座標を 2 列目，…，$f(\boldsymbol{v}_n)$ の座標を n 列目に並べた行列 $\begin{pmatrix} a_{11} & a_{12} & \cdots & a_{1n} \\ a_{21} & a_{22} & \cdots & a_{2n} \\ \vdots & & \ddots & \vdots \\ a_{m1} & a_{m2} & \cdots & a_{mn} \end{pmatrix}$ をつくる．この行列が求める表現行列である．

チェック ❑ $j = 1, 2, \ldots, n$ に対して，$f(\boldsymbol{v}_j) = a_{1j}\boldsymbol{w}_1 + a_{2j}\boldsymbol{w}_2 + \cdots + a_{mj}\boldsymbol{w}_m$ であること．

⚠ $f: \boldsymbol{R}^2 \to \boldsymbol{R}^2$ の両側の $\boldsymbol{R}^2$ の基底を，同じ $\left[\begin{pmatrix}1\\1\end{pmatrix}, \begin{pmatrix}1\\2\end{pmatrix}\right]$ でとる．

例題 25.1 行列 $A = \begin{pmatrix} 1 & 1 \\ 3 & 1 \end{pmatrix}$ に対して，f を $f(\boldsymbol{x}) = A\boldsymbol{x}$ で定まる $\boldsymbol{R}^2$ の 1 次変換とする．このとき，$\boldsymbol{R}^2$ の基底 $\left[\begin{pmatrix}1\\1\end{pmatrix}, \begin{pmatrix}1\\2\end{pmatrix}\right]$ に関する f の表現行列を求めよ．

手順 1 ☞ **解** 基底を f で写して，$\begin{pmatrix}1\\1\end{pmatrix}, \begin{pmatrix}1\\2\end{pmatrix}$ の 1 次結合で表す．

$$f\left(\begin{pmatrix}1\\1\end{pmatrix}\right) = A\begin{pmatrix}1\\1\end{pmatrix} = \begin{pmatrix}2\\4\end{pmatrix} = 0 \cdot \begin{pmatrix}1\\1\end{pmatrix} + 2 \cdot \begin{pmatrix}1\\2\end{pmatrix}$$

$$f\left(\begin{pmatrix}1\\2\end{pmatrix}\right) = A\begin{pmatrix}1\\2\end{pmatrix} = \begin{pmatrix}3\\5\end{pmatrix} = 1 \cdot \begin{pmatrix}1\\1\end{pmatrix} + 2 \cdot \begin{pmatrix}1\\2\end{pmatrix}$$

手順 2 ☞ 求める表現行列は，基底 $\left[\begin{pmatrix}1\\1\end{pmatrix}, \begin{pmatrix}1\\2\end{pmatrix}\right]$ に関する $f\left(\begin{pmatrix}1\\1\end{pmatrix}\right)$ の座標を 1 列目，$f\left(\begin{pmatrix}1\\2\end{pmatrix}\right)$ の座標を 2 列目に並べて得られる行列であるから，

$$\begin{pmatrix} 0 & 1 \\ 2 & 2 \end{pmatrix}$$

である． ■

⚠ $\begin{pmatrix} 0 & 2 \\ 1 & 2 \end{pmatrix}$ としないようにしよう．

例題 25.2　$D : P_2(\boldsymbol{R}) \to P_1(\boldsymbol{R})$ を

$$D(f(x)) = (x-1)f''(x) + f'(x)$$

で定義される 1 次写像とする．このとき，$P_2(\boldsymbol{R})$ の基底 $[1, x, x^2]$ と $P_1(\boldsymbol{R})$ の基底 $[1, x]$ に関する D の表現行列を求めよ．

解　基底 $[1, x, x^2]$ を D で写して，$[1, x]$ の 1 次結合で表す．　手順 1

$$D(1) = 0 = 0 \cdot 1 + 0 \cdot x$$
$$D(x) = 1 = 1 \cdot 1 + 0 \cdot x$$
$$D(x^2) = 2(x-1) + 2x = -2 + 4x = -2 \cdot 1 + 4 \cdot x$$

求める表現行列は，$D(1), D(x), D(x^2)$ の $[1, x]$ に関する座標を順に並べて得られる行列であるから，　手順 2

$$\begin{pmatrix} 0 & 1 & -2 \\ 0 & 0 & 4 \end{pmatrix}$$

である．　■

⚠ $\begin{pmatrix} 0 & 0 \\ 1 & 0 \\ -2 & 4 \end{pmatrix}$ としないようにしよう．

《演　習》

問題 25.1　行列 $A = \begin{pmatrix} 4 & -2 \\ 3 & -1 \end{pmatrix}$ に対して，f を $f(\boldsymbol{x}) = A\boldsymbol{x}$ で定まる $\boldsymbol{R}^2$ の 1 次変換とする．このとき，次の $\boldsymbol{R}^2$ の基底に関する f の表現行列を求めよ．

(1)　$\left[\begin{pmatrix} 1 \\ 1 \end{pmatrix}, \begin{pmatrix} 1 \\ -1 \end{pmatrix}\right]$　　(2)　$\left[\begin{pmatrix} 1 \\ 1 \end{pmatrix}, \begin{pmatrix} 2 \\ 3 \end{pmatrix}\right]$

問題 25.2　行列 $A = \begin{pmatrix} 4 & 0 & -1 \\ -1 & 1 & 1 \\ 2 & 0 & 1 \end{pmatrix}$ に対して，f を $f(\boldsymbol{x}) = A\boldsymbol{x}$ で定まる $\boldsymbol{R}^3$ の 1 次変換とする．このとき，次の $\boldsymbol{R}^3$ の基底に関する f の表現行列を求めよ．

(1)　$\left[\begin{pmatrix} 1 \\ 0 \\ 1 \end{pmatrix}, \begin{pmatrix} 0 \\ 1 \\ 1 \end{pmatrix}, \begin{pmatrix} 1 \\ 1 \\ 1 \end{pmatrix}\right]$　　(2)　$\left[\begin{pmatrix} 1 \\ 0 \\ 1 \end{pmatrix}, \begin{pmatrix} 1 \\ 1 \\ 2 \end{pmatrix}, \begin{pmatrix} 0 \\ 1 \\ 0 \end{pmatrix}\right]$

問題 25.3　$D : P_2(\boldsymbol{R}) \to P_2(\boldsymbol{R})$ を次で定義される 1 次変換とする．このとき，$P_2(\boldsymbol{R})$ の基底 $[1, x, x^2]$ に関する D の表現行列を求めよ．

(1)　$D(f(x)) = x^2 \dfrac{d^2 f(x)}{dx^2} + f(x)$　　(2)　$D(f(x)) = \dfrac{df(x)}{dx} + f(x)$

26. 表現行列を利用して像や核を求める

【解法 26】

$\boldsymbol{K}$ 上の n 次元ベクトル空間 V と m 次元ベクトル空間の間の 1 次写像 $f : V \to W$ の階数，および，像や核の基底と次元の求め方．

ポイント 1 次写像の像，核は，表現行列が定める数ベクトル空間の 1 次写像の像，核と同型である．この同型は，基底に関する座標を対応させる写像である．また，1 次写像の階数は，表現行列の (行列としての) 階数と一致する．

手順1 V の基底 $[\boldsymbol{v}_1, \boldsymbol{v}_2, \ldots, \boldsymbol{v}_n]$ と W の基底 $[\boldsymbol{w}_1, \boldsymbol{w}_2, \ldots, \boldsymbol{w}_m]$ をとり，これらの基底に関する f の表現行列を求める．

手順2 **手順1** で求めた表現行列の定める 1 次写像の像や核 (の基底)，階数を行列の基本変形を用いて求める．表現行列を A とするとき，それぞれ次を求める．

核 $\mathrm{Ker}\, T_A$ は連立 1 次方程式 $A\boldsymbol{x} = \boldsymbol{0}$ の解空間の基底を求める．

像 $\mathrm{Im}\, T_A$ は A の列ベクトルの生成する空間の基底を求める．

手順3 **手順2** で得られた (数ベクトル空間の部分空間の) 基底に含まれるベクトルについて，これらのベクトルを座標とする V や W のベクトルに戻す．例えば，核の基底に含まれるベクトル $\begin{pmatrix} a_1 \\ a_2 \\ \vdots \\ a_n \end{pmatrix}$ に対しては $a_1\boldsymbol{v}_1 + a_2\boldsymbol{v}_2 + \cdots + a_n\boldsymbol{v}_n$ を，像の基底に含まれるベクトル $\begin{pmatrix} b_1 \\ b_2 \\ \vdots \\ b_m \end{pmatrix}$ に対しては $b_1\boldsymbol{w}_1 + b_2\boldsymbol{w}_2 + \cdots + b_m\boldsymbol{w}_m$ を対応させる．

階数については，$\mathrm{rank}\, f = \mathrm{rank}\, A$ より求める．$\dim \mathrm{Ker}\, f$ を求めるには $\mathrm{Ker}\, f$ の基底を構成するベクトルの個数を数えればよい．

(!) $\mathrm{rank}\, f = \dim \mathrm{Im}\, f$ である．

チェック
- ❏ f の核や像の基底が，V や W のベクトルの形をしていること．
  (V, W が数ベクトル空間でなければ，基底に含まれるベクトルも数ベクトルではない．)
- ❏ 核の基底に含まれるベクトル $\boldsymbol{v}$ について，$f(\boldsymbol{v}) = \boldsymbol{0}$ が成り立つこと．

例題 26　2 次以下の実数係数 1 変数多項式全体のなすベクトル空間 $P_2(\boldsymbol{R})$ 上の 1 次変換 $D: P_2(\boldsymbol{R}) \to P_2(\boldsymbol{R})$ を，$f(x) \in P_2(\boldsymbol{R})$ に対して

$$D(f(x)) = (x^2 - x)\frac{d^2 f(x)}{dx^2} + (2x+1)\frac{df(x)}{dx} - 2f(x)$$

で定める．このとき，D の核 $\operatorname{Ker} D$ の基底と次元を求めよ．

解　まず，$P_2(\boldsymbol{R})$ の基底として $[1, x, x^2]$ をとり，基底 $[1, x, x^2]$ に関する D の表現行列 A を求める．　☞手順 1

$$D(1) = -2 = (-2)\cdot 1 + 0 \cdot x + 0 \cdot x^2$$

$$D(x) = (2x+1) - 2x = 1 = 1 \cdot 1 + 0 \cdot x + 0 \cdot x^2$$

$$D(x^2) = 2(x^2 - x) + 2x(2x+1) - 2x^2 = 4x^2 = 0 \cdot 1 + 0 \cdot x + 4 \cdot x^2$$

より，求める表現行列は，$A = \begin{pmatrix} -2 & 1 & 0 \\ 0 & 0 & 0 \\ 0 & 0 & 4 \end{pmatrix}$ である．　☞手順 2

1 次写像 T_A の核と像の基底を A の基本変形により求める．

$$\begin{pmatrix} -2 & 1 & 0 \\ 0 & 0 & 0 \\ 0 & 0 & 4 \end{pmatrix} \begin{matrix} \times(-\frac{1}{2}) \\ \\ \times\frac{1}{4} \end{matrix} \longrightarrow \begin{pmatrix} 1 & -\frac{1}{2} & 0 \\ 0 & 0 & 0 \\ 0 & 0 & 1 \end{pmatrix} \updownarrow \longrightarrow \begin{pmatrix} 1 & -\frac{1}{2} & 0 \\ 0 & 0 & 1 \\ 0 & 0 & 0 \end{pmatrix}$$

となるので，$A\boldsymbol{x} = \boldsymbol{0}$ の解は $\boldsymbol{x} = t\begin{pmatrix} 1 \\ 2 \\ 0 \end{pmatrix}$ $(t \in \boldsymbol{R})$ である．これより，T_A の核 $\operatorname{Ker} T_A$ の基底は $\begin{pmatrix} 1 \\ 2 \\ 0 \end{pmatrix}$ である．　☞手順 3

$\operatorname{Ker} D$ と $\operatorname{Ker} T_A$ は，$a + bx + cx^2$ を $\begin{pmatrix} a \\ b \\ c \end{pmatrix}$ に対応させる 1 次写像で同型である．

よって，T_A の核 $\operatorname{Ker} T_A$ の基底 $\begin{pmatrix} 1 \\ 2 \\ 0 \end{pmatrix}$ から，D の核 $\operatorname{Ker} D$ の基底 $1\cdot 1 + 2\cdot x + 0\cdot x^2 = 1 + 2x$ が得られる．また，$\dim \operatorname{Ker} D = 1$ である．■

《 演　習 》

問題 26　$P_2(\boldsymbol{R})$ 上の 1 次変換 $D: P_2(\boldsymbol{R}) \to P_2(\boldsymbol{R})$ を次のように定めるとき，D の核 $\operatorname{Ker} D$ の基底と次元を求めよ．

(1) $D(f(x)) = (x^2 - 1)\dfrac{d^2 f(x)}{dx^2} + \dfrac{df(x)}{dx} - 2f(x)$

(2) $D(f(x)) = (x + 2)\dfrac{d^2 f(x)}{dx^2} - (x+1)\dfrac{df(x)}{dx} + f(x)$

27. 基底の変換行列を求める

【解法 27】

V の二組の基底 $[\boldsymbol{v}_1, \boldsymbol{v}_2, \ldots, \boldsymbol{v}_n]$ と $[\boldsymbol{v}'_1, \boldsymbol{v}'_2, \ldots, \boldsymbol{v}'_n]$ に対して，$[\boldsymbol{v}_1, \boldsymbol{v}_2, \ldots, \boldsymbol{v}_n]$ から $[\boldsymbol{v}'_1, \boldsymbol{v}'_2, \ldots, \boldsymbol{v}'_n]$ への基底の変換行列の求め方．

ポイント $[\boldsymbol{v}'_1, \boldsymbol{v}'_2, \ldots, \boldsymbol{v}'_n]$ の各ベクトル $\boldsymbol{v}'_j$ について，$[\boldsymbol{v}_1, \boldsymbol{v}_2, \ldots, \boldsymbol{v}_n]$ に関する $\boldsymbol{v}'_j$ の座標を $\boldsymbol{p}_j\ (\in \boldsymbol{K}^n)$ とすると $P = (\boldsymbol{p}_1\ \boldsymbol{p}_2\ \cdots\ \boldsymbol{p}_n)$ が基底の変換行列である．

手順1　各 $j = 1, 2, \ldots, n$ に対し，$\boldsymbol{v}'_j$ を $[\boldsymbol{v}_1, \boldsymbol{v}_2, \ldots, \boldsymbol{v}_n]$ の 1 次結合で表す．

$$\boldsymbol{v}'_j = p_{1j}\boldsymbol{v}_1 + p_{2j}\boldsymbol{v}_2 + \cdots + p_{nj}\boldsymbol{v}_n$$

手順2　手順1の結果から，各 $\boldsymbol{v}'_j$ の $[\boldsymbol{v}_1, \boldsymbol{v}_2, \ldots, \boldsymbol{v}_n]$ に関する座標を求めて，$\boldsymbol{v}'_1$ の座標を 1 列目，$\boldsymbol{v}'_2$ の座標を 2 列目，…，$\boldsymbol{v}'_n$ の座標を n 列目に並べた行列 $P = \begin{pmatrix} p_{11} & p_{12} & \cdots & p_{1n} \\ p_{21} & p_{22} & \cdots & p_{2n} \\ \vdots & & \ddots & \vdots \\ p_{n1} & p_{n2} & \cdots & p_{nn} \end{pmatrix}$ が求める基底の変換行列．

チェック
- ❑ $\dim V = n$ のとき，P が n 次正方行列であること．
- ❑ P の列ベクトルに零ベクトルや，互いに平行なベクトルを含まない．
- ❑ $j = 1, 2, \ldots, n$ に対して，$\boldsymbol{v}'_j = p_{1j}\boldsymbol{v}_1 + p_{2j}\boldsymbol{v}_2 + \cdots + p_{nj}\boldsymbol{v}_n$ となること．

(!) P は正則である．

例題 27.1　$\boldsymbol{R}^2$ の基底 $\left[\begin{pmatrix}1\\1\end{pmatrix}, \begin{pmatrix}3\\2\end{pmatrix}\right]$ から基底 $\left[\begin{pmatrix}2\\-1\end{pmatrix}, \begin{pmatrix}3\\4\end{pmatrix}\right]$ への基底の変換行列を求めよ．

解　$\left[\begin{pmatrix}2\\-1\end{pmatrix}, \begin{pmatrix}3\\4\end{pmatrix}\right]$ の各ベクトルを $\begin{pmatrix}1\\1\end{pmatrix}, \begin{pmatrix}3\\2\end{pmatrix}$ の 1 次結合で表すと，

$$\begin{pmatrix}2\\-1\end{pmatrix} = (-7)\cdot\begin{pmatrix}1\\1\end{pmatrix} + 3\cdot\begin{pmatrix}3\\2\end{pmatrix}, \quad \begin{pmatrix}3\\4\end{pmatrix} = 6\cdot\begin{pmatrix}1\\1\end{pmatrix} + (-1)\cdot\begin{pmatrix}3\\2\end{pmatrix}$$

となり，$\begin{pmatrix}2\\-1\end{pmatrix}, \begin{pmatrix}3\\4\end{pmatrix}$ の基底 $\left[\begin{pmatrix}1\\1\end{pmatrix}, \begin{pmatrix}3\\2\end{pmatrix}\right]$ に関する座標はそれぞれ $\begin{pmatrix}-7\\3\end{pmatrix}, \begin{pmatrix}6\\-1\end{pmatrix}$ となるから，求める変換行列は $\begin{pmatrix}-7 & 6\\3 & -1\end{pmatrix}$ である．■

《演　習》

問題 27.1　次の基底の変換行列を求めよ．

(1) $\boldsymbol{R}^2$ の基底 $\left[\begin{pmatrix}1\\0\end{pmatrix}, \begin{pmatrix}1\\1\end{pmatrix}\right]$ から基底 $\left[\begin{pmatrix}1\\1\end{pmatrix}, \begin{pmatrix}2\\1\end{pmatrix}\right]$ への変換行列．

(2) $\boldsymbol{R}^3$ の基底 $\left[\begin{pmatrix}6\\2\\3\end{pmatrix}, \begin{pmatrix}-3\\-1\\-2\end{pmatrix}, \begin{pmatrix}2\\1\\1\end{pmatrix}\right]$ から基底 $\left[\begin{pmatrix}1\\0\\0\end{pmatrix}, \begin{pmatrix}0\\1\\0\end{pmatrix}, \begin{pmatrix}0\\0\\1\end{pmatrix}\right]$ への変換行列．

例題 27.2 $P_2(\boldsymbol{R})$ の基底 $[1, x, x^2]$ から基底 $[1+x, 1-x, 1+x^2]$ への基底の変換行列を求めよ.

解 $[1+x, 1-x, 1+x^2]$ の各ベクトルを 1, x, x^2 の 1 次結合で表すと, ☞手順 1

$$
\begin{aligned}
1+x &= 1 \cdot 1 + 1 \cdot x + 0 \cdot x^2 \\
1-x &= 1 \cdot 1 + (-1) \cdot x + 0 \cdot x^2 \\
1+x^2 &= 1 \cdot 1 + 0 \cdot x + 1 \cdot x^2
\end{aligned}
$$

より, $[1, x, x^2]$ に関する $1+x$, $1-x$, $1+x^2$ の座標はそれぞれ $\begin{pmatrix}1\\1\\0\end{pmatrix}, \begin{pmatrix}1\\-1\\0\end{pmatrix}, \begin{pmatrix}1\\0\\1\end{pmatrix}$ ☞手順 2

となり, 求める変換行列 P は $P = \begin{pmatrix}1 & 1 & 1\\1 & -1 & 0\\0 & 0 & 1\end{pmatrix}$ である. ■

⚠ $[1+x, 1-x, 1+x^2]$ から $[1, x, x^2]$ への基底の変換行列は P^{-1} になる.

《 演 習 》

問題 27.2 次の基底の変換行列を求めよ.

(1) $P_2(\boldsymbol{R})$ の基底 $[x, x^2, 1]$ から基底 $[1, 1+x, 1+x^2]$ への変換行列.

(2) $P_4(\boldsymbol{R})$ の基底 $[1, x, x(x-1), x(x-1)(x-2), x(x-1)(x-2)(x-3)]$ から基底 $[1, x, x^2, x^3, x^4]$ への変換行列.

スターリング数

自然数 k に対し, 数列 $1^k, 2^k, 3^k, \ldots, n^k$ の和は $k = 1, 2, 3$ のとき, それぞれ $\frac{1}{2}n(n+1)$, $\frac{1}{6}n(n+1)(2n+1)$, $\frac{1}{4}n^2(n+1)^2$ で与えられるが, $k = 4, 5, \ldots$ のときはどうなるだろうか.

$x^{(k)}$ を x の k 次多項式 $x(x-1)(x-2)\cdots(x-k+1)$ とし, 実数 x を $x^{(k)}$ に対応させる関数を**階乗関数**とよぶ. このとき, 等式 $x^{(k)} = \frac{(x+1)^{(k+1)} - x^{(k+1)}}{k+1}$ が成り立ち, この等式から数列 $1^{(k)}, 2^{(k)}, 3^{(k)}, \ldots, n^{(k)}$ の和は $\frac{(n+1)^{(k+1)}}{k+1}$ であることがわかる.

定数項が 0 の n 次以下の多項式全体 $P_n^0(\boldsymbol{R})$ は $P_n(\boldsymbol{R})$ の部分空間で, $[x, x^2, \ldots, x^n]$ と $[x^{(1)}, x^{(2)}, \ldots, x^{(n)}]$ を基底にもつ. 前者の基底から後者の基底への変換行列を Q_n とおけば, Q_n の (i, j) 成分は $x^{(j)} = x(x-1)(x-2)\cdots(x-j+1)$ の x^i の係数だから, $1, 2, \ldots, j-1$ のなかの相異なる $j-i$ 個の数字を選んでかけあわせて得られるすべての数の和を $(-1)^{j-i}$ 倍したものである. Q_n の成分の絶対値を「第 1 種スターリング数」といい, Q_n の逆行列 Q_n^{-1} の成分を「第 2 種スターリング数」という.

Q_n^{-1} の (i, j) 成分を ${}_jS_i$ で表せば, $j \geqq i$ の場合, ${}_jS_i$ は相異なる j 個のものを i 個の空でないグループに分ける場合の数に一致し, $i, j \geqq 2$ に対し, 漸化式 ${}_jS_i = {}_{j-1}S_{i-1} + i\,{}_{j-1}S_i$ が成り立つ.

Q_n^{-1} は $P_n^0(\boldsymbol{R})$ の基底 $[x^{(1)}, x^{(2)}, \ldots, x^{(n)}]$ から基底 $[x, x^2, \ldots, x^n]$ への基底の変換行列であり, $x^k = \sum_{i=1}^{k} {}_kS_i x^{(i)}$ だから, $i = 1, 2, \ldots, k$ に対して ${}_kS_i$ の値がわかれば, 数列 $1^k, 2^k, 3^k, \ldots, n^k$ の和は $\sum_{i=1}^{k} \frac{{}_kS_i}{k+1}(n+1)^{(i+1)}$ で与えられる. 例えば $k = 4$ の場合, 問題 27.2 (2) の結果より

$$1^4 + 2^4 + 3^4 + \cdots + n^4 = \frac{1}{30}n(n+1)(2n+1)(3n^2+3n-1)$$

内積と計量ベクトル空間

ここでは，$\boldsymbol{K}=\boldsymbol{R}$ または $\boldsymbol{C}$ とし，V を $\boldsymbol{K}$ 上のベクトル空間とする．

内積の定義　$\boldsymbol{K}$ 上のベクトル空間 V の 2 つのベクトル $\boldsymbol{u},\boldsymbol{v}$ に対し，$\boldsymbol{K}$ の要素を対応させる対応 $(\boldsymbol{u},\boldsymbol{v})$ が次の性質を満たすとき，(,) を V における**内積**という．

(1) $\boldsymbol{u},\boldsymbol{u}',\boldsymbol{v}\in V$ に対し，$(\boldsymbol{u}+\boldsymbol{u}',\boldsymbol{v})=(\boldsymbol{u},\boldsymbol{v})+(\boldsymbol{u}',\boldsymbol{v})$

(2) $\alpha\in\boldsymbol{K}$ と $\boldsymbol{u},\boldsymbol{v}\in V$ に対し，$(\alpha\boldsymbol{u},\boldsymbol{v})=\alpha(\boldsymbol{u},\boldsymbol{v})$

(3) $\boldsymbol{u},\boldsymbol{v}\in V$ に対し，$(\boldsymbol{v},\boldsymbol{u})=\overline{(\boldsymbol{u},\boldsymbol{v})}$

(4) $\boldsymbol{v}\in V$ に対し $(\boldsymbol{v},\boldsymbol{v})\geqq 0$ (等号は $\boldsymbol{v}=\boldsymbol{0}$ のときに限る).

(!) $\overline{\quad}$ は複素共役

用語 性質 (4) は**正定値性**といわれる．$(\boldsymbol{v},\boldsymbol{v})\in\boldsymbol{R}$ であって，さらに $\geqq 0$ となるということ．

内積の性質　(1) と (2) の性質はまとめて次のように書くことができる．

$\boldsymbol{u},\boldsymbol{u}',\boldsymbol{v}\in V$ と $\alpha,\beta\in\boldsymbol{K}$ に対し，$(\alpha\boldsymbol{u}+\beta\boldsymbol{u}',\boldsymbol{v})=\alpha(\boldsymbol{u},\boldsymbol{v})+\beta(\boldsymbol{u}',\boldsymbol{v})$

$\boldsymbol{K}=\boldsymbol{R}$ の場合は，$(\boldsymbol{v},\boldsymbol{u})=(\boldsymbol{u},\boldsymbol{v})$ となる (**対称性**).

(2) と (3) から，$\boldsymbol{K}=\boldsymbol{C}$ の場合には $(\boldsymbol{u},\alpha\boldsymbol{v})=\overline{\alpha}(\boldsymbol{u},\boldsymbol{v})$ となることに注意.

内積が定まっているベクトル空間を**計量ベクトル空間**という．
以下，V を計量ベクトル空間とする．

標準内積　$\boldsymbol{x}=\begin{pmatrix}x_1\\x_2\\\vdots\\x_n\end{pmatrix},\boldsymbol{y}=\begin{pmatrix}y_1\\y_2\\\vdots\\y_n\end{pmatrix}\in\boldsymbol{K}^n$ とする．$\boldsymbol{R}^n$ において，

$$(\boldsymbol{x},\boldsymbol{y})=x_1y_1+x_2y_2+\cdots+x_ny_n$$

によって定まる内積を $\boldsymbol{R}^n$ の**標準内積**という．また，$\boldsymbol{C}^n$ において，

$$(\boldsymbol{x},\boldsymbol{y})=x_1\overline{y_1}+x_2\overline{y_2}+\cdots+x_n\overline{y_n}$$

によって定まる内積を $\boldsymbol{C}^n$ の**標準内積**という．
数ベクトル空間における内積は<u>とくに断わらない限り標準内積で考える</u>.

(!) 標準内積が内積の定義を満たすことは簡単に確かめられる．標準内積の場合，他の内積と記号を区別して，$\boldsymbol{u}\cdot\boldsymbol{v}$ で表されることもある．

長さ・直交性　$\boldsymbol{v}\in V$ に対して，

$$\|\boldsymbol{v}\|=\sqrt{(\boldsymbol{v},\boldsymbol{v})}$$

とおいて，$\|\boldsymbol{v}\|$ を $\boldsymbol{v}$ の**長さ**という．内積の条件から，「$\|\boldsymbol{v}\|=0\Longleftrightarrow\boldsymbol{v}=\boldsymbol{0}$」が成り立つ．
V のベクトル $\boldsymbol{u},\ \boldsymbol{v}$ が $(\boldsymbol{u},\boldsymbol{v})=0$ を満たすとき，$\boldsymbol{u},\ \boldsymbol{v}$ は**直交**するという．

(!) ベクトル空間としては同じでも，内積の定め方が異なれば，ベクトルの長さや，どのベクトルどうしが直交しているかが違ってくる．

直交系と正規直交基底 V のベクトル $\boldsymbol{v}_1, \boldsymbol{v}_2, \ldots, \boldsymbol{v}_n$ について，

$$\boldsymbol{v}_1, \boldsymbol{v}_2, \ldots, \boldsymbol{v}_n \text{ が直交系} \overset{\text{定義}}{\iff} \begin{cases} \boldsymbol{v}_i \neq \boldsymbol{0}\ (i=1,2,\ldots,n) \\ \boldsymbol{v}_1, \boldsymbol{v}_2, \ldots, \boldsymbol{v}_n \text{ は互いに直交する.} \end{cases}$$

$\boldsymbol{v}_1, \boldsymbol{v}_2, \ldots, \boldsymbol{v}_n$ が**正規直交系**

$$\overset{\text{定義}}{\iff} \text{直交系かつ } ||\boldsymbol{v}_i|| = 1\ (i=1,2,\ldots,n)$$

$$\boldsymbol{v}_1, \boldsymbol{v}_2, \ldots, \boldsymbol{v}_n \text{ が } V \text{ の正規直交基底} \overset{\text{定義}}{\iff} \text{正規直交系かつ } V \text{ の基底}$$

(!)直交系は 1 次独立.

グラム・シュミットの直交化法 V の基底 $\boldsymbol{v}_1, \boldsymbol{v}_2, \ldots, \boldsymbol{v}_n$ に対し，

$$\boldsymbol{w}_1 = \boldsymbol{v}_1$$

$$\boldsymbol{w}_2 = \boldsymbol{v}_2 - \frac{(\boldsymbol{v}_2, \boldsymbol{w}_1)}{(\boldsymbol{w}_1, \boldsymbol{w}_1)}\boldsymbol{w}_1$$

$$\boldsymbol{w}_3 = \boldsymbol{v}_3 - \frac{(\boldsymbol{v}_3, \boldsymbol{w}_1)}{(\boldsymbol{w}_1, \boldsymbol{w}_1)}\boldsymbol{w}_1 - \frac{(\boldsymbol{v}_3, \boldsymbol{w}_2)}{(\boldsymbol{w}_2, \boldsymbol{w}_2)}\boldsymbol{w}_2$$

$$\vdots$$

$$\boldsymbol{w}_n = \boldsymbol{v}_n - \frac{(\boldsymbol{v}_n, \boldsymbol{w}_1)}{(\boldsymbol{w}_1, \boldsymbol{w}_1)}\boldsymbol{w}_1 - \frac{(\boldsymbol{v}_n, \boldsymbol{w}_2)}{(\boldsymbol{w}_2, \boldsymbol{w}_2)}\boldsymbol{w}_2 - \cdots - \frac{(\boldsymbol{v}_n, \boldsymbol{w}_{n-1})}{(\boldsymbol{w}_{n-1}, \boldsymbol{w}_{n-1})}\boldsymbol{w}_{n-1}$$

とおくと，$\dfrac{\boldsymbol{w}_1}{||\boldsymbol{w}_1||}, \dfrac{\boldsymbol{w}_2}{||\boldsymbol{w}_2||}, \cdots, \dfrac{\boldsymbol{w}_n}{||\boldsymbol{w}_n||}$ は V の正規直交基底となる.

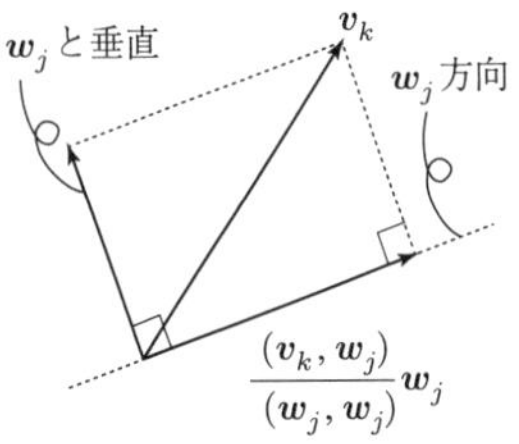

(!)$\boldsymbol{v}_k - \dfrac{(\boldsymbol{v}_k, \boldsymbol{w}_j)}{(\boldsymbol{w}_j, \boldsymbol{w}_j)}\boldsymbol{w}_j$ は $\boldsymbol{w}_j$ に垂直になる. $\boldsymbol{w}_1, \ldots, \boldsymbol{w}_{k-1}$ が直交系ならば $\boldsymbol{v}_k - \displaystyle\sum_{j=1}^{k-1} \frac{(\boldsymbol{v}_k, \boldsymbol{w}_j)}{(\boldsymbol{w}_j, \boldsymbol{w}_j)}\boldsymbol{w}_j$ は $\langle \boldsymbol{w}_1, \ldots, \boldsymbol{w}_{k-1} \rangle$ に垂直になる.

随伴行列 $m \times n$ 行列 A に対して，$A^* = {}^t\overline{A}$ (実行列の場合は，$A^* = {}^tA$) を A の**随伴行列**とよぶ.

直交補空間と正射影 V の部分空間 U に対し，

$$U^\perp = \{\boldsymbol{v} \in V \mid \text{すべての } \boldsymbol{u} \in U \text{ に対して } (\boldsymbol{v}, \boldsymbol{u}) = 0\}$$

で定まる V の部分空間 $U^\perp$ を U の**直交補空間**という.

$\boldsymbol{K}^n$ の部分空間 $U = \langle \boldsymbol{u}_1, \boldsymbol{u}_2, \ldots, \boldsymbol{u}_m \rangle$ に対し，$A = (\boldsymbol{u}_1\ \boldsymbol{u}_2\ \cdots\ \boldsymbol{u}_m)$ とおくと，直交補空間 $U^\perp$ は斉次連立 1 次方程式 $A^*\boldsymbol{x} = \boldsymbol{0}$ の解空間になる.

$$U^\perp = \{\boldsymbol{x} \in \boldsymbol{K}^n \mid A^*\boldsymbol{x} = \boldsymbol{0}\}$$

ここで U と $U^\perp$ について，$V = U \oplus U^\perp$，$(U^\perp)^\perp = U$ が成り立ち，$\boldsymbol{v} \in V$ に対して，$\boldsymbol{v} = \boldsymbol{u} + \boldsymbol{w}$ となる $\boldsymbol{u} \in U$, $\boldsymbol{w} \in U^\perp$ が一通りに定まる. このとき，$\boldsymbol{v} \in V$ に対して，$\boldsymbol{u} \in U$ を対応させる写像を V から U への**正射影**といい，pr_U で表す. $\boldsymbol{u}_1, \boldsymbol{u}_2, \ldots, \boldsymbol{u}_k$ が U の正規直交基底であるとき，$\mathrm{pr}_U(\boldsymbol{v})$ は次の式で求められる.

$$\mathrm{pr}_U(\boldsymbol{v}) = (\boldsymbol{v}, \boldsymbol{u}_1)\boldsymbol{u}_1 + (\boldsymbol{v}, \boldsymbol{u}_2)\boldsymbol{u}_2 + \cdots + (\boldsymbol{v}, \boldsymbol{u}_k)\boldsymbol{u}_k$$

(!)T_A と T_{A^*} について次が成り立つ：
$(\mathrm{Im}\, T_A)^\perp = \mathrm{Ker}\, T_{A^*}$
$(\mathrm{Ker}\, T_A)^\perp = \mathrm{Im}\, T_{A^*}$

(!)とくに $\dim U + \dim U^\perp = n$.

(!)平面または空間における正射影の一般化.

28. 内積を計算する (数ベクトル空間)

内積の計算は定義に基づいて計算すればよい.

例題 28.1 $\boldsymbol{R}^4$ のベクトル $\boldsymbol{u} = \begin{pmatrix} 1 \\ 2 \\ -1 \\ -1 \end{pmatrix}$, $\boldsymbol{v} = \begin{pmatrix} 2 \\ 1 \\ 0 \\ 3 \end{pmatrix}$ の内積と $\boldsymbol{u}$ の長さを求めよ.

解 標準内積の定義に基づいて計算する.

$$(\boldsymbol{u}, \boldsymbol{v}) = 1 \cdot 2 + 2 \cdot 1 + (-1) \cdot 0 + (-1) \cdot 3 = 1$$

$$||\boldsymbol{u}|| = \sqrt{(\boldsymbol{u}, \boldsymbol{u})} = \sqrt{1^2 + 2^2 + (-1)^2 + (-1)^2} = \sqrt{7}$$ ∎

例題 28.2 次の $\boldsymbol{C}^2$ のベクトル $\boldsymbol{u}, \boldsymbol{v}$ の内積と $\boldsymbol{u}$ の長さを求めよ.

$$\boldsymbol{u} = \begin{pmatrix} 1+i \\ 2-i \end{pmatrix}, \quad \boldsymbol{v} = \begin{pmatrix} 2+3i \\ i \end{pmatrix}$$

解 標準内積の定義に基づいて計算する.

(!)複素共役を忘れないように!!

$$(\boldsymbol{u}, \boldsymbol{v}) = (1+i)\overline{(2+3i)} + (2-i)\overline{i} = (1+i)(2-3i) + (2-i)(-i) = 4 - 3i$$

$$||\boldsymbol{u}|| = \sqrt{(\boldsymbol{u}, \boldsymbol{u})} = \sqrt{(1+i)\overline{(1+i)} + (2-i)\overline{(2-i)}} = \sqrt{1+1+4+1} = \sqrt{7}$$ ∎

検算 $(\boldsymbol{v}, \boldsymbol{v}) \in \boldsymbol{R}$ かつ $(\boldsymbol{v}, \boldsymbol{v}) \geqq 0$ であることに注意しよう. 複素数ベクトルで複素共役を忘れたり計算間違いをすると, $(\boldsymbol{v}, \boldsymbol{v})$ が実数でなかったり, 負の数になったりする. このような間違いには気をつけよう.

《演 習》

問題 28.1 次の数ベクトル $\boldsymbol{u}, \boldsymbol{v}$ の内積を計算せよ. また, 長さ $\|\boldsymbol{u}\|$ を求めよ.

(1) $\boldsymbol{u} = \begin{pmatrix} 3 \\ 2 \\ 1 \\ -2 \end{pmatrix}$, $\boldsymbol{v} = \begin{pmatrix} -2 \\ 2 \\ 3 \\ 1 \end{pmatrix}$ (2) $\boldsymbol{u} = \begin{pmatrix} 2 \\ 1 \\ -3 \\ -1 \end{pmatrix}$, $\boldsymbol{v} = \begin{pmatrix} 1 \\ 3 \\ 1 \\ -1 \end{pmatrix}$

問題 28.2 次の複素数ベクトル $\boldsymbol{u}, \boldsymbol{v}$ の内積を計算せよ. また, 長さ $\|\boldsymbol{u}\|$ を求めよ.

(1) $\boldsymbol{u} = \begin{pmatrix} 2+3i \\ 2i \end{pmatrix}$, $\boldsymbol{v} = \begin{pmatrix} 1-i \\ 3+i \end{pmatrix}$ (2) $\boldsymbol{u} = \begin{pmatrix} -2-i \\ -1-i \end{pmatrix}$, $\boldsymbol{v} = \begin{pmatrix} 1+3i \\ 2-5i \end{pmatrix}$

(3) $\boldsymbol{u} = \begin{pmatrix} 3-i \\ 2 \\ i \end{pmatrix}$, $\boldsymbol{v} = \begin{pmatrix} 4 \\ 1+i \\ 4-i \end{pmatrix}$ (4) $\boldsymbol{u} = \begin{pmatrix} 4-i \\ 2+i \\ 1-3i \end{pmatrix}$, $\boldsymbol{v} = \begin{pmatrix} 2i \\ 3-4i \\ 1 \end{pmatrix}$

29. 内積を計算する (多項式の空間)

多項式からなるベクトル空間では，積分を用いて内積が定義できる．すなわち，$a < b$ として，$f(x), g(x) \in P_n(\boldsymbol{R})$ に対して $f(x)$, $g(x)$ の内積 $(f(x), g(x))$ を

$$(f(x), g(x)) = \int_a^b f(x)g(x)\,dx$$

によって定義することができる．

> **例題 29**　ベクトル空間 $P_n(\boldsymbol{R})$ に内積を次のように定める．
> $$(f(x), g(x)) = \int_0^1 f(x)g(x)\,dx$$
> このとき，次のベクトル $f(x)$, $g(x)$ の内積と $f(x)$ の長さを求めよ．
> $$f(x) = 1 + x, \quad g(x) = 1 - x^2$$

解　与えられた内積の定義に基づいて計算すればよい．

$$(f(x), g(x)) = \int_0^1 (1+x)(1-x^2)\,dx = \int_0^1 (1 + x - x^2 - x^3)\,dx$$
$$= \left[x + \frac{1}{2}x^2 - \frac{1}{3}x^3 - \frac{1}{4}x^4\right]_0^1 = 1 + \frac{1}{2} - \frac{1}{3} - \frac{1}{4} = \frac{11}{12}$$

$$||f(x)|| = \sqrt{(f(x), f(x))} = \sqrt{\int_0^1 (1+x)^2 dx} = \sqrt{\frac{1}{3}\big[(1+x)^3\big]_0^1} = \sqrt{\frac{7}{3}} \quad ∎$$

検算　$(f(x), f(x)) \geqq 0$ であることに注意しよう．$||f(x)||$ の計算では平方根を忘れないようにしよう．

《演　習》

問題 29.1　ベクトル空間 $P_3(\boldsymbol{R})$ に内積を $(f(x), g(x)) = \displaystyle\int_0^1 f(x)g(x)\,dx$ で定めるとき，次のベクトル $f(x)$, $g(x)$ の内積を求めよ．また，$f(x)$, $g(x)$ の長さを求めよ．

(1)　$f(x) = 1,\ g(x) = x + x^2$

(2)　$f(x) = 1 + x + 3x^2,\ g(x) = 1 - x^3$

問題 29.2　ベクトル空間 $P_3(\boldsymbol{R})$ に内積を $(f(x), g(x)) = \displaystyle\int_{-1}^1 f(x)g(x)\,dx$ で定めるとき，次のベクトル $f(x), g(x)$ の内積を求めよ．また，$f(x), g(x)$ の長さを求めよ．

(1)　$f(x) = 1,\ g(x) = x + x^2$

(2)　$f(x) = 1 + x + 3x^2,\ g(x) = 1 - x^3$

(!) 問題 29.1 と $f(x)$, $g(x)$ は同じだが，内積の定め方が異なるので，内積の値や長さが異なる．

30. 正規直交基底を求める

グラム・シュミットの直交化法 (p. 81) を用いて基底から正規直交基底を構成する.

チェック
- ❏ 得られたベクトルが互いに直交していること.
- ❏ 得られたベクトルの長さがどれも 1 になっていること.

例題 30.1 次の $\boldsymbol{R}^3$ の基底に対してグラム・シュミットの直交化法を適用し, $\boldsymbol{R}^3$ の正規直交基底を求めよ.

$$\boldsymbol{v}_1 = \begin{pmatrix} 1 \\ 2 \\ 2 \end{pmatrix}, \quad \boldsymbol{v}_2 = \begin{pmatrix} 3 \\ 2 \\ 1 \end{pmatrix}, \quad \boldsymbol{v}_3 = \begin{pmatrix} 6 \\ -1 \\ 7 \end{pmatrix}$$

解 $\boldsymbol{v}_1, \boldsymbol{v}_2, \boldsymbol{v}_3$ に順にグラム・シュミットの直交化法を適用する.

$$\boldsymbol{w}_1 = \boldsymbol{v}_1 = \begin{pmatrix} 1 \\ 2 \\ 2 \end{pmatrix}$$

$$\boldsymbol{w}_2 = \boldsymbol{v}_2 - \frac{(\boldsymbol{v}_2, \boldsymbol{w}_1)}{(\boldsymbol{w}_1, \boldsymbol{w}_1)}\boldsymbol{w}_1 = \begin{pmatrix} 3 \\ 2 \\ 1 \end{pmatrix} - \frac{9}{9}\begin{pmatrix} 1 \\ 2 \\ 2 \end{pmatrix} = \begin{pmatrix} 2 \\ 0 \\ -1 \end{pmatrix}$$

$$\boldsymbol{w}_3 = \boldsymbol{v}_3 - \frac{(\boldsymbol{v}_3, \boldsymbol{w}_1)}{(\boldsymbol{w}_1, \boldsymbol{w}_1)}\boldsymbol{w}_1 - \frac{(\boldsymbol{v}_3, \boldsymbol{w}_2)}{(\boldsymbol{w}_2, \boldsymbol{w}_2)}\boldsymbol{w}_2 = \begin{pmatrix} 6 \\ -1 \\ 7 \end{pmatrix} - \frac{18}{9}\begin{pmatrix} 1 \\ 2 \\ 2 \end{pmatrix} - \frac{5}{5}\begin{pmatrix} 2 \\ 0 \\ -1 \end{pmatrix} = \begin{pmatrix} 2 \\ -5 \\ 4 \end{pmatrix}$$

$\boldsymbol{w}_1, \boldsymbol{w}_2, \boldsymbol{w}_3$ の長さはそれぞれ

$$\|\boldsymbol{w}_1\| = \sqrt{1^2 + 2^2 + 2^2} = 3$$
$$\|\boldsymbol{w}_2\| = \sqrt{2^2 + 0^2 + (-1)^2} = \sqrt{5}$$
$$\|\boldsymbol{w}_3\| = \sqrt{2^2 + (-5)^2 + 4^2} = \sqrt{45} = 3\sqrt{5}$$

であるから, 求める正規直交基底は $\dfrac{1}{3}\begin{pmatrix} 1 \\ 2 \\ 2 \end{pmatrix}, \ \dfrac{1}{\sqrt{5}}\begin{pmatrix} 2 \\ 0 \\ -1 \end{pmatrix}, \ \dfrac{1}{3\sqrt{5}}\begin{pmatrix} 2 \\ -5 \\ 4 \end{pmatrix}$. ∎

《演 習》

問題 30.1 次の $\boldsymbol{R}^3$ の基底に対してグラム・シュミットの直交化法を適用し, $\boldsymbol{R}^3$ の正規直交基底を求めよ.

(1) $\begin{pmatrix} 1 \\ 2 \\ 1 \end{pmatrix}, \begin{pmatrix} 2 \\ 1 \\ 2 \end{pmatrix}, \begin{pmatrix} 1 \\ 1 \\ 0 \end{pmatrix}$ (2) $\begin{pmatrix} 1 \\ 2 \\ 2 \end{pmatrix}, \begin{pmatrix} 1 \\ 0 \\ 1 \end{pmatrix}, \begin{pmatrix} 2 \\ 1 \\ 0 \end{pmatrix}$

問題 30.2 次の $\boldsymbol{R}^4$ の基底に対してグラム・シュミットの直交化法を適用し, $\boldsymbol{R}^4$ の正規直交基底を求めよ.

$$\begin{pmatrix} 1 \\ 1 \\ 1 \\ 1 \end{pmatrix}, \quad \begin{pmatrix} 3 \\ 3 \\ -1 \\ -1 \end{pmatrix}, \quad \begin{pmatrix} 3 \\ 0 \\ 1 \\ -2 \end{pmatrix}, \quad \begin{pmatrix} 5 \\ -2 \\ -1 \\ 0 \end{pmatrix}$$

例題 30.2 次の $\boldsymbol{C}^3$ の基底に対してグラム・シュミットの直交化法を適用し，$\boldsymbol{C}^3$ の正規直交基底を求めよ．

$$\boldsymbol{v}_1 = \begin{pmatrix} 1 \\ i \\ 0 \end{pmatrix}, \quad \boldsymbol{v}_2 = \begin{pmatrix} i \\ -1 \\ 1 \end{pmatrix}, \quad \boldsymbol{v}_3 = \begin{pmatrix} 3i \\ 1 \\ 1 \end{pmatrix}$$

解 $\boldsymbol{v}_1, \boldsymbol{v}_2, \boldsymbol{v}_3$ に順にグラム・シュミットの直交化法を適用する．

⚠ 複素標準内積なので，複素共役をとることを忘れないこと．

$$\boldsymbol{w}_1 = \boldsymbol{v}_1 = \begin{pmatrix} 1 \\ i \\ 0 \end{pmatrix}$$

$$\boldsymbol{w}_2 = \boldsymbol{v}_2 - \frac{(\boldsymbol{v}_2, \boldsymbol{w}_1)}{(\boldsymbol{w}_1, \boldsymbol{w}_1)}\boldsymbol{w}_1 = \begin{pmatrix} i \\ -1 \\ 1 \end{pmatrix} - \frac{2i}{2}\begin{pmatrix} 1 \\ i \\ 0 \end{pmatrix} = \begin{pmatrix} 0 \\ 0 \\ 1 \end{pmatrix}$$

$$\boldsymbol{w}_3 = \boldsymbol{v}_3 - \frac{(\boldsymbol{v}_3, \boldsymbol{w}_1)}{(\boldsymbol{w}_1, \boldsymbol{w}_1)}\boldsymbol{w}_1 - \frac{(\boldsymbol{v}_3, \boldsymbol{w}_2)}{(\boldsymbol{w}_2, \boldsymbol{w}_2)}\boldsymbol{w}_2 = \begin{pmatrix} 3i \\ 1 \\ 1 \end{pmatrix} - \frac{2i}{2}\begin{pmatrix} 1 \\ i \\ 0 \end{pmatrix} - \frac{1}{1}\begin{pmatrix} 0 \\ 0 \\ 1 \end{pmatrix} = \begin{pmatrix} 2i \\ 2 \\ 0 \end{pmatrix}$$

$\boldsymbol{w}_1, \boldsymbol{w}_2, \boldsymbol{w}_3$ の長さはそれぞれ

$$\|\boldsymbol{w}_1\| = \sqrt{1^2 + i \cdot (-i) + 0^2} = \sqrt{2}$$
$$\|\boldsymbol{w}_2\| = \sqrt{0^2 + 0^2 + 1^2} = 1$$
$$\|\boldsymbol{w}_3\| = \sqrt{2i \cdot (-2i) + 2^2 + 0^2} = \sqrt{8} = 2\sqrt{2}$$

であるから，求める正規直交基底は

$$\frac{1}{\sqrt{2}}\begin{pmatrix} 1 \\ i \\ 0 \end{pmatrix}, \quad \begin{pmatrix} 0 \\ 0 \\ 1 \end{pmatrix}, \quad \frac{1}{\sqrt{2}}\begin{pmatrix} i \\ 1 \\ 0 \end{pmatrix}$$ ∎

注意 p. 84 のチェック項目を確かめること．

《 演 習 》

問題 30.3 次の $\boldsymbol{C}^2$ のベクトルをグラム・シュミットの直交化法で正規直交化せよ．

(1) $\begin{pmatrix} 2-i \\ 3+2i \end{pmatrix}, \begin{pmatrix} 1-2i \\ 3 \end{pmatrix}$ (2) $\begin{pmatrix} 1+3i \\ 2+4i \end{pmatrix}, \begin{pmatrix} 5-i \\ 6-i \end{pmatrix}$

例題 30.3 $P_2(\boldsymbol{R})$ の基底 $\boldsymbol{v}_1 = 1,\ \boldsymbol{v}_2 = x,\ \boldsymbol{v}_3 = x^2$ にグラム・シュミットの直交化法を適用し，正規直交基底を求めよ．ただし，内積は $(f(x), g(x)) = \int_0^1 f(x)g(x)\,dx$ で定めるものとする．

(!) 内積は与えられた式を用いて計算すること．

解 $\boldsymbol{v}_1, \boldsymbol{v}_2, \boldsymbol{v}_3$ に順にグラム・シュミットの直交化法を適用する．

$$\boldsymbol{w}_1 = \boldsymbol{v}_1 = 1$$

$$\boldsymbol{w}_2 = \boldsymbol{v}_2 - \frac{(\boldsymbol{v}_2, \boldsymbol{w}_1)}{(\boldsymbol{w}_1, \boldsymbol{w}_1)}\boldsymbol{w}_1 = x - \frac{\int_0^1 x \cdot 1\,dx}{\int_0^1 1 \cdot 1\,dx} \cdot 1 = x - \frac{\left[\frac{x^2}{2}\right]_0^1}{[x]_0^1} = x - \frac{1}{2}$$

$$\begin{aligned}\boldsymbol{w}_3 &= \boldsymbol{v}_3 - \frac{(\boldsymbol{v}_3, \boldsymbol{w}_1)}{(\boldsymbol{w}_1, \boldsymbol{w}_1)}\boldsymbol{w}_1 - \frac{(\boldsymbol{v}_3, \boldsymbol{w}_2)}{(\boldsymbol{w}_2, \boldsymbol{w}_2)}\boldsymbol{w}_2 \\ &= x^2 - \frac{\int_0^1 x^2 \cdot 1\,dx}{\int_0^1 1 \cdot 1\,dx} \cdot 1 - \frac{\int_0^1 x^2 \cdot \left(x - \frac{1}{2}\right)dx}{\int_0^1 \left(x - \frac{1}{2}\right)^2 dx} \cdot \left(x - \frac{1}{2}\right) \\ &= x^2 - \frac{\left[\frac{x^3}{3}\right]_0^1}{[x]_0^1} - \frac{\left[\frac{x^4}{4} - \frac{x^3}{6}\right]_0^1}{\left[\frac{1}{3}\left(x - \frac{1}{2}\right)^3\right]_0^1} \cdot \left(x - \frac{1}{2}\right) = x^2 - x + \frac{1}{6}\end{aligned}$$

(!) 直交化の段階で $(\boldsymbol{w}_1, \boldsymbol{w}_1)$, $(\boldsymbol{w}_2, \boldsymbol{w}_2)$ はすでに一度計算しているので，$\|\boldsymbol{w}_1\|$ と $\|\boldsymbol{w}_2\|$ はすぐにわかることに注意．

$\boldsymbol{w}_1, \boldsymbol{w}_2, \boldsymbol{w}_3$ の長さはそれぞれ

$$\|\boldsymbol{w}_1\| = \sqrt{\int_0^1 1 \cdot 1\,dx} = 1$$

$$\|\boldsymbol{w}_2\| = \sqrt{\int_0^1 \left(x - \frac{1}{2}\right)^2 dx} = \sqrt{\left[\frac{1}{3}x^3 - \frac{1}{2}x^2 + \frac{1}{4}x\right]_0^1} = \sqrt{\frac{1}{12}} = \frac{1}{2\sqrt{3}}$$

$$\begin{aligned}\|\boldsymbol{w}_3\| &= \sqrt{\int_0^1 \left(x^2 - x + \frac{1}{6}\right)^2 dx} = \sqrt{\int_0^1 \left(x^4 - 2x^3 + \frac{4x^2}{3} - \frac{x}{3} + \frac{1}{36}\right) dx} \\ &= \sqrt{\left[\frac{x^5}{5} - \frac{x^4}{2} + \frac{4x^3}{9} - \frac{x^2}{6} + \frac{x}{36}\right]_0^1} = \sqrt{\frac{1}{180}} = \frac{1}{6\sqrt{5}}\end{aligned}$$

であるから，求める正規直交基底は

$$1,\ 2\sqrt{3}\left(x - \frac{1}{2}\right),\ 6\sqrt{5}\left(x^2 - x + \frac{1}{6}\right)$$ ■

注意 p. 84 のチェック項目を確かめること．

《演 習》

問題 30.4 次の $P_2(\boldsymbol{R})$ の基底にグラム・シュミットの直交化法を適用し，正規直交基底を求めよ．ただし，内積は $(f(x), g(x)) = \int_0^1 f(x)g(x)\,dx$ で定めるものとする．

(1) $\boldsymbol{v}_1 = x^2,\ \boldsymbol{v}_2 = x,\ \boldsymbol{v}_3 = 1$　　(2) $\boldsymbol{v}_1 = 1 - x,\ \boldsymbol{v}_2 = 1 + x,\ \boldsymbol{v}_3 = x^2$

31. 直交補空間を求める

【解法 31】

数ベクトル空間 $\boldsymbol{K}^n$ の部分空間 U の直交補空間 $U^\perp$(の基底) の求め方.

ポイント　$\langle \boldsymbol{a}_1, \boldsymbol{a}_2, \ldots, \boldsymbol{a}_k \rangle$ の直交補空間は，行列 $(\boldsymbol{a}_1\ \boldsymbol{a}_2\ \cdots\ \boldsymbol{a}_k)$ の随伴行列を係数行列とする斉次連立 1 次方程式の解空間である.

手順1　U を生成するベクトルを求め，$U = \langle \boldsymbol{u}_1, \boldsymbol{u}_2, \ldots, \boldsymbol{u}_k \rangle$ の形に表す.

手順2　手順1 で求めたベクトルを並べた行列 $A = (\boldsymbol{u}_1\ \boldsymbol{u}_2\ \cdots\ \boldsymbol{u}_k)$ の随伴行列 A^* を係数行列とする斉次連立 1 次方程式 $A^*\boldsymbol{x} = \boldsymbol{0}$ を解いて解空間の基底を求めれば，その基底が $U^\perp$ の基底になる.

⚠ U を生成するベクトルが与えられているときは 手順1 は不要．また，U が $A\boldsymbol{x} = \boldsymbol{0}$ の解空間，すなわち $U = \operatorname{Ker} T_A$ のときは，$U^\perp = \operatorname{Im} T_{A^*}$ であるから，A^* の列ベクトルで生成されるベクトル空間の基底を求めればよい.

チェック
- ❏ $U^\perp$ の基底が 手順1 の $\boldsymbol{u}_1, \boldsymbol{u}_2, \ldots, \boldsymbol{u}_k$ と直交すること.
- ❏ ($\dim U$ がわかるとき) $\dim U + \dim U^\perp = n$ となること.

例題 31　$\boldsymbol{R}^4$ の部分空間 $U = \left\langle \begin{pmatrix} 1 \\ -1 \\ 0 \\ 1 \end{pmatrix}, \begin{pmatrix} 2 \\ -1 \\ 1 \\ 1 \end{pmatrix} \right\rangle$ の直交補空間の基底を求めよ.

解　$U^\perp$ は，斉次連立 1 次方程式 $\begin{cases} x - y \quad\ \ + w = 0 \\ 2x - y + z + w = 0 \end{cases}$ の解空間であるから，

$$\begin{pmatrix} 1 & -1 & 0 & 1 \\ 2 & -1 & 1 & 1 \end{pmatrix} \xrightarrow{\downarrow -2} \begin{pmatrix} 1 & -1 & 0 & 1 \\ 0 & 1 & 1 & -1 \end{pmatrix} \xrightarrow{\uparrow +1} \begin{pmatrix} 1 & 0 & 1 & 0 \\ 0 & 1 & 1 & -1 \end{pmatrix}$$

より，解は $\begin{pmatrix} x \\ y \\ z \\ w \end{pmatrix} = s\begin{pmatrix} -1 \\ -1 \\ 1 \\ 0 \end{pmatrix} + t\begin{pmatrix} 0 \\ 1 \\ 0 \\ 1 \end{pmatrix}$ $(s, t \in \boldsymbol{R})$ と表せる．よって，$U^\perp$ の基底として $\begin{pmatrix} -1 \\ -1 \\ 1 \\ 0 \end{pmatrix}, \begin{pmatrix} 0 \\ 1 \\ 0 \\ 1 \end{pmatrix}$ がとれる. ∎

《演　習》

問題 31　次の $\boldsymbol{R}^3, \boldsymbol{R}^4$ の部分空間 U の直交補空間の基底を求めよ.

(1)　$U = \left\langle \begin{pmatrix} 1 \\ 2 \\ 3 \end{pmatrix}, \begin{pmatrix} -1 \\ 1 \\ 3 \end{pmatrix} \right\rangle$　　(2)　$U = \left\langle \begin{pmatrix} 1 \\ 1 \\ 2 \\ 3 \end{pmatrix}, \begin{pmatrix} 2 \\ 3 \\ 1 \\ 4 \end{pmatrix}, \begin{pmatrix} 1 \\ 2 \\ -1 \\ 1 \end{pmatrix} \right\rangle$

32. 正射影を求める

◆——◆ 【解法 32】 ◆——◆

計量ベクトル空間 V からその部分空間 U への正射影 pr_U による V のベクトル $\boldsymbol{v}$ の像の求め方.

ポイント $\mathrm{pr}_U(\boldsymbol{v})$ は, U の正規直交基底 $\boldsymbol{u}_1, \boldsymbol{u}_2, \ldots, \boldsymbol{u}_m$ がとれれば, 次の式で求まる.

$$\mathrm{pr}_U(\boldsymbol{v}) = (\boldsymbol{v}, \boldsymbol{u}_1)\boldsymbol{u}_1 + (\boldsymbol{v}, \boldsymbol{u}_2)\boldsymbol{u}_2 + \cdots + (\boldsymbol{v}, \boldsymbol{u}_m)\boldsymbol{u}_m$$

手順1 U を生成するベクトルの組を求める.

手順2 手順1 で求めたベクトルの組にグラム・シュミットの直交化法を適用し, U の正規直交基底を求める.

(!) 基底でないかもしれないので, グラム・シュミットの直交化法の手続きの途中で零ベクトルとなるものがでてくるかもしれないが, その場合は, 零ベクトルとなったものは除いてグラム・シュミットの直交化法を続行すれば, 最終的には正規直交基底が得られる.

手順3 $\mathrm{pr}_U(\boldsymbol{v}) = (\boldsymbol{v}, \boldsymbol{u}_1)\boldsymbol{u}_1 + (\boldsymbol{v}, \boldsymbol{u}_2)\boldsymbol{u}_2 + \cdots + (\boldsymbol{v}, \boldsymbol{u}_m)\boldsymbol{u}_m$ を用いて, $\mathrm{pr}_U(\boldsymbol{v})$ を求める.

チェック
- ❑ $\mathrm{pr}_U(\boldsymbol{v}) \in U$ であること.
- ❑ $\boldsymbol{v} - \mathrm{pr}_U(\boldsymbol{v})$ が $\boldsymbol{u}_1, \boldsymbol{u}_2, \ldots, \boldsymbol{u}_m$ と直交していること.

例題 32.1 次の $\boldsymbol{R}^3$ の部分空間 U とベクトル $\boldsymbol{v}$ について, $\mathrm{pr}_U(\boldsymbol{v})$ を求めよ.

$$U = \left\langle \begin{pmatrix} 1 \\ 0 \\ 1 \end{pmatrix}, \begin{pmatrix} 1 \\ 1 \\ -3 \end{pmatrix} \right\rangle, \quad \boldsymbol{v} = \begin{pmatrix} 1 \\ 2 \\ 3 \end{pmatrix}$$

解 グラム・シュミットの直交化法により, U の正規直交基底を求める.

手順2 ☞

$$\boldsymbol{w}_1 = \begin{pmatrix} 1 \\ 0 \\ 1 \end{pmatrix}, \quad \boldsymbol{w}_2 = \begin{pmatrix} 1 \\ 1 \\ -3 \end{pmatrix} - \frac{-2}{2}\begin{pmatrix} 1 \\ 0 \\ 1 \end{pmatrix} = \begin{pmatrix} 2 \\ 1 \\ -2 \end{pmatrix}$$

手順3 ☞

より, U の正規直交基底 $\boldsymbol{u}_1 = \dfrac{1}{\sqrt{2}}\begin{pmatrix} 1 \\ 0 \\ 1 \end{pmatrix}$, $\boldsymbol{u}_2 = \dfrac{1}{3}\begin{pmatrix} 2 \\ 1 \\ -2 \end{pmatrix}$ が求まる. よって,

$$\begin{aligned}\mathrm{pr}_U(\boldsymbol{v}) &= (\boldsymbol{v}, \boldsymbol{u}_1)\boldsymbol{u}_1 + (\boldsymbol{v}, \boldsymbol{u}_2)\boldsymbol{u}_2 \\ &= \frac{4}{\sqrt{2}} \cdot \frac{1}{\sqrt{2}}\begin{pmatrix} 1 \\ 0 \\ 1 \end{pmatrix} - \frac{2}{3} \cdot \frac{1}{3}\begin{pmatrix} 2 \\ 1 \\ -2 \end{pmatrix} = \frac{1}{9}\begin{pmatrix} 14 \\ -2 \\ 22 \end{pmatrix}\end{aligned}$$ ∎

(!) $\boldsymbol{u}_1, \boldsymbol{u}_2, \ldots, \boldsymbol{u}_m$ が正規直交基底でなければこの式は成り立たないので注意しよう. また, 正規化されていない (長さが 1 でない) 場合は,

$$\mathrm{pr}_U(\boldsymbol{v}) = \sum_{i=1}^{m} \frac{(\boldsymbol{v}, \boldsymbol{u}_i)}{(\boldsymbol{u}_i, \boldsymbol{u}_i)}\boldsymbol{u}_i$$

となる.

《演 習》

問題 32.1 次の $\boldsymbol{R}^3$ の部分空間 U とベクトル $\boldsymbol{v}$ について, $\mathrm{pr}_U(\boldsymbol{v})$ を求めよ.

(1) $U = \left\langle \begin{pmatrix} 1 \\ 0 \\ 1 \end{pmatrix}, \begin{pmatrix} 0 \\ 1 \\ 1 \end{pmatrix} \right\rangle$, $\boldsymbol{v} = \begin{pmatrix} 1 \\ 1 \\ 1 \end{pmatrix}$ (2) $U = \left\langle \begin{pmatrix} 1 \\ 1 \\ 1 \end{pmatrix}, \begin{pmatrix} 1 \\ 2 \\ 1 \end{pmatrix} \right\rangle$, $\boldsymbol{v} = \begin{pmatrix} 1 \\ 0 \\ 0 \end{pmatrix}$

例題 32.2 $C^0([0,2\pi])$ の内積を，$f(x), g(x) \in C^0([0,2\pi])$ に対して，$(f(x), g(x)) = \int_0^{2\pi} f(x)g(x)\,dx$ で定める．このとき，次の $C^0([0,2\pi])$ の部分空間 U とベクトル $\boldsymbol{v}$ について，$\mathrm{pr}_U(\boldsymbol{v})$ を求めよ．

$$U = \langle 1, \sin x, \cos x, \sin 2x, \cos 2x \rangle, \quad \boldsymbol{v} = x$$

⚠ 区間 I に対し $C^0(I)$ は I 上連続な関数全体のなすベクトル空間を表す．(p. 42 参照)

解 $k = 1, 2,\ m = 1, 2$ に対し，

☞ 手順 1 は不要．

$$\int_0^{2\pi} 1 \cdot \sin kx\,dx = \int_0^{2\pi} 1 \cdot \cos kx\,dx = \int_0^{2\pi} \sin kx \cos mx\,dx = 0$$

☞ 手順 2

$$\int_0^{2\pi} \sin kx \sin mx\,dx = \int_0^{2\pi} \cos kx \cos mx\,dx = 0 \qquad (k \neq m)$$

より，$1, \sin x, \cos x, \sin 2x, \cos 2x$ は直交系である．

$$\int_0^{2\pi} 1\,dx = 2\pi, \qquad \int_0^{2\pi} \sin^2 kx\,dx = \int_0^{2\pi} \cos^2 kx\,dx = \pi$$

であるから，$\dfrac{1}{\sqrt{2\pi}}, \dfrac{1}{\sqrt{\pi}}\sin x, \dfrac{1}{\sqrt{\pi}}\cos x, \dfrac{1}{\sqrt{\pi}}\sin 2x, \dfrac{1}{\sqrt{\pi}}\cos 2x$ は U の正規直交基底である．$x\sin kx$，$x\cos kx$ の原始関数はそれぞれ $\dfrac{\sin kx}{k^2} - \dfrac{x\cos kx}{k}$，$\dfrac{\cos kx}{k^2} + \dfrac{x\sin kx}{k}$ で与えられることを用いれば

$$\begin{aligned}
\mathrm{pr}_U(x) &= \left(x, \frac{1}{\sqrt{2\pi}}\right) \cdot \frac{1}{\sqrt{2\pi}} + \left(x, \frac{1}{\sqrt{\pi}}\sin x\right)\frac{1}{\sqrt{\pi}}\sin x + \left(x, \frac{1}{\sqrt{\pi}}\cos x\right)\frac{1}{\sqrt{\pi}}\cos x \\
&\quad + \left(x, \frac{1}{\sqrt{\pi}}\sin 2x\right)\frac{1}{\sqrt{\pi}}\sin 2x + \left(x, \frac{1}{\sqrt{\pi}}\cos 2x\right)\frac{1}{\sqrt{\pi}}\cos 2x \\
&= \frac{1}{2\pi}\int_0^{2\pi} x\,dx + \frac{1}{\pi}\left(\int_0^{2\pi} x\sin x\,dx\right)\sin x + \frac{1}{\pi}\left(\int_0^{2\pi} x\cos x\,dx\right)\cos x \\
&\quad + \frac{1}{\pi}\left(\int_0^{2\pi} x\sin 2x\,dx\right)\sin 2x + \frac{1}{\pi}\left(\int_0^{2\pi} x\cos 2x\,dx\right)\cos 2x \\
&= \pi - 2\sin x + 0 \cdot \cos x - \sin 2x + 0 \cdot \cos 2x \\
&= \pi - 2\sin x - \sin 2x
\end{aligned}$$

☞ 手順 3

∎

《演　習》

問題 32.2 $C^0([-\pi,\pi])$ の内積を，$f(x), g(x) \in C^0([-\pi,\pi])$ に対し，$(f(x), g(x)) = \int_{-\pi}^{\pi} f(x)g(x)\,dx$ で定める．V の部分空間 U を

$$U = \langle 1,\ \sin x, \cos x, \sin 2x, \cos 2x, \sin 3x,\ \cos 3x \rangle$$

とするとき，次の $C^0([-\pi,\pi])$ のベクトル $\boldsymbol{v}$ について，$\mathrm{pr}_U(\boldsymbol{v})$ を求めよ．

(1) $\boldsymbol{v} = x$ (2) $\boldsymbol{v} = x^2$ (3) $\boldsymbol{v} = e^x$

解説 一般に $1, \cos x, \sin x, \ldots, \cos kx, \sin kx, \ldots, \cos nx, \sin nx$ で生成される $C^0([c, c+2\pi])$ (通常 c は 0 または $-\pi$) の部分空間を U_n とするとき，$f(x) \in C^0([c, c+2\pi])$ に対し，$\mathrm{pr}_{U_n}(f(x))$ は $f(x)$ の n 次の**フーリエ近似**とよばれる関数である．

固有値と固有ベクトル

(!)行列 A の成分がすべて実数であっても，固有値，固有ベクトルは複素数の範囲で考える必要がある．

固有値・固有ベクトルの定義　A を n 次正方行列とする．複素数 λ に対して，

$$Ax = \lambda x \quad (x \neq \mathbf{0})$$

を満たすベクトル $\boldsymbol{x} \in \boldsymbol{C}^n$ が存在するとき，λ を A の**固有値**，$\boldsymbol{x}$ を A の (固有値 λ に対する) **固有ベクトル**という．λ が A の固有値であるとき，

$$V_\lambda = \{\boldsymbol{v} \in \boldsymbol{C}^n \mid A\boldsymbol{v} = \lambda\boldsymbol{v}\}$$

を A の固有値 λ の**固有空間**という．固有値 λ に対する固有空間は，λ に対する固有ベクトル全体に零ベクトル $\mathbf{0}$ を加えた集合である．

(!)$|A - xE_n|$ で固有多項式を定義している教科書もある．固有多項式を $|A - xE_n|$ で定義した場合，x の多項式として最高次係数が $(-1)^n$ になる．これに対して，$|xE_n - A|$ で定義した場合は，最高次の係数は 1 になる．

固有多項式と固有値　x の多項式 $F_A(x) = |xE_n - A|$ を A の**固有多項式**といい，$F_A(x) = 0$ を**固有方程式**という．

λ が A の固有値
$\iff A\boldsymbol{x} = \lambda\boldsymbol{x}$ を満たすベクトル $\boldsymbol{x}$ $(\neq \mathbf{0})$ が存在
$\iff$ 斉次連立 1 次方程式 $(\lambda E_n - A)\boldsymbol{x} = \mathbf{0}$ が非自明な解 $\boldsymbol{x}$ $(\neq \mathbf{0})$ をもつ
$\iff |\lambda E_n - A| = 0$
$\iff \lambda$ は A の固有方程式 $|xE_n - A| = 0$ の解

$\boldsymbol{x}$ が A の固有値 λ に対する固有ベクトル
$\iff A\boldsymbol{x} = \lambda\boldsymbol{x}$ かつ $\boldsymbol{x} \neq \mathbf{0}$
$\iff \boldsymbol{x}$ は斉次連立 1 次方程式 $(\lambda E_n - A)\boldsymbol{x} = \mathbf{0}$ の非自明な解

V_λ が固有値 λ に対する固有空間
$\iff V_\lambda$ は斉次連立 1 次方程式 $(\lambda E_n - A)\boldsymbol{x} = \mathbf{0}$ の解空間

対角化可能性　n 次正方行列 A に対して，$P^{-1}AP$ が対角行列となるような n 次正則行列 P が存在するとき，A は**対角化可能**であるという．

A が P で対角化されるとき，P は固有ベクトルを並べた行列である．

$$P^{-1}AP = \begin{pmatrix} \lambda_1 & 0 & \cdots & 0 \\ 0 & \lambda_2 & \ddots & \vdots \\ \vdots & \ddots & \ddots & 0 \\ 0 & \cdots & 0 & \lambda_n \end{pmatrix} \iff AP = P\begin{pmatrix} \lambda_1 & 0 & \cdots & 0 \\ 0 & \lambda_2 & \ddots & \vdots \\ \vdots & \ddots & \ddots & 0 \\ 0 & \cdots & 0 & \lambda_n \end{pmatrix}$$

$\iff A\boldsymbol{p}_i = \lambda_i\boldsymbol{p}_i \ (i = 1, 2, \ldots, n)$
(ただし，$\boldsymbol{p}_i$ は P の第 i 列)
$\iff \boldsymbol{p}_i$ は A の固有値 λ_i に対する固有ベクトル

対角化可能性判定条件　n 次正方行列 A について，以下が成り立つ．

- $\lambda_1, \lambda_2, \ldots, \lambda_m$: A のすべての相異なる固有値，
  V_{λ_i}: 固有値 λ_i に対する固有空間
  とするとき，

$$A : \text{対角化可能} \iff \dim V_{\lambda_1} + \dim V_{\lambda_2} + \cdots + \dim V_{\lambda_m} = n$$

- A が n 個の相異なる固有値をもつ $\Longrightarrow$ A は対角化可能．
- $\lambda_1, \lambda_2, \ldots, \lambda_m$: A のすべての相異なる固有値，A の固有多項式の因数分解が $F_A(x) = (x-\lambda_1)^{k_1}(x-\lambda_2)^{k_2}\cdots(x-\lambda_m)^{k_m}$ であるとき，

$$A : \text{対角化可能} \iff \begin{array}{l} \text{すべての } i = 1, 2, \ldots, m \text{ に対して，} \\ k_i = n - \operatorname{rank}(\lambda_i E_n - A) \end{array}$$

(!) 各固有値の固有空間の次元は 1 以上である．(固有値の定義より少なくとも 1 つは固有ベクトルをもつから) したがって，相異なる n 個の固有値をもつ n 次正方行列の各固有値の固有空間は 1 次元である．

(!) k_i を固有値 λ_i の**重複度**という．

実対称行列の対角化

- A が実対称行列 $\overset{\text{定義}}{\iff}$ A は実正方行列，かつ，${}^t A = A$
- n 次正方行列 T が直交行列 $\overset{\text{定義}}{\iff}$ T は実正方行列，かつ，${}^t T T = E_n$
- 実対称行列の固有値はすべて実数である．
- 実対称行列の相異なる固有値に対する固有ベクトルは互いに直交する．
- 実対称行列 A に対し，$T^{-1}AT$ が対角行列となる直交行列 T が存在する．

解説　n 次の直交行列 T は $\boldsymbol{R}^n$ の正規直交基底を並べて得られる行列である．さらに，$\boldsymbol{R}^n$ の標準的な正規直交基底である標準基底を別の正規直交基底に写す基底の変換行列でもある．直交行列によって対角化できるというのは，基底変換を正規直交基底に限定して，表現行列が対角化できるということである．

(!) 実対称行列はつねに対角化可能であるということ，さらに，A を対角化する行列 T として単なる正則行列ではなく，直交行列がとれる，ということが重要である．

エルミート行列の対角化

- A がエルミート行列 $\overset{\text{定義}}{\iff}$ A は複素正方行列，かつ，${}^t\overline{A} = A$
- n 次正方行列 U がユニタリー行列 $\overset{\text{定義}}{\iff}$ U は正方行列，かつ，${}^t\overline{U}U = E_n$
- エルミート行列の固有値はすべて実数である．
- エルミート行列の相異なる固有値に対する固有ベクトルは互いに直交する．
- エルミート行列 A に対し，$U^{-1}AU$ が対角行列となるユニタリー行列 U が存在する．

解説　n 次のユニタリー行列 U は $\boldsymbol{C}^n$ の正規直交基底を並べて得られる行列である．さらに，$\boldsymbol{C}^n$ の標準的な正規直交基底である標準基底を別の正規直交基底に写す基底の変換行列でもある．ユニタリー行列によって対角化できるというのは，基底変換を正規直交基底に限定して，表現行列が対角化できるということである．

33. 固有値と固有空間の基底を求める

◆――◆ 【解法 33】 ◆――◆

n 次正方行列 A の固有値と固有空間の基底の求め方.

> **ポイント** 固有多項式は x の多項式を成分とする行列式であるから, 基本変形と行または列に関する展開を組み合わせて計算する. 固有値を求めた後, 固有空間の基底を求める問題は, 方程式 $(A - \lambda E)\boldsymbol{x} = \boldsymbol{0}$ の解空間の基底を求める問題に帰着する (→ p. 31 解法 11).

♢ 解空間は必ず $\{\boldsymbol{0}\}$ ではないことに注意.

手順1 固有多項式 $F_A(x) = |xE_n - A|$ を (基本変形と行や列の展開を用いて) 計算する.

手順2 固有方程式 $F_A(x) = 0$ を解いて固有値 λ をすべて求める.

手順3 **手順2** で求めた各固有値 λ に対し, 斉次連立 1 次方程式 $(\lambda E_n - A)\boldsymbol{x} = \boldsymbol{0}$ を解いて, 解空間の基底を求める. この解空間の基底が, 固有値 λ に対する固有空間 V_λ の基底である.

注意 固有多項式の計算では, 成分に変数が含まれる行列式を計算しなくてはならないが, 文字式を分母にした式をある行または列にかけて他の行に加える, という変形は, 分母が 0 になるかどうかで場合分けをしなくてはならなくなるだけでなく, 文字式が分母に入ることで計算が煩雑になって計算間違いのもとになるので, 避けるべきである.

$$\begin{vmatrix} x & 1 & 1 \\ 1 & x & 1 \\ 1 & 1 & x \end{vmatrix} \begin{matrix} \downarrow -\frac{1}{x} \\ \downarrow -\frac{1}{x} \end{matrix} = \begin{vmatrix} x & 1 & 1 \\ 0 & x - \frac{1}{x} & 1 - \frac{1}{x} \\ 0 & 1 - \frac{1}{x} & x - \frac{1}{x} \end{vmatrix} \quad \times$$

> **チェック** 固有多項式についての性質は, 計算ミスのチェックに利用できる.
> □ 固有多項式は x の n 次多項式で, x^n の係数は 1.
> □ x^{n-1} の係数はすべての固有値 (重複度を含めて n 個) の和 $\times (-1)$
> □ 定数項はすべての固有値 (重複度を含めて n 個) の積 $\times (-1)^n$
>
> 固有空間の基底については, 次のことをチェックする.
> □ 固有値 λ の固有空間の基底を構成するすべてのベクトル $\boldsymbol{v}_1, \boldsymbol{v}_2, \ldots, \boldsymbol{v}_k$ について, $A\boldsymbol{v}_i = \lambda \boldsymbol{v}_i \ (i = 1, 2, \ldots, k)$ が成り立つ.
> □ 固有空間の次元が $n - \text{rank}(\lambda E_n - A)$ と一致している.
> (固有空間の次元は必ず 1 次元以上あるので, $(\lambda E_n - A)\boldsymbol{x} = \boldsymbol{0}$ を解いて自明な解 $\boldsymbol{x} = \boldsymbol{0}$ しかないという答えがでてきたら計算間違いをしている. 固有値の計算および係数行列 $\lambda E_n - A$ の基本変形をよく確かめよう.)

♢ 固有値の和は行列の対角成分の和に等しい.

♢ つまり, $\text{rank}(\lambda E_n - A) = n$ となったということ. $\text{rank}(\lambda E_n - A) < n$ が λ が固有値であるための条件であったから, これはおかしい.

例題 33　行列 $A = \begin{pmatrix} -2 & -3 & -3 \\ 0 & 3 & 5 \\ 0 & -1 & -3 \end{pmatrix}$ の固有値と固有空間の基底・次元を求めよ.

解　まず, A の固有多項式 $F_A(x) = |xE_3 - A|$ を求める.

☞ 手順1　固有多項式を求める.

$$|xE_3 - A| = \begin{vmatrix} x+2 & 3 & 3 \\ 0 & x-3 & -5 \\ 0 & 1 & x+3 \end{vmatrix} = (x+2)\begin{vmatrix} x-3 & -5 \\ 1 & x+3 \end{vmatrix}$$
$$= (x+2)(x^2-4) = (x+2)^2(x-2)$$

よって, A の固有方程式 $|xE_3 - A| = 0$ の解は $x = 2, -2$ となるので, A の固有値は, $2, -2$ である.

☞ 手順2　固有値をすべて求める.

まず, 連立 1 次方程式 $(2E_3 - A)\boldsymbol{x} = \boldsymbol{0}$ を解く.

☞ 手順3　固有値 2 の固有空間を求める.

$$2E_3 - A = \begin{pmatrix} 4 & 3 & 3 \\ 0 & -1 & -5 \\ 0 & 1 & 5 \end{pmatrix} \begin{matrix} \uparrow +3 \\ \\ \downarrow +1 \end{matrix} \longrightarrow \begin{pmatrix} 4 & 0 & -12 \\ 0 & -1 & -5 \\ 0 & 0 & 0 \end{pmatrix} \begin{matrix} \times\frac{1}{4} \\ \times(-1) \\ \end{matrix} \longrightarrow \begin{pmatrix} 1 & 0 & -3 \\ 0 & 1 & 5 \\ 0 & 0 & 0 \end{pmatrix}$$

より, 解は $\boldsymbol{x} = t\begin{pmatrix} 3 \\ -5 \\ 1 \end{pmatrix}$ $(t \in \boldsymbol{R})$ と表せるので, 固有値 2 の固有空間は 1 次元で, その基底として $\begin{pmatrix} 3 \\ -5 \\ 1 \end{pmatrix}$ がとれる.

次に, 連立 1 次方程式 $(-2E_3 - A)\boldsymbol{x} = \boldsymbol{0}$ を解く.

☞ 手順3　固有値 -2 の固有空間を求める.

$$-2E_3 - A = \begin{pmatrix} 0 & 3 & 3 \\ 0 & -5 & -5 \\ 0 & 1 & 1 \end{pmatrix} \begin{matrix} \downarrow +\frac{5}{3} \\ \\ \downarrow -\frac{1}{3} \end{matrix} \longrightarrow \begin{pmatrix} 0 & 3 & 3 \\ 0 & 0 & 0 \\ 0 & 0 & 0 \end{pmatrix} \times\frac{1}{3} \longrightarrow \begin{pmatrix} 0 & 1 & 1 \\ 0 & 0 & 0 \\ 0 & 0 & 0 \end{pmatrix}$$

より, 解は $\boldsymbol{x} = s\begin{pmatrix} 1 \\ 0 \\ 0 \end{pmatrix} + t\begin{pmatrix} 0 \\ -1 \\ 1 \end{pmatrix}$ $(s, t \in \boldsymbol{R})$ と表せるので, 固有値 -2 の固有空間は 2 次元で, その基底として $\begin{pmatrix} 1 \\ 0 \\ 0 \end{pmatrix}, \begin{pmatrix} 0 \\ -1 \\ 1 \end{pmatrix}$ がとれる. ∎

注意　上の例題のように, 行列の形によっては, 固有空間の基底を求める際に, 斉次連立 1 次方程式の係数行列の列ベクトルに零ベクトルが含まれることがある. このような場合, 零ベクトルになっている列に対応する未知数は「任意の実数」となることに注意しよう.

《演　習》

問題 33　次の行列 A の固有値と固有空間の基底・次元を求めよ.

(1) $\begin{pmatrix} 0 & -1 & 0 \\ 2 & 3 & 0 \\ 0 & 0 & 2 \end{pmatrix}$　(2) $\begin{pmatrix} -2 & 0 & 0 \\ -2 & 2 & 2 \\ 6 & -12 & -8 \end{pmatrix}$

(3) $\begin{pmatrix} 0 & -2 & 1 \\ -1 & 1 & -1 \\ 4 & 4 & 3 \end{pmatrix}$　(4) $\begin{pmatrix} -9 & -16 & -20 \\ 2 & 3 & -2 \\ 2 & 4 & 9 \end{pmatrix}$

34. 対角化可能性を判定する

【解法 34】

n 次正方行列 $A=(a_{ij})$ が対角化可能か判定し，対角化可能な場合には，$P^{-1}AP$ が対角行列となるような P と対角行列 $P^{-1}AP$ の求め方．

ポイント 対角化可能かどうかの判定は，固有空間の次元の和が n になるかどうかで判定できる．これは，固有値の重複度がすべて 1 (異なる固有値が n 個) のときは必ず成り立つ．また，重複度と固有空間の次元がすべての固有値について一致しているときにも成り立つ．対角化可能な場合には，各固有空間の基底を求めてそれらを並べた行列を P とすれば，$P^{-1}AP$ は対角行列となる．

手順 1 固有多項式 $F_A(x)=|xE_n-A|$ を (基本変形と行や列の展開を用いて) 計算し，固有方程式 $F_A(x)=0$ を解いて，固有値 λ と各固有値の重複度 (固有方程式の解としての重複度) をすべて求める．

手順 2 **手順 1** で求めた各固有値 λ に対し，斉次連立 1 次方程式 $(\lambda E_n-A)\boldsymbol{x}=\boldsymbol{0}$ を解いて解空間の基底を求めることで，固有値 λ に対する固有空間 V_λ の基底を求める．

(!) m_λ を固有値 λ の重複度とすると，

$$1 \leqq \dim V_\lambda \leqq m_\lambda$$

が成り立つ．とくに，

$$m_\lambda = 1 \Rightarrow \dim V_\lambda = 1$$

手順 3 固有空間の次元の和と A の次数を比較する．

場合分け① 一致しなければ対角化不可能である．

場合分け② 一致すれば対角化可能であり，次の **手順 4** へ．

手順 4 対角化可能のときは，各固有空間の基底を並べた行列 P をとる．

$$P=(\boldsymbol{p}_1\ \boldsymbol{p}_2\ \cdots\ \boldsymbol{p}_n)$$

このとき，P は正則で，$A\boldsymbol{p}_j=\lambda_j\boldsymbol{p}_j$ $(j=1,2,\ldots,n)$ とするとき，次が成り立つ．

$$P^{-1}AP=\begin{pmatrix}\lambda_1 & & & 0\\ & \lambda_2 & & \\ & & \ddots & \\ 0 & & & \lambda_n\end{pmatrix}$$

注意 **手順 2** で，固有空間の次元の和と A の次数を比較するかわりに，各固有値 λ について，固有方程式の解としての λ の重複度と $n-\mathrm{rank}(\lambda E_n-A)$ が一致するかどうかで判定してもよい．1 つでも λ の重複度と $n-\mathrm{rank}(\lambda E_n-A)$ が一致しないものがあるときは対角化不可能である．

チェック
- ❑ P の各列ベクトル $\boldsymbol{p}_j$ に対し，$A\boldsymbol{p}_j=\lambda_j\boldsymbol{p}_j$ となること．
- ❑ P が正則 (各固有値 λ ごとに対応する固有ベクトルが 1 次独立) であること．
  ($P^{-1}AP$ を計算する必要はないことに注意しよう．)

(!) **異なる固有値**に対する固有ベクトルは互いに 1 次独立である．

例題 34.1 次の行列 A が対角化可能であるかどうか調べ，対角化可能な場合には，$P^{-1}AP$ が対角行列となるような P と $P^{-1}AP$ を求めよ．

$$A=\begin{pmatrix}1&2&-1\\1&2&-1\\2&4&-2\end{pmatrix}$$

解 A の固有多項式 $F_A(x)=|xE_3-A|$ を求めると，　☜手順 1

$$F_A(x)=\begin{vmatrix}x-1&-2&1\\-1&x-2&1\\-2&-4&x+2\end{vmatrix}\overset{\uparrow -1}{=}\begin{vmatrix}x&-x&0\\-1&x-2&1\\-2&-4&x+2\end{vmatrix}$$

第 1 行について展開して，

$$=x\begin{vmatrix}x-2&1\\-4&x+2\end{vmatrix}-(-x)\begin{vmatrix}-1&1\\-2&x+2\end{vmatrix}$$

$$=x\cdot x^2+x(-x)=x^2(x-1)$$

となるから，固有値は 0 (重複度 2) と 1 である．

固有値 0 に対する固有空間は $(0\cdot E_3-A)\boldsymbol{x}=\boldsymbol{0}$ の解空間である．$0\cdot E_3-A$ を行に関して基本変形すると，　☜手順 2 固有値 0 の固有空間．

$$0\cdot E_3-A=\begin{pmatrix}-1&-2&1\\-1&-2&1\\-2&-4&2\end{pmatrix}\begin{matrix}\\ \downarrow -1\\ \downarrow -2\end{matrix}\longrightarrow\begin{pmatrix}-1&-2&1\\0&0&0\\0&0&0\end{pmatrix}\times(-1)\longrightarrow\begin{pmatrix}1&2&-1\\0&0&0\\0&0&0\end{pmatrix}$$

となるから，$(0\cdot E_3-A)\boldsymbol{x}=\boldsymbol{0}$ の解は，$\boldsymbol{x}=s\begin{pmatrix}-2\\1\\0\end{pmatrix}+t\begin{pmatrix}1\\0\\1\end{pmatrix}$ $(s,t\in\boldsymbol{R})$ と表せる．よって，固有値 0 に対する固有空間の基底として $\begin{pmatrix}-2\\1\\0\end{pmatrix},\begin{pmatrix}1\\0\\1\end{pmatrix}$ がとれる．

また，固有値 1 に対する固有空間は $(E_3-A)\boldsymbol{x}=\boldsymbol{0}$ の解空間である．E_3-A を行に関して基本変形すると，　☜手順 2 固有値 1 の固有空間．

$$E_3-A=\begin{pmatrix}0&-2&1\\-1&-1&1\\-2&-4&3\end{pmatrix}\updownarrow\longrightarrow\begin{pmatrix}-1&-1&1\\0&-2&1\\-2&-4&3\end{pmatrix}\downarrow_{-2}\longrightarrow\begin{pmatrix}-1&-1&1\\0&-2&1\\0&-2&1\end{pmatrix}\begin{matrix}\uparrow -\frac{1}{2}\\ \\ \downarrow -1\end{matrix}$$

$$\longrightarrow\begin{pmatrix}-1&0&\frac{1}{2}\\0&-2&1\\0&0&0\end{pmatrix}\begin{matrix}\times(-1)\\ \times\left(-\frac{1}{2}\right)\\ \\ \end{matrix}\longrightarrow\begin{pmatrix}1&0&-\frac{1}{2}\\0&1&-\frac{1}{2}\\0&0&0\end{pmatrix}$$

となるから，$(E_3-A)\boldsymbol{x}=\boldsymbol{0}$ の解は，$\boldsymbol{x}=t\begin{pmatrix}1\\1\\2\end{pmatrix}$ $(t\in\boldsymbol{R})$ と表せる．よって，固有値 1 に対する固有空間の基底として $\begin{pmatrix}1\\1\\2\end{pmatrix}$ がとれる．　☜手順 3 場合分け②

固有空間の次元の和が $2+1=3$ と A の次数と一致するから対角化可能であり，

$P=\begin{pmatrix}-2&1&1\\1&0&1\\0&1&2\end{pmatrix}$ とおけば $P^{-1}AP=\begin{pmatrix}0&0&0\\0&0&0\\0&0&1\end{pmatrix}$ となる．■　☜手順 4

例題 34.2 次の行列 A が対角化可能であるかどうか調べ，対角化可能な場合には，$P^{-1}AP$ が対角行列となるような P と $P^{-1}AP$ を求めよ．

$$A = \begin{pmatrix} -10 & 5 & 36 \\ 6 & 0 & -18 \\ -5 & 2 & 17 \end{pmatrix}$$

手順1 ☞ 解 A の固有多項式 $F_A(x)$ を計算する．

$$F_A(x) = \begin{vmatrix} x+10 & -5 & -36 \\ -6 & x & 18 \\ 5 & -2 & x-17 \end{vmatrix} \overset{+2}{\uparrow} = \begin{vmatrix} x-2 & 2x-5 & 0 \\ -6 & x & 18 \\ 5 & -2 & x-17 \end{vmatrix}$$

第 3 列について展開して，

$$\begin{aligned} &= -18\begin{vmatrix} x-2 & 2x-5 \\ 5 & -2 \end{vmatrix} + (x-17)\begin{vmatrix} x-2 & 2x-5 \\ -6 & x \end{vmatrix} \\ &= -18(-12x+29) + (x-17)(x^2+10x-30) \\ &= x^3 - 7x^2 + 16x - 12 \\ &= (x-2)^2(x-3) \end{aligned}$$

したがって，固有値は 2 (重複度 2) と 3 である．固有値 2 に対する固有空間は，$(2E_3 - A)\boldsymbol{x} = \boldsymbol{0}$ の解空間である．$2E_3 - A$ を行に関して基本変形すると

手順2 ☞ 重複度 > 1 の固有値に対する固有空間を調べる．

$$2E_3 - A = \begin{pmatrix} 12 & -5 & -36 \\ -6 & 2 & 18 \\ 5 & -2 & -15 \end{pmatrix} \begin{matrix} \uparrow +2 \\ \\ \downarrow +1 \end{matrix} \longrightarrow \begin{pmatrix} 0 & -1 & 0 \\ -6 & 2 & 18 \\ -1 & 0 & 3 \end{pmatrix} \updownarrow \longrightarrow \begin{pmatrix} -1 & 0 & 3 \\ -6 & 2 & 18 \\ 0 & -1 & 0 \end{pmatrix} \downarrow_{-6}$$

$$\longrightarrow \begin{pmatrix} -1 & 0 & 3 \\ 0 & 2 & 0 \\ 0 & 1 & 0 \end{pmatrix} \downarrow_{-\frac{1}{2}} \longrightarrow \begin{pmatrix} -1 & 0 & 3 \\ 0 & 2 & 0 \\ 0 & 0 & 0 \end{pmatrix} \begin{matrix} \times(-1) \\ \times\frac{1}{2} \\ \\ \end{matrix} \longrightarrow \begin{pmatrix} 1 & 0 & -3 \\ 0 & 1 & 0 \\ 0 & 0 & 0 \end{pmatrix}$$

手順3 場合分け① ☞ となる．よって，$\operatorname{rank} 2E_3 - A = 2$ であり，$\dim V_2 = 1$ となる．固有値 2 の重複度は 2 であるから，固有値の重複度と固有空間の次元が一致しないことになり，A は対角化不可能である． ■

《演　習》

問題 34 次の行列が対角化できるかどうか答えよ．また，対角化できる場合には，$P^{-1}AP$ が対角行列となるような P と $P^{-1}AP$ を求めよ．

(1) $\begin{pmatrix} 3 & 2 & 3 \\ 0 & 2 & 1 \\ 0 & 0 & 1 \end{pmatrix}$　　(2) $\begin{pmatrix} 2 & 2 & 3 \\ 0 & 2 & 1 \\ 0 & 0 & 1 \end{pmatrix}$

(3) $\begin{pmatrix} 5 & -3 & -2 \\ 3 & -1 & -2 \\ -1 & 1 & 3 \end{pmatrix}$　　(4) $\begin{pmatrix} -2 & 1 & 1 \\ 2 & -4 & -3 \\ 0 & 2 & 0 \end{pmatrix}$

(5) $\begin{pmatrix} 6 & 5 & -11 \\ -4 & -3 & 7 \\ 2 & 2 & -4 \end{pmatrix}$　　(6) $\begin{pmatrix} 5 & 5 & 7 \\ -18 & -14 & -14 \\ 0 & 0 & -4 \end{pmatrix}$

35. 実対称行列を直交行列で対角化する

【解法 35】

n 次実対称行列 A の直交行列による対角化 $D = {}^tTAT$ における直交行列 T と対角行列 D の求め方.

ポイント 実対称行列は必ず対角化できる．さらに，**すべての固有値が実数**であり，**異なる固有値に対する固有ベクトルが互いに直交**しているという性質をもつことから，直交行列 $T = (\boldsymbol{u}_1\ \boldsymbol{u}_2\ \cdots\ \boldsymbol{u}_n)$ を用いて，$T^{-1}AT$ が対角行列となるようにできる．

手順 1 固有多項式 $F_A(x) = |xE_n - A|$ を (基本変形と行や列の展開を用いて) 計算し，固有方程式 $F_A(x) = 0$ を解いて，固有値 λ と各固有値の重複度 (固有方程式の解としての重複度) をすべて求める．

(!) 実対称行列の固有値はすべて実数なので，固有方程式の解も実数で求められる．

手順 2 **手順 1** で求めた各固有値 λ に対し，斉次連立 1 次方程式 $(\lambda E_n - A)\boldsymbol{x} = \boldsymbol{0}$ を解いて解空間の基底を求めることで，固有値 λ に対する固有空間 V_λ の基底を求める．

(!) 固有値がすべて実数なので，固有空間の基底も実数ベクトルのみで構成できる．

手順 3 **手順 2** で求めた各固有空間の基底にグラム・シュミットの直交化法を適用して，各固有空間の正規直交基底を求める．

(!) 数ベクトルの内積は標準内積を用いる．

手順 4 **手順 3** で求めた各固有空間の正規直交基底を並べた行列を

$$T = (\boldsymbol{u}_1\ \boldsymbol{u}_2\ \cdots\ \boldsymbol{u}_n)$$

とおくと，T は直交行列で，$j = 1, 2, \ldots, n$ に対して，$\boldsymbol{u}_j$ が固有値 λ_j の固有ベクトルであるとき，次のように対角化される．

$$T^{-1}AT = \begin{pmatrix} \lambda_1 & & & \text{\Large 0} \\ & \lambda_2 & & \\ & & \ddots & \\ \text{\Large 0} & & & \lambda_n \end{pmatrix}$$

(!) $T^{-1} = {}^tT$ であるから，${}^tTAT$ が対角行列になる．

チェック
- ❑ T の各列ベクトル $\boldsymbol{u}_j$ に対し，$A\boldsymbol{u}_j = \lambda_j \boldsymbol{u}_j$ となること．
- ❑ T の列ベクトルが互いに直交していて，長さが 1 であること．

($T^{-1}AT$ を計算する必要はないことに注意しよう．)

注意 固有空間の正規直交基底を求めることは，実対称行列のように，固有空間どうしが互いに直交するものに対してのみ意味をもつ．一般の正方行列の場合には，一般に固有空間どうしは直交しないので，固有空間の基底にグラム・シュミットの直交化法を適用することは意味をなさない．

解説 上の手順は，**エルミート行列**に対しても実行できる．ただし，複素数成分となるので，**ユニタリー行列による対角化**になる．

(!) $\boldsymbol{C}^n$ の正規直交基底を並べて得られる行列はユニタリー行列になる．

例題 35.1　実対称行列 $A = \begin{pmatrix} 3 & 1 & 1 \\ 1 & 3 & 1 \\ 1 & 1 & 3 \end{pmatrix}$ を直交行列で対角化せよ．
(A を対角化する直交行列 T と，対角行列 $T^{-1}AT$ を答えよ．)

手順1☞　解　固有多項式 $F_A(x) = |xE_3 - A|$ を計算する．

$$\begin{vmatrix} x-3 & -1 & -1 \\ -1 & x-3 & -1 \\ -1 & -1 & x-3 \end{vmatrix} \overset{\uparrow -1}{=} \begin{vmatrix} x-2 & 2-x & 0 \\ -1 & x-3 & -1 \\ -1 & -1 & x-3 \end{vmatrix} \overset{+1 \rightarrow}{=} \begin{vmatrix} x-2 & 0 & 0 \\ -1 & x-4 & -1 \\ -1 & -2 & x-3 \end{vmatrix}$$

$$= (x-2)(x^2 - 7x + 10) = (x-2)^2(x-5)$$

より，固有値は 2 (重複度 2) と 5 である．

手順2☞　固有値 2 に対する固有空間は

$$2E_3 - A = \begin{pmatrix} -1 & -1 & -1 \\ -1 & -1 & -1 \\ -1 & -1 & -1 \end{pmatrix} \begin{matrix} \downarrow -1 \\ \downarrow -1 \end{matrix} \longrightarrow \begin{pmatrix} -1 & -1 & -1 \\ 0 & 0 & 0 \\ 0 & 0 & 0 \end{pmatrix} \times(-1) \longrightarrow \begin{pmatrix} 1 & 1 & 1 \\ 0 & 0 & 0 \\ 0 & 0 & 0 \end{pmatrix}$$

手順3☞　より，$\begin{pmatrix} -1 \\ 1 \\ 0 \end{pmatrix}, \begin{pmatrix} -1 \\ 0 \\ 1 \end{pmatrix}$ を基底にもつ．この基底にグラム・シュミットの直交化法を適用して，正規直交基底 $\frac{1}{\sqrt{2}}\begin{pmatrix} -1 \\ 1 \\ 0 \end{pmatrix}, \frac{1}{\sqrt{6}}\begin{pmatrix} -1 \\ -1 \\ 2 \end{pmatrix}$ が得られる．

固有値 5 に対する固有空間は

手順2☞

$$5E_3 - A = \begin{pmatrix} 2 & -1 & -1 \\ -1 & 2 & -1 \\ -1 & -1 & 2 \end{pmatrix} \uparrow +1 \longrightarrow \begin{pmatrix} 1 & 1 & -2 \\ -1 & 2 & -1 \\ -1 & -1 & 2 \end{pmatrix} \begin{matrix} \downarrow +1 \\ \downarrow +1 \end{matrix} \longrightarrow \begin{pmatrix} 1 & 1 & -2 \\ 0 & 3 & -3 \\ 0 & 0 & 0 \end{pmatrix} \times \tfrac{1}{3}$$

$$\longrightarrow \begin{pmatrix} 1 & 1 & -2 \\ 0 & 1 & -1 \\ 0 & 0 & 0 \end{pmatrix} \uparrow -1 \longrightarrow \begin{pmatrix} 1 & 0 & -1 \\ 0 & 1 & -1 \\ 0 & 0 & 0 \end{pmatrix}$$

手順3☞　より，基底として $\begin{pmatrix} 1 \\ 1 \\ 1 \end{pmatrix}$ がとれるので，正規直交基底 $\frac{1}{\sqrt{3}}\begin{pmatrix} 1 \\ 1 \\ 1 \end{pmatrix}$ を得る．以上より，

手順4☞　$T = \begin{pmatrix} -\frac{1}{\sqrt{2}} & -\frac{1}{\sqrt{6}} & \frac{1}{\sqrt{3}} \\ \frac{1}{\sqrt{2}} & -\frac{1}{\sqrt{6}} & \frac{1}{\sqrt{3}} \\ 0 & \frac{2}{\sqrt{6}} & \frac{1}{\sqrt{3}} \end{pmatrix}$ とおくと，T は直交行列で，$T^{-1}AT = \begin{pmatrix} 2 & 0 & 0 \\ 0 & 2 & 0 \\ 0 & 0 & 5 \end{pmatrix}$． ∎

《演　習》

問題 35.1　次の実対称行列 A を直交行列で対角化せよ．(A を対角化する直交行列 T と，対角行列 $T^{-1}AT$ を答えよ．)

(1)　$A = \begin{pmatrix} 3 & 2 \\ 2 & 6 \end{pmatrix}$　　(2)　$A = \begin{pmatrix} 7 & 6 \\ 6 & 7 \end{pmatrix}$

(3)　$A = \begin{pmatrix} 3 & 0 & -2 \\ 0 & 1 & -2 \\ -2 & -2 & 2 \end{pmatrix}$　　(4)　$A = \begin{pmatrix} 0 & 1 & -2 \\ 1 & 0 & 2 \\ -2 & 2 & -3 \end{pmatrix}$

例題 35.2 エルミート行列 $A=\begin{pmatrix}1 & i\\ -i & 1\end{pmatrix}$ をユニタリー行列で対角化せよ．(A を対角化するユニタリー行列 U と，対角行列 $U^{-1}AU$ を答えよ．)

解　固有多項式 $F_A(x)=|xE_2-A|$ を計算する．　☞手順1

$$F_A(x)=|xE_2-A|=\begin{vmatrix}x-1 & -i\\ i & x-1\end{vmatrix}=x^2-2x=x(x-2)$$

より，固有値は 2 と 0 である．

固有値 2 に対する固有空間は

$$2E_2-A=\begin{pmatrix}1 & -i\\ i & 1\end{pmatrix}\downarrow_{-i}\longrightarrow\begin{pmatrix}1 & -i\\ 0 & 0\end{pmatrix}$$　☞手順2

より $\begin{pmatrix}i\\1\end{pmatrix}$ を基底にもつので，正規直交基底として $\dfrac{1}{\sqrt{2}}\begin{pmatrix}i\\1\end{pmatrix}$ が得られる．　☞手順3

固有値 0 に対する固有空間は

$$0\cdot E_2-A=\begin{pmatrix}-1 & -i\\ i & -1\end{pmatrix}\downarrow_{+i}\longrightarrow\begin{pmatrix}-1 & -i\\ 0 & 0\end{pmatrix}^{\times(-1)}\longrightarrow\begin{pmatrix}1 & i\\ 0 & 0\end{pmatrix}$$　☞手順2

より $\begin{pmatrix}i\\-1\end{pmatrix}$ を基底にもつので，正規直交基底として $\dfrac{1}{\sqrt{2}}\begin{pmatrix}i\\-1\end{pmatrix}$ が得られる．　☞手順3

以上より，$U=\dfrac{1}{\sqrt{2}}\begin{pmatrix}i & i\\ 1 & -1\end{pmatrix}$ とおくと，U はユニタリー行列で，$U^*AU=$　☞手順4

$\begin{pmatrix}2 & 0\\ 0 & 0\end{pmatrix}$ である．　■

《演　習》

問題 35.2 次のエルミート行列 A をユニタリー行列で対角化せよ．(A を対角化するユニタリー行列 U と，対角行列 $U^{-1}AU$ を答えよ．) ただし，$\omega=\dfrac{-1+\sqrt{3}i}{2}$ とする．

(1)　$A=\begin{pmatrix}0 & \omega\\ \omega^2 & 0\end{pmatrix}$　　(2)　$A=\begin{pmatrix}1 & -1+i\\ -1-i & 0\end{pmatrix}$

(3)　$A=\begin{pmatrix}0 & i & 1\\ -i & 0 & i\\ 1 & -i & 0\end{pmatrix}$

解説　エルミート行列のユニタリー行列による対角化の手順は，実対称行列の直交行列による手順をなぞることで実行できる．実対称行列の対角化と違うところは，手順2 の斉次連立 1 次方程式の係数が複素数となるため固有空間の基底が複素数ベクトルとなること，手順3 では複素標準内積のもとでのグラム・シュミットの直交化法を適用すること，手順4 で固有空間の正規直交基底を並べてつくる行列がユニタリー行列になること，の三点である．

問題解答

問題 1　(1)　方向ベクトルは $\begin{pmatrix} -3 \\ 2 \\ -1 \end{pmatrix}$，パラメータ表示は $\boldsymbol{x} = \begin{pmatrix} 2 \\ 1 \\ 5 \end{pmatrix} + t\begin{pmatrix} -3 \\ 2 \\ -1 \end{pmatrix}$ $(t \in \boldsymbol{R})$，方程式は $-\dfrac{x-2}{3} = \dfrac{y-1}{2} = -z+5$.

(2)　方向ベクトルは $\begin{pmatrix} 1 \\ 0 \\ -4 \end{pmatrix}$，パラメータ表示は $\boldsymbol{x} = \begin{pmatrix} 1 \\ 1 \\ 3 \end{pmatrix} + t\begin{pmatrix} 1 \\ 0 \\ -4 \end{pmatrix}$ $(t \in \boldsymbol{R})$，方程式は $x-1 = -\dfrac{z-3}{4}, y = 1$.

(3)　方向ベクトルは $\begin{pmatrix} 0 \\ 1 \\ 0 \end{pmatrix}$，パラメータ表示は $\boldsymbol{x} = \begin{pmatrix} 1 \\ 1 \\ 5 \end{pmatrix} + t\begin{pmatrix} 0 \\ 1 \\ 0 \end{pmatrix}$ $(t \in \boldsymbol{R})$，方程式は $x = 1, z = 5$.

問題 2　(1) 平面に平行なベクトルは $\begin{pmatrix} -1 \\ -1 \\ -2 \end{pmatrix}, \begin{pmatrix} 1 \\ 0 \\ 1 \end{pmatrix}$，パラメータ表示は $\boldsymbol{x} = \begin{pmatrix} 3 \\ 1 \\ 1 \end{pmatrix} + s\begin{pmatrix} -1 \\ -1 \\ -2 \end{pmatrix} + t\begin{pmatrix} 1 \\ 0 \\ 1 \end{pmatrix}$　$(s, t \in \boldsymbol{R})$.

(2) 平面に平行なベクトルは $\begin{pmatrix} 1 \\ 0 \\ 1 \end{pmatrix}, \begin{pmatrix} 2 \\ 0 \\ -4 \end{pmatrix}$，パラメータ表示は $\boldsymbol{x} = \begin{pmatrix} 1 \\ -1 \\ 3 \end{pmatrix} + s\begin{pmatrix} 1 \\ 0 \\ 1 \end{pmatrix} + t\begin{pmatrix} 2 \\ 0 \\ -4 \end{pmatrix}$　$(s, t \in \boldsymbol{R})$.

(3) 平面に平行なベクトルは $\begin{pmatrix} -4 \\ 0 \\ -3 \end{pmatrix}, \begin{pmatrix} -1 \\ -4 \\ -2 \end{pmatrix}$，パラメータ表示は $\boldsymbol{x} = \begin{pmatrix} 3 \\ 4 \\ 5 \end{pmatrix} + s\begin{pmatrix} -4 \\ 0 \\ -3 \end{pmatrix} + t\begin{pmatrix} -1 \\ -4 \\ -2 \end{pmatrix}$　$(s, t \in \boldsymbol{R})$.

問題 3　(1) $(3, 0, 0)$ を通り，$\begin{pmatrix} 2 \\ -1 \\ 0 \end{pmatrix}, \begin{pmatrix} 1 \\ 0 \\ 1 \end{pmatrix}$ は法線ベクトル $\begin{pmatrix} 1 \\ 2 \\ -1 \end{pmatrix}$ に垂直だから，$\boldsymbol{x} = \begin{pmatrix} 3 \\ 0 \\ 0 \end{pmatrix} + s\begin{pmatrix} 2 \\ -1 \\ 0 \end{pmatrix} + t\begin{pmatrix} 1 \\ 0 \\ 1 \end{pmatrix}$ $(s, t \in \boldsymbol{R})$.

(2) $(0, 0, -1)$ を通り，$\begin{pmatrix} 1 \\ 0 \\ 3 \end{pmatrix}, \begin{pmatrix} 0 \\ 1 \\ 0 \end{pmatrix}$ は法線ベクトル $\begin{pmatrix} 3 \\ 0 \\ -1 \end{pmatrix}$ に垂直だから，$\boldsymbol{x} = \begin{pmatrix} 0 \\ 0 \\ -1 \end{pmatrix} + s\begin{pmatrix} 1 \\ 0 \\ 3 \end{pmatrix} + t\begin{pmatrix} 0 \\ 1 \\ 0 \end{pmatrix}$　$(s, t \in \boldsymbol{R})$.

(3) $(2, 0, 0)$ を通り，$\begin{pmatrix} 0 \\ 1 \\ 0 \end{pmatrix}, \begin{pmatrix} 0 \\ 0 \\ 1 \end{pmatrix}$ は法線ベクトル $\begin{pmatrix} 1 \\ 0 \\ 0 \end{pmatrix}$ に垂直だから，$\boldsymbol{x} = \begin{pmatrix} 2 \\ 0 \\ 0 \end{pmatrix} + s\begin{pmatrix} 0 \\ 1 \\ 0 \end{pmatrix} + t\begin{pmatrix} 0 \\ 0 \\ 1 \end{pmatrix}$　$(s, t \in \boldsymbol{R})$.

(4) $(0, 0, 0)$ を通り，$\begin{pmatrix} 1 \\ 1 \\ 0 \end{pmatrix}, \begin{pmatrix} 3 \\ 0 \\ 1 \end{pmatrix}$ は法線ベクトル $\begin{pmatrix} 1 \\ -1 \\ -3 \end{pmatrix}$ に垂直だから，$\boldsymbol{x} = s\begin{pmatrix} 1 \\ 1 \\ 0 \end{pmatrix} + t\begin{pmatrix} 3 \\ 0 \\ 1 \end{pmatrix}$　$(s, t \in \boldsymbol{R})$.

問題 4　(1) $\begin{pmatrix} -2 \\ 1 \\ 1 \end{pmatrix}$ は $\begin{pmatrix} 1 \\ 2 \\ 0 \end{pmatrix}, \begin{pmatrix} 0 \\ 1 \\ -1 \end{pmatrix}$ の両方に垂直で，点 $(1, 0, 1)$ を通るから，$-2x + y + z = -1$.

(2) $\begin{pmatrix} 1 \\ 1 \\ -4 \end{pmatrix}$ は $\begin{pmatrix} 3 \\ 1 \\ 1 \end{pmatrix}, \begin{pmatrix} 2 \\ 2 \\ 1 \end{pmatrix}$ の両方に垂直で，点 $(1, 2, 3)$ を通るから，$x + y - 4z = -9$.

(3) $\begin{pmatrix} 0 \\ 0 \\ 1 \end{pmatrix}$ は $\begin{pmatrix} 2 \\ 1 \\ 0 \end{pmatrix}, \begin{pmatrix} 1 \\ 3 \\ 0 \end{pmatrix}$ の両方に垂直で，点 $(1, 2, 3)$ を通るから，$z = 3$.

問題 5　(1) $\begin{pmatrix} -1 \\ 2 \\ -7 \end{pmatrix}, \begin{pmatrix} 2 \\ 1 \\ 4 \end{pmatrix}$ は平面に平行，$\begin{pmatrix} 3 \\ -2 \\ -1 \end{pmatrix}$ はこれらに垂直で，点 A を通るから，$3x - 2y - z = 6$.

(2) $\begin{pmatrix}-2\\6\\8\end{pmatrix}, \begin{pmatrix}3\\1\\2\end{pmatrix}$ は平面に平行，$\begin{pmatrix}1\\7\\-5\end{pmatrix}$ はこれらに垂直で，点 A を通るから，$x+7y-5z=3$.

(3) $\begin{pmatrix}-3\\1\\-9\end{pmatrix}, \begin{pmatrix}-2\\-2\\-6\end{pmatrix}$ は平面に平行，$\begin{pmatrix}3\\0\\-1\end{pmatrix}$ はこれらに垂直で，点 A を通るから，$3x-z=1$.

問題 6.1 (1) $\begin{pmatrix}3\\-2\\2\end{pmatrix}$ (2) $\begin{pmatrix}4 & 11\\0 & 0\\1 & 0\end{pmatrix}$ (3) $\begin{pmatrix}-1 & 5 & 3\\-1 & 2 & 1\end{pmatrix}$ (4) $\begin{pmatrix}0 & 1 & -2\end{pmatrix}$

問題 6.2 A, B, C はそれぞれ 2×3, 2×4, 3×4 行列だから，${}^tA, {}^tB, {}^tC$ はそれぞれ 3×2, 4×2, 4×3 行列である．したがって，(1) から (9) のうちで積が定義できるのは (8), (9) で，積はそれぞれ

$$\begin{pmatrix}-1 & 1 & 0 & 3\\2 & 3 & -1 & 1\end{pmatrix}\begin{pmatrix}-1 & 2\\1 & 3\\0 & -1\\3 & 1\end{pmatrix} = \begin{pmatrix}11 & 4\\4 & 15\end{pmatrix},\quad \begin{pmatrix}-1 & 1 & 0 & 3\\2 & 3 & -1 & 1\end{pmatrix}\begin{pmatrix}1 & 2 & -1\\3 & -1 & -1\\1 & 0 & 3\\-1 & 2 & 1\end{pmatrix} = \begin{pmatrix}-1 & 3 & 3\\9 & 3 & -7\end{pmatrix}$$

問題 7.1 (1) $\begin{pmatrix}1\\3\end{pmatrix} = \boldsymbol{e}_1 + 3\boldsymbol{e}_2, \begin{pmatrix}3\\7\end{pmatrix} = 3\boldsymbol{e}_1 + 7\boldsymbol{e}_2$ より $\boldsymbol{e}_1 = -\dfrac{7}{2}\begin{pmatrix}1\\3\end{pmatrix} + \dfrac{3}{2}\begin{pmatrix}3\\7\end{pmatrix}, \boldsymbol{e}_2 = \dfrac{3}{2}\begin{pmatrix}1\\3\end{pmatrix} - \dfrac{1}{2}\begin{pmatrix}3\\7\end{pmatrix}$ だから，
$f(\boldsymbol{e}_1) = -\dfrac{7}{2}\begin{pmatrix}2\\5\end{pmatrix} + \dfrac{3}{2}\begin{pmatrix}4\\9\end{pmatrix} = \begin{pmatrix}-1\\-4\end{pmatrix}, f(\boldsymbol{e}_2) = \dfrac{3}{2}\begin{pmatrix}2\\5\end{pmatrix} - \dfrac{1}{2}\begin{pmatrix}4\\9\end{pmatrix} = \begin{pmatrix}1\\3\end{pmatrix}$．ゆえに f を表す行列は $\begin{pmatrix}-1 & 1\\-4 & 3\end{pmatrix}$.

(2) $\begin{pmatrix}5\\7\end{pmatrix} = 5\boldsymbol{e}_1 + 7\boldsymbol{e}_2, \begin{pmatrix}3\\1\end{pmatrix} = 3\boldsymbol{e}_1 + \boldsymbol{e}_2$ より $\boldsymbol{e}_1 = -\dfrac{1}{16}\begin{pmatrix}5\\7\end{pmatrix} + \dfrac{7}{16}\begin{pmatrix}3\\1\end{pmatrix}, \boldsymbol{e}_2 = \dfrac{3}{16}\begin{pmatrix}5\\7\end{pmatrix} - \dfrac{5}{16}\begin{pmatrix}3\\1\end{pmatrix}$ だから，
$f(\boldsymbol{e}_1) = -\dfrac{1}{16}\begin{pmatrix}26\\13\end{pmatrix} + \dfrac{7}{16}\begin{pmatrix}6\\11\end{pmatrix} = \begin{pmatrix}1\\4\end{pmatrix}, f(\boldsymbol{e}_2) = \dfrac{3}{16}\begin{pmatrix}26\\13\end{pmatrix} - \dfrac{5}{16}\begin{pmatrix}6\\11\end{pmatrix} = \begin{pmatrix}3\\-1\end{pmatrix}$．ゆえに f を表す行列は
$\begin{pmatrix}1 & 3\\4 & -1\end{pmatrix}$.

問題 7.2 $\begin{pmatrix}1\\0\\1\end{pmatrix} = \boldsymbol{e}_1 + \boldsymbol{e}_3, \begin{pmatrix}0\\1\\1\end{pmatrix} = \boldsymbol{e}_2 + \boldsymbol{e}_3, \begin{pmatrix}0\\0\\2\end{pmatrix} = 2\boldsymbol{e}_3$ より $\boldsymbol{e}_1 = \begin{pmatrix}1\\0\\1\end{pmatrix} - \dfrac{1}{2}\begin{pmatrix}0\\0\\2\end{pmatrix}, \boldsymbol{e}_2 = \begin{pmatrix}0\\1\\1\end{pmatrix} - \dfrac{1}{2}\begin{pmatrix}0\\0\\2\end{pmatrix}$,
$\boldsymbol{e}_3 = \dfrac{1}{2}\begin{pmatrix}0\\0\\2\end{pmatrix}$ だから，$f(\boldsymbol{e}_1) = \begin{pmatrix}2\\-1\end{pmatrix} - \dfrac{1}{2}\begin{pmatrix}4\\-6\end{pmatrix} = \begin{pmatrix}0\\2\end{pmatrix}, f(\boldsymbol{e}_2) = \begin{pmatrix}1\\2\end{pmatrix} - \dfrac{1}{2}\begin{pmatrix}4\\-6\end{pmatrix} = \begin{pmatrix}-1\\5\end{pmatrix}$,
$f(\boldsymbol{e}_3) = \dfrac{1}{2}\begin{pmatrix}4\\-6\end{pmatrix} = \begin{pmatrix}2\\-3\end{pmatrix}$．ゆえに f を表す行列は $\begin{pmatrix}0 & -1 & 2\\2 & 5 & -3\end{pmatrix}$.

問題 7.3 $\begin{pmatrix}1\\2\\-1\end{pmatrix} = \boldsymbol{e}_1 + 2\boldsymbol{e}_2 - \boldsymbol{e}_3, \begin{pmatrix}1\\3\\-2\end{pmatrix} = \boldsymbol{e}_1 + 3\boldsymbol{e}_2 - 2\boldsymbol{e}_3, \begin{pmatrix}-1\\-2\\2\end{pmatrix} = -\boldsymbol{e}_1 - 2\boldsymbol{e}_2 + 2\boldsymbol{e}_3$ より
$\boldsymbol{e}_1 = 2\begin{pmatrix}1\\2\\-1\end{pmatrix} - 2\begin{pmatrix}1\\3\\-2\end{pmatrix} - \begin{pmatrix}-1\\-2\\2\end{pmatrix}, \boldsymbol{e}_2 = \begin{pmatrix}1\\3\\-2\end{pmatrix} + \begin{pmatrix}-1\\-2\\2\end{pmatrix}, \boldsymbol{e}_3 = \begin{pmatrix}1\\2\\-1\end{pmatrix} + \begin{pmatrix}-1\\-2\\2\end{pmatrix}$ だから，
$f(\boldsymbol{e}_1) = 2\begin{pmatrix}1\\1\\1\end{pmatrix} - 2\begin{pmatrix}1\\0\\-1\end{pmatrix} - \begin{pmatrix}2\\1\\2\end{pmatrix} = \begin{pmatrix}-2\\1\\2\end{pmatrix}, f(\boldsymbol{e}_2) = \begin{pmatrix}1\\0\\-1\end{pmatrix} + \begin{pmatrix}2\\1\\2\end{pmatrix} = \begin{pmatrix}3\\1\\1\end{pmatrix}, f(\boldsymbol{e}_3) = \begin{pmatrix}1\\1\\1\end{pmatrix} + \begin{pmatrix}2\\1\\2\end{pmatrix} = \begin{pmatrix}3\\2\\3\end{pmatrix}$.
ゆえに f を表す行列は $\begin{pmatrix}-2 & 3 & 3\\1 & 1 & 2\\2 & 1 & 3\end{pmatrix}$.

問題 8 (1) $\begin{pmatrix}0 & 0 & 2\\1 & 2 & 3\end{pmatrix} \to \begin{pmatrix}1 & 2 & 3\\0 & 0 & 2\end{pmatrix}$ より，階数は 2.　(2) $\begin{pmatrix}1 & 2 & 3\\2 & 4 & 6\\3 & 6 & 9\end{pmatrix} \to \begin{pmatrix}1 & 2 & 3\\0 & 0 & 0\\0 & 0 & 0\end{pmatrix}$ より，階数は 1.

(3) $\begin{pmatrix}0 & 1 & 2\\0 & -1 & -2\\0 & 2 & 4\end{pmatrix} \to \begin{pmatrix}0 & 1 & 2\\0 & 0 & 0\\0 & 0 & 0\end{pmatrix}$ より，階数は 1.

(4) $\begin{pmatrix}1 & 2 & 1 & 3\\1 & 2 & 2 & 5\\0 & 0 & 1 & 2\end{pmatrix} \to \begin{pmatrix}1 & 2 & 1 & 3\\0 & 0 & 1 & 2\\0 & 0 & 1 & 2\end{pmatrix} \to \begin{pmatrix}1 & 2 & 1 & 3\\0 & 0 & 1 & 2\\0 & 0 & 0 & 0\end{pmatrix}$ より，階数は 2.

(5) $\begin{pmatrix}3 & 1 & 2 & -1\\1 & 2 & -1 & 3\\3 & -4 & 7 & -11\end{pmatrix} \to \begin{pmatrix}1 & 2 & -1 & 3\\3 & 1 & 2 & -1\\3 & -4 & 7 & -11\end{pmatrix} \to \begin{pmatrix}1 & 2 & -1 & 3\\0 & -5 & 5 & -10\\0 & -10 & 10 & -20\end{pmatrix} \to \begin{pmatrix}1 & 2 & -1 & 3\\0 & -5 & 5 & -10\\0 & 0 & 0 & 0\end{pmatrix}$ より，階数は 2.

(6) $\begin{pmatrix}1 & 1 & 3 & 5 & 7\\2 & 3 & 7 & 4 & 9\\1 & 0 & 2 & 11 & 12\end{pmatrix} \to \begin{pmatrix}1 & 1 & 3 & 5 & 7\\0 & 1 & 1 & -6 & -5\\0 & -1 & -1 & 6 & 5\end{pmatrix} \to \begin{pmatrix}1 & 1 & 3 & 5 & 7\\0 & 1 & 1 & -6 & -5\\0 & 0 & 0 & 0 & 0\end{pmatrix}$ より，階数は 2.

問題 9 (1) $\begin{pmatrix}1&2&3&4\\2&4&7&8\\3&6&10&12\end{pmatrix}\to\begin{pmatrix}1&2&3&4\\0&0&1&0\\0&0&1&0\end{pmatrix}\to\begin{pmatrix}1&2&0&4\\0&0&1&0\\0&0&0&0\end{pmatrix}$

(2) $\begin{pmatrix}-1&-1&2&3\\1&2&-3&0\\2&3&-5&-3\end{pmatrix}\to\begin{pmatrix}1&2&-3&0\\-1&-1&2&3\\2&3&-5&-3\end{pmatrix}\to\begin{pmatrix}1&2&-3&0\\0&1&-1&3\\0&-1&1&-3\end{pmatrix}\to\begin{pmatrix}1&0&-1&-6\\0&1&-1&3\\0&0&0&0\end{pmatrix}$

(3) $\begin{pmatrix}4&5&6&15\\1&2&3&6\\2&3&4&9\end{pmatrix}\to\begin{pmatrix}1&2&3&6\\4&5&6&15\\2&3&4&9\end{pmatrix}\to\begin{pmatrix}1&2&3&6\\0&-3&-6&-9\\0&-1&-2&-3\end{pmatrix}\to\begin{pmatrix}1&2&3&6\\0&1&2&3\\0&-1&-2&-3\end{pmatrix}\to\begin{pmatrix}1&0&-1&0\\0&1&2&3\\0&0&0&0\end{pmatrix}$

(4) $\begin{pmatrix}4&8&3&1&3\\2&4&2&0&2\\1&2&1&0&1\end{pmatrix}\to\begin{pmatrix}1&2&1&0&1\\2&4&2&0&2\\4&8&3&1&3\end{pmatrix}\to\begin{pmatrix}1&2&1&0&1\\0&0&0&0&0\\0&0&-1&1&-1\end{pmatrix}\to\cdots\to\begin{pmatrix}1&2&0&1&0\\0&0&1&-1&1\\0&0&0&0&0\end{pmatrix}$

問題 10 (1) $\left(\begin{array}{ccc|c}1&1&2&5\\2&3&1&3\\-1&-3&4&9\end{array}\right)\to\cdots\to\left(\begin{array}{ccc|c}1&0&5&12\\0&1&-3&-7\\0&0&0&0\end{array}\right)$ より，解は $\begin{pmatrix}x\\y\\z\end{pmatrix}=\begin{pmatrix}12\\-7\\0\end{pmatrix}+t\begin{pmatrix}-5\\3\\1\end{pmatrix}$ $(t\in\boldsymbol{R})$.

(2) $\left(\begin{array}{ccc|c}1&1&1&1\\2&2&2&3\end{array}\right)\to\left(\begin{array}{ccc|c}1&1&1&1\\0&0&0&1\end{array}\right)$ より，解は存在しない.

(3) $\left(\begin{array}{cccc|c}5&3&-6&-9&11\\2&2&-7&5&6\\-1&-3&15&-24&-5\end{array}\right)\to\cdots\to\left(\begin{array}{cccc|c}1&3&-15&24&5\\0&-4&23&-43&-4\\0&0&0&0&-2\end{array}\right)$ より，解は存在しない.

(4) $\left(\begin{array}{ccc|c}2&-1&2&-2\\1&-1&0&3\\-5&4&-3&-4\end{array}\right)\to\cdots\to\left(\begin{array}{ccc|c}1&0&0&1\\0&1&0&-2\\0&0&1&-3\end{array}\right)$ より，解は $\begin{pmatrix}x\\y\\z\end{pmatrix}=\begin{pmatrix}1\\-2\\-3\end{pmatrix}$.

(5) $\left(\begin{array}{cccc|c}-1&-6&4&8&12\\1&2&-2&-3&-3\\-1&1&0&-1&-4\\2&-1&-1&0&4\end{array}\right)\to\cdots\to\left(\begin{array}{cccc|c}1&0&0&0&2\\0&1&0&0&1\\0&0&1&0&-1\\0&0&0&1&3\end{array}\right)$ より，解は $\begin{pmatrix}x\\y\\z\\w\end{pmatrix}=\begin{pmatrix}2\\1\\-1\\3\end{pmatrix}$.

(6) $\left(\begin{array}{cccc|c}15&4&-15&-2&17\\7&2&-7&-1&8\\-12&-3&12&3&-12\\4&1&-4&-1&4\end{array}\right)\to\cdots\to\left(\begin{array}{cccc|c}1&0&-1&0&1\\0&1&0&0&1\\0&0&0&1&1\\0&0&0&0&0\end{array}\right)$ より，解は $\begin{pmatrix}x\\y\\z\\w\end{pmatrix}=\begin{pmatrix}1\\1\\0\\1\end{pmatrix}+t\begin{pmatrix}1\\0\\1\\0\end{pmatrix}$ $(t\in\boldsymbol{R})$.

問題 11 (1) $\begin{pmatrix}3&-5&-5\\2&-2&-3\\5&1&-6\end{pmatrix}\to\cdots\to\begin{pmatrix}1&0&-\frac{5}{4}\\0&1&\frac{1}{4}\\0&0&0\end{pmatrix}$ より，解は $\begin{pmatrix}x\\y\\z\end{pmatrix}=t\begin{pmatrix}5\\-1\\4\end{pmatrix}$ $(t\in\boldsymbol{R})$.

(2) $\begin{pmatrix}1&-1&-2\\-1&1&2\\-2&2&4\end{pmatrix}\to\begin{pmatrix}1&-1&-2\\0&0&0\\0&0&0\end{pmatrix}$ より，解は $\begin{pmatrix}x\\y\\z\end{pmatrix}=s\begin{pmatrix}1\\1\\0\end{pmatrix}+t\begin{pmatrix}2\\0\\1\end{pmatrix}$ $(s,t\in\boldsymbol{R})$.

(3) $\begin{pmatrix}1&-3&2&1\\2&-5&3&7\\4&-5&1&18\end{pmatrix}\to\cdots\to\begin{pmatrix}1&0&-1&0\\0&1&-1&0\\0&0&0&1\end{pmatrix}$ より，解は $\begin{pmatrix}x\\y\\z\\w\end{pmatrix}=t\begin{pmatrix}1\\1\\1\\0\end{pmatrix}$ $(t\in\boldsymbol{R})$.

(4) $\begin{pmatrix}1&-3&2&1\\2&-1&-1&12\\4&-5&1&18\end{pmatrix}\to\cdots\to\begin{pmatrix}1&0&-1&7\\0&1&-1&2\\0&0&0&0\end{pmatrix}$ より，解は $\begin{pmatrix}x\\y\\z\\w\end{pmatrix}=s\begin{pmatrix}1\\1\\1\\0\end{pmatrix}+t\begin{pmatrix}-7\\-2\\0\\1\end{pmatrix}$ $(s,t\in\boldsymbol{R})$.

問題 12 (1) $\left(\begin{array}{ccc|ccc}1&-2&-5&1&0&0\\3&2&1&0&1&0\\2&0&-2&0&0&1\end{array}\right)\to\cdots\to\left(\begin{array}{ccc|ccc}1&0&-1&\frac{1}{4}&\frac{1}{4}&0\\0&8&16&-3&1&0\\0&0&0&-\frac{1}{2}&-\frac{1}{2}&1\end{array}\right)$ より正則ではない.

(2) $\left(\begin{array}{ccc|ccc}1&1&2&1&0&0\\2&1&3&0&1&0\\3&1&5&0&0&1\end{array}\right)\to\cdots\to\left(\begin{array}{ccc|ccc}1&0&0&-2&3&-1\\0&1&0&1&1&-1\\0&0&1&1&-2&1\end{array}\right)$ より正則で，逆行列は $\begin{pmatrix}-2&3&-1\\1&1&-1\\1&-2&1\end{pmatrix}$.

(3) $\left(\begin{array}{ccc|ccc}2&-1&1&1&0&0\\3&2&1&0&1&0\\1&3&-1&0&0&1\end{array}\right)\to\cdots\to\left(\begin{array}{ccc|ccc}1&0&0&\frac{5}{7}&-\frac{2}{7}&\frac{3}{7}\\0&1&0&-\frac{4}{7}&\frac{3}{7}&-\frac{1}{7}\\0&0&1&-1&1&-1\end{array}\right)$ より正則で，逆行列は $\begin{pmatrix}\frac{5}{7}&-\frac{2}{7}&\frac{3}{7}\\-\frac{4}{7}&\frac{3}{7}&-\frac{1}{7}\\-1&1&-1\end{pmatrix}$.

(4) $\left(\begin{array}{ccc|ccc}2&5&4&1&0&0\\2&3&1&0&1&0\\6&5&-3&0&0&1\end{array}\right)\to\cdots\to\left(\begin{array}{ccc|ccc}2&3&1&0&1&0\\0&2&3&1&-1&0\\0&0&0&2&-5&1\end{array}\right)$ より正則ではない.

(5) $\left(\begin{array}{ccc|ccc}1&1&0&1&0&0\\7&10&-8&0&1&0\\-9&-13&11&0&0&1\end{array}\right)\to\cdots\to\left(\begin{array}{ccc|ccc}1&0&0&6&-11&-8\\0&1&0&-5&11&8\\0&0&1&-1&4&3\end{array}\right)$ より正則で，逆行列は $\begin{pmatrix}6&-11&-8\\-5&11&8\\-1&4&3\end{pmatrix}$.

(6) $\left(\begin{array}{ccc|ccc} 2 & -1 & 2 & 1 & 0 & 0 \\ 1 & -1 & 0 & 0 & 1 & 0 \\ -5 & 4 & -3 & 0 & 0 & 1 \end{array}\right) \to \cdots \to \left(\begin{array}{ccc|ccc} 1 & 0 & 0 & 3 & 5 & 2 \\ 0 & 1 & 0 & 3 & 4 & 2 \\ 0 & 0 & 1 & -1 & -3 & -1 \end{array}\right)$ より正則で，逆行列は $\begin{pmatrix} 3 & 5 & 2 \\ 3 & 4 & 2 \\ -1 & -3 & -1 \end{pmatrix}$.

問題 13 (1) $\begin{vmatrix} -5 & 3 & 1 \\ -3 & 2 & 2 \\ 4 & -7 & -6 \end{vmatrix} = \begin{vmatrix} -5 & 3 & 1 \\ 7 & -4 & 0 \\ -26 & 11 & 0 \end{vmatrix} = -\begin{vmatrix} 1 & 3 & -5 \\ 0 & -4 & 7 \\ 0 & 11 & -26 \end{vmatrix} = -\begin{vmatrix} -4 & 7 \\ 11 & -26 \end{vmatrix} = -27$

(2) $\begin{vmatrix} -3 & -1 & -2 \\ 9 & 1 & 0 \\ -4 & -1 & -1 \end{vmatrix} = \begin{vmatrix} 5 & 1 & 0 \\ 9 & 1 & 0 \\ -4 & -1 & -1 \end{vmatrix} = -\begin{vmatrix} 0 & 1 & 5 \\ 0 & 1 & 9 \\ -1 & -1 & -4 \end{vmatrix} = \begin{vmatrix} -1 & -1 & -4 \\ 0 & 1 & 9 \\ 0 & 1 & 5 \end{vmatrix} = -\begin{vmatrix} 1 & 9 \\ 1 & 5 \end{vmatrix} = 4$

(3) $\begin{vmatrix} -6 & -8 & -20 \\ 8 & 14 & 40 \\ -2 & -4 & -12 \end{vmatrix} = \begin{vmatrix} 0 & 4 & 16 \\ 0 & -2 & -8 \\ -2 & -4 & -12 \end{vmatrix} = -\begin{vmatrix} -2 & -4 & -12 \\ 0 & -2 & -8 \\ 0 & 4 & 16 \end{vmatrix} = -(-2)\begin{vmatrix} -2 & -8 \\ 4 & 16 \end{vmatrix} = 0$

(4) $\begin{vmatrix} 2 & -1 & 3 & 4 \\ -1 & 2 & 1 & 4 \\ -2 & 3 & 4 & 1 \\ 1 & 1 & 3 & 5 \end{vmatrix} = \cdots = -\begin{vmatrix} 3 & 5 & 12 \\ 3 & 4 & 9 \\ 5 & 10 & 11 \end{vmatrix} = -\begin{vmatrix} 0 & 1 & 3 \\ 0 & 10 & -12 \\ -1 & 2 & -7 \end{vmatrix} = -(-1)\begin{vmatrix} 1 & 3 \\ 10 & -12 \end{vmatrix} = -42$

(5) $\begin{vmatrix} 3 & 5 & 2 & 4 \\ -2 & -2 & -1 & -2 \\ 3 & 1 & 1 & 1 \\ 5 & 4 & 2 & 3 \end{vmatrix} = \cdots = \begin{vmatrix} 4 & 1 & 2 \\ -8 & -2 & -5 \\ -11 & -3 & -7 \end{vmatrix} = \begin{vmatrix} 4 & 1 & 2 \\ 0 & 0 & -1 \\ 1 & 0 & -1 \end{vmatrix} = -\begin{vmatrix} 0 & -1 \\ 1 & -1 \end{vmatrix} = -1$

問題 14.1 (1) $\begin{vmatrix} -5 & 0 & 0 & 3 \\ -8 & -2 & 1 & 8 \\ 2 & -2 & 1 & 2 \\ -6 & 0 & 0 & 4 \end{vmatrix} = \begin{vmatrix} -5 & 0 & 0 & 3 \\ -8 & 0 & 1 & 8 \\ 2 & 0 & 1 & 2 \\ -6 & 0 & 0 & 4 \end{vmatrix} = 0$

(2) $\begin{vmatrix} 1 & 0 & -1 & -1 \\ -1 & -1 & -3 & -2 \\ -4 & 1 & -1 & 2 \\ 4 & -1 & 2 & -1 \end{vmatrix} = \begin{vmatrix} 1 & 0 & 0 & 0 \\ -1 & -1 & -4 & -3 \\ -4 & 1 & -5 & -2 \\ 4 & -1 & 6 & 3 \end{vmatrix} = \begin{vmatrix} -1 & -4 & -3 \\ 1 & -5 & -2 \\ -1 & 6 & 3 \end{vmatrix} = \begin{vmatrix} -1 & -4 & -3 \\ 0 & -9 & -5 \\ 0 & 10 & 6 \end{vmatrix} = -\begin{vmatrix} -9 & -5 \\ 10 & 6 \end{vmatrix} = 4$

(3) $\begin{vmatrix} -5 & 1 & 0 & 4 \\ -2 & -2 & -2 & 0 \\ 2 & -1 & -3 & -4 \\ -2 & -1 & 0 & 1 \end{vmatrix} = \begin{vmatrix} 3 & 5 & 0 & 4 \\ -2 & -2 & -2 & 0 \\ -6 & -5 & -3 & -4 \\ 0 & 0 & 0 & 1 \end{vmatrix} = \begin{vmatrix} 3 & 5 & 0 \\ -2 & -2 & -2 \\ -6 & -5 & -3 \end{vmatrix} = 2\begin{vmatrix} 1 & 1 & 1 \\ 0 & 2 & -3 \\ 0 & 1 & 3 \end{vmatrix} = 2\begin{vmatrix} 2 & -3 \\ 1 & 3 \end{vmatrix} = 18$

(4) $\begin{vmatrix} 1 & 6 & 26 & 28 \\ 0 & 19 & 76 & 80 \\ -1 & -15 & -56 & -56 \\ 2 & 12 & 38 & 33 \end{vmatrix} = \cdots = \begin{vmatrix} 1 & 16 & 24 \\ -9 & -30 & -28 \\ 0 & -14 & -23 \end{vmatrix} = \cdots = \begin{vmatrix} 114 & 188 \\ -14 & -23 \end{vmatrix} = \cdots = \begin{vmatrix} 2 & 0 \\ -14 & 5 \end{vmatrix} = 10$

問題 14.2 (1) $\begin{vmatrix} 2x-2 & x-2 & -x-1 \\ 2x-1 & x+1 & -x+1 \\ 2x-3 & x-1 & -x-3 \end{vmatrix} = \begin{vmatrix} -4 & -3 & -x-1 \\ 1 & 2 & -x+1 \\ -9 & -4 & -x-3 \end{vmatrix} = \cdots = -\begin{vmatrix} 5 & -5x+3 \\ 14 & -10x+6 \end{vmatrix} = -20x+12$

(2) $\begin{vmatrix} x+5 & 8 & 40 \\ 3 & x & 15 \\ -2 & -2 & x-13 \end{vmatrix} = \begin{vmatrix} x-3 & 8 & 40 \\ -x+3 & x & 15 \\ 0 & -2 & x-13 \end{vmatrix} = (x-3)\begin{vmatrix} 1 & 8 & 40 \\ -1 & x & 15 \\ 0 & -2 & x-13 \end{vmatrix} = \cdots =$

$(x-3)\begin{vmatrix} x+8 & 55 \\ -2 & x-13 \end{vmatrix} = (x-3)(x^2-5x+6) = (x-2)(x-3)^2$

(3) $\begin{vmatrix} 1 & a^2 & a^3 \\ 1 & b^2 & b^3 \\ 1 & c^2 & c^3 \end{vmatrix} = \begin{vmatrix} 1 & a^2 & a^3 \\ 0 & b^2-a^2 & b^3-a^3 \\ 0 & c^2-a^2 & c^3-a^3 \end{vmatrix} = \begin{vmatrix} b^2-a^2 & b^3-a^3 \\ c^2-a^2 & c^3-a^3 \end{vmatrix} = (b-a)(c-a)\begin{vmatrix} a+b & a^2+ab+b^2 \\ a+c & a^2+ac+c^2 \end{vmatrix} =$

$(b-a)(c-a)\begin{vmatrix} a+b & b^2 \\ a+c & c^2 \end{vmatrix} = (b-a)(c-a)(a(c^2-b^2)+bc(c-b)) = (b-a)(c-a)(c-b)(ab+bc+ca)$

(4) $\begin{vmatrix} b^2+c^2 & ab & ca \\ ab & c^2+a^2 & bc \\ ca & bc & a^2+b^2 \end{vmatrix} = (b^2+c^2)\begin{vmatrix} c^2+a^2 & bc \\ bc & a^2+b^2 \end{vmatrix} - ab\begin{vmatrix} ab & bc \\ ca & a^2+b^2 \end{vmatrix} + ca\begin{vmatrix} ab & c^2+a^2 \\ ca & bc \end{vmatrix} =$

$(b^2+c^2)(a^4+a^2b^2+a^2c^2) - ab(a^3b+ab^3-abc^2) + ca(ab^2c-ac^3-a^3c) = 4a^2b^2c^2$

問題 14.3 (1) $\begin{vmatrix} \sin\theta\cos\varphi & r\cos\theta\cos\varphi & -r\sin\theta\sin\varphi \\ \sin\theta\sin\varphi & r\cos\theta\sin\varphi & r\sin\theta\cos\varphi \\ \cos\theta & -r\sin\theta & 0 \end{vmatrix} =$

$(-1)^{3+1}\cos\theta\begin{vmatrix} r\cos\theta\cos\varphi & -r\sin\theta\sin\varphi \\ r\cos\theta\sin\varphi & r\sin\theta\cos\varphi \end{vmatrix} + (-1)^{3+2}(-r\sin\theta)\begin{vmatrix} \sin\theta\cos\varphi & -r\sin\theta\sin\varphi \\ \sin\theta\sin\varphi & r\sin\theta\cos\varphi \end{vmatrix} =$

$r^2\cos^2\theta\sin\theta\begin{vmatrix} \cos\varphi & -\sin\varphi \\ \sin\varphi & \cos\varphi \end{vmatrix} + r^2\sin^3\theta\begin{vmatrix} \cos\varphi & -\sin\varphi \\ \sin\varphi & \cos\varphi \end{vmatrix} = r^2\cos^2\theta\sin\theta + r^2\sin^3\theta = r^2\sin\theta$

(2) $\begin{vmatrix} e^{2x} & e^{-x}\cos\pi x & e^{-x}\sin\pi x \\ \dfrac{d}{dx}e^{2x} & \dfrac{d}{dx}(e^{-x}\cos\pi x) & \dfrac{d}{dx}(e^{-x}\sin\pi x) \\ \dfrac{d^2}{dx^2}e^{2x} & \dfrac{d^2}{dx^2}(e^{-x}\cos\pi x) & \dfrac{d^2}{dx^2}(e^{-x}\sin\pi x) \end{vmatrix} =$

$$\begin{vmatrix} e^{2x} & e^{-x}\cos\pi x & e^{-x}\sin\pi x \\ 2e^{2x} & e^{-x}(-\cos\pi x - \pi\sin\pi x) & e^{-x}(\pi\cos\pi x - \sin\pi x) \\ 4e^{2x} & e^{-x}((1-\pi^2)\cos\pi x + 2\pi\sin\pi x) & e^{-x}(-2\pi\cos\pi x + (1-\pi^2)\sin\pi x) \end{vmatrix} = e^{2x}\cdot e^{-1}\cdot e^{-1}\times$$

$$\begin{vmatrix} 1 & \cos\pi x & \sin\pi x \\ 2 & -\cos\pi x - \pi\sin\pi x & \pi\cos\pi x - \sin\pi x \\ 4 & (1-\pi^2)\cos\pi x + 2\pi\sin\pi x & -2\pi\cos\pi x + (1-\pi^2)\sin\pi x \end{vmatrix} = \begin{vmatrix} 1 & \cos\pi x & \sin\pi x \\ 3 & -\pi\sin\pi x & \pi\cos\pi x \\ \pi^2+3 & 2\pi\sin\pi x & -2\pi\cos\pi x \end{vmatrix} =$$

$$\begin{vmatrix} 1 & \cos\pi x & \sin\pi x \\ 3 & -\pi\sin\pi x & \pi\cos\pi x \\ \pi^2+9 & 0 & 0 \end{vmatrix} = (\pi^2+9)\begin{vmatrix} \cos\pi x & \sin\pi x \\ -\pi\sin\pi x & \pi\cos\pi x \end{vmatrix} = \pi(\pi^2+9)$$

問題 15.1 (1) $\begin{pmatrix} 1 & 0 & 1 \\ 2 & 1 & 0 \\ -1 & 3 & -7 \end{pmatrix} \to \begin{pmatrix} 1 & 0 & 1 \\ 0 & 1 & -2 \\ 0 & 3 & -6 \end{pmatrix} \to \begin{pmatrix} 1 & 0 & 1 \\ 0 & 1 & -2 \\ 0 & 0 & 0 \end{pmatrix}$ より $-\begin{pmatrix} 1 \\ 2 \\ -1 \end{pmatrix} + 2\begin{pmatrix} 0 \\ 1 \\ 3 \end{pmatrix} + \begin{pmatrix} 1 \\ 0 \\ -7 \end{pmatrix} = \mathbf{0}$ が成り立ち，1 次従属.

(2) $\begin{pmatrix} 3 & 2 & 1 \\ 1 & 1 & 0 \\ 1 & 1 & 1 \end{pmatrix} \to \begin{pmatrix} 1 & 1 & 0 \\ 0 & -1 & 1 \\ 0 & 0 & 1 \end{pmatrix} \to \begin{pmatrix} 1 & 0 & 0 \\ 0 & 1 & 0 \\ 0 & 0 & 1 \end{pmatrix}$ より，1 次独立.

問題 15.2 (1) $\begin{pmatrix} 1 & 2 & 3 \\ -1 & 1 & 0 \\ 1 & 3 & 4 \\ 3 & -1 & 2 \end{pmatrix} \to \begin{pmatrix} 1 & 2 & 3 \\ 0 & 3 & 3 \\ 0 & 1 & 1 \\ 0 & -7 & -7 \end{pmatrix} \to \begin{pmatrix} 1 & 0 & 1 \\ 0 & 1 & 1 \\ 0 & 0 & 0 \\ 0 & 0 & 0 \end{pmatrix}$ より $\begin{pmatrix} 1 \\ -1 \\ 1 \\ 3 \end{pmatrix} + \begin{pmatrix} 2 \\ 1 \\ 3 \\ -1 \end{pmatrix} - \begin{pmatrix} 3 \\ 0 \\ 4 \\ 2 \end{pmatrix} = \mathbf{0}$ が成り立ち，1 次従属.

(2) $\begin{pmatrix} 1 & -1 & 1 \\ 0 & 0 & 0 \\ 1 & 2 & 4 \\ 3 & 2 & 5 \end{pmatrix} \to \begin{pmatrix} 1 & -1 & 1 \\ 0 & 0 & 0 \\ 0 & 3 & 3 \\ 0 & 5 & 2 \end{pmatrix} \to \begin{pmatrix} 1 & 0 & 2 \\ 0 & 0 & 0 \\ 0 & 3 & 3 \\ 0 & 0 & -3 \end{pmatrix} \to \begin{pmatrix} 1 & 0 & 0 \\ 0 & 0 & 0 \\ 0 & 3 & 0 \\ 0 & 0 & -3 \end{pmatrix} \to \begin{pmatrix} 1 & 0 & 0 \\ 0 & 1 & 0 \\ 0 & 0 & 1 \\ 0 & 0 & 0 \end{pmatrix}$ より

$x\begin{pmatrix} 1 \\ 0 \\ 1 \\ 3 \end{pmatrix} + y\begin{pmatrix} -1 \\ 0 \\ 2 \\ 2 \end{pmatrix} + z\begin{pmatrix} 1 \\ 0 \\ 4 \\ 5 \end{pmatrix} = \mathbf{0}$ を満たす x, y, z は $x = y = z = 0$ に限るから 1 次独立.

問題 15.3 (1) $\begin{pmatrix} 1+i & 1-i \\ 1-i & -1-i \end{pmatrix} \to \begin{pmatrix} 1+i & 1-i \\ 0 & 0 \end{pmatrix} \to \begin{pmatrix} 1 & -i \\ 0 & 0 \end{pmatrix}$ より $i\begin{pmatrix} 1+i \\ 1-i \end{pmatrix} + 1\begin{pmatrix} 1-i \\ -1-i \end{pmatrix} = \mathbf{0}$ が成り立ち，1 次従属.

(2) $\begin{pmatrix} 3-i & 1-3i \\ 2+4i & 4+2i \end{pmatrix} \to \begin{pmatrix} 3-i & 1-3i \\ 0 & -\frac{17}{5} - \frac{19}{5}i \end{pmatrix} \to \begin{pmatrix} 1 & 0 \\ 0 & 1 \end{pmatrix}$ より $x\begin{pmatrix} 3-i \\ 2+4i \end{pmatrix} + y\begin{pmatrix} 1-3i \\ 4+2i \end{pmatrix} = \mathbf{0}$ を満たす x, y は $x = y = 0$ に限るから 1 次独立.

問題 16.1 (1) $c_1 \cdot 1 + c_2(1+x) + c_3(1+x+x^2) = 0$ とおけば，左辺は $(c_1+c_2+c_3) + (c_2+c_3)x + c_3x^2$ に等しいため，$c_1+c_2+c_3 = 0, c_2+c_3 = 0, c_3 = 0$ が成り立つ．2 つ目と 3 つ目の式から $c_2 = 0$ であり，1 つ目の式から $c_1 = 0$ が得られ，よって 1 次独立.

(2) $2(1+x^2) - (2-x^2) = 3x^2$ より $2(1+x^2) + (-3)x^2 + (-1)(2-x^2) = 0$ が成り立ち，1 次従属.

(3) $c_1(x+x^2+x^3) + c_2x^2 + c_3x^3 = 0$ とおけば，左辺は $c_1x + (c_1+c_2)x^2 + (c_1+c_2+c_3)x^3$ に等しいため，$c_1 = 0, c_1+c_2 = 0, c_1+c_2+c_3 = 0$ が成り立つ．1 つ目と 2 つ目の式から $c_2 = 0$ であり，3 つ目の式から $c_3 = 0$ が得られ，よって，1 次独立.

問題 16.2 (1) $(-1)\cdot(1+x) + 1\cdot(1-x^2+x^3) + 1\cdot(1+x+x^2+x^4) + (-1)\cdot(1+x^3+x^4) = 0$ だから，1 次従属.

(2) 1 次独立.

問題 17 (1) $A \to \begin{pmatrix} 1 & 1 & 3 & 4 \\ 0 & 1 & 3 & 9 \\ 0 & 1 & 2 & 3 \end{pmatrix} \to \begin{pmatrix} 1 & 0 & 0 & -5 \\ 0 & 1 & 3 & 9 \\ 0 & 0 & -1 & -6 \end{pmatrix} \to \begin{pmatrix} 1 & 0 & 0 & -5 \\ 0 & 1 & 0 & -9 \\ 0 & 0 & 1 & 6 \end{pmatrix}$ だから $A\boldsymbol{x} = \mathbf{0}$ の解は $t\begin{pmatrix} 5 \\ 9 \\ -6 \\ 1 \end{pmatrix}$ ($t \in \boldsymbol{R}$) と表される．$\begin{pmatrix} 5 \\ 9 \\ -6 \\ 1 \end{pmatrix}$ は 1 次独立であるから，これは $A\boldsymbol{x} = \mathbf{0}$ の解空間の基底であり，その次元は 1.

(2) $A \to \begin{pmatrix}1&0&1&1\\0&0&-4&4\\0&0&4&-4\end{pmatrix} \to \begin{pmatrix}1&0&0&2\\0&0&1&-1\\0&0&0&0\end{pmatrix}$ だから，$A\boldsymbol{x}=\boldsymbol{0}$ の解は $s\begin{pmatrix}0\\1\\0\\0\end{pmatrix}+t\begin{pmatrix}-2\\0\\1\\1\end{pmatrix}$ $(s,t\in\boldsymbol{R})$ と表される．$\begin{pmatrix}0\\1\\0\\0\end{pmatrix}, \begin{pmatrix}-2\\0\\1\\1\end{pmatrix}$ は 1 次独立であるから，これらは $A\boldsymbol{x}=\boldsymbol{0}$ の解空間の基底であり，その次元は 2.

(3) $A \to \begin{pmatrix}1&3&4&2\\0&7&5&3\\0&-7&-5&-3\\0&-14&-10&-6\end{pmatrix} \to \begin{pmatrix}1&0&\frac{13}{7}&\frac{5}{7}\\0&1&\frac{5}{7}&\frac{3}{7}\\0&0&0&0\\0&0&0&0\end{pmatrix}$ だから，$A\boldsymbol{x}=\boldsymbol{0}$ の解は $s\begin{pmatrix}-13\\-5\\7\\0\end{pmatrix}+t\begin{pmatrix}-5\\-3\\0\\7\end{pmatrix}$ $(s,t\in\boldsymbol{R})$ と表される．$\begin{pmatrix}-13\\-5\\7\\0\end{pmatrix}, \begin{pmatrix}-5\\-3\\0\\7\end{pmatrix}$ は 1 次独立だから，これらは $A\boldsymbol{x}=\boldsymbol{0}$ の解空間の基底であり，その次元は 2.

(4) $A \to \begin{pmatrix}0&0&12&-47\\0&0&5&-20\\0&0&2&-8\\-1&-2&2&-11\end{pmatrix} \to \begin{pmatrix}0&0&0&1\\0&0&0&0\\0&0&2&-8\\-1&-2&0&-3\end{pmatrix} \to \begin{pmatrix}1&2&0&0\\0&0&1&0\\0&0&0&1\\0&0&0&0\end{pmatrix}$ だから，$A\boldsymbol{x}=\boldsymbol{0}$ の解は $t\begin{pmatrix}-2\\1\\0\\0\end{pmatrix}$ $(t\in\boldsymbol{R})$ と表される．$\begin{pmatrix}-2\\1\\0\\0\end{pmatrix}$ は 1 次独立だから，これは $A\boldsymbol{x}=\boldsymbol{0}$ の解空間の基底であり，その次元は 1.

問題 18.1 (1) $\begin{pmatrix}1&3&1\\2&2&-2\\3&2&-4\end{pmatrix} \to \begin{pmatrix}1&3&1\\0&-4&-4\\0&-7&-7\end{pmatrix} \to \begin{pmatrix}1&0&-2\\0&1&1\\0&0&0\end{pmatrix}$ だから，$x\begin{pmatrix}1\\2\\3\end{pmatrix}+y\begin{pmatrix}3\\2\\2\end{pmatrix}+z\begin{pmatrix}1\\-2\\-4\end{pmatrix}=\boldsymbol{0}\ \cdots(*)$ を満たす x,y,z は $\begin{pmatrix}x\\y\\z\end{pmatrix}=t\begin{pmatrix}2\\-1\\1\end{pmatrix}$ $(t\in\boldsymbol{R})$ と表せる．したがって $z=0$ のとき，$(*)$ を満たす x,y は $x=y=0$ に限るため，$\begin{pmatrix}1\\2\\3\end{pmatrix}, \begin{pmatrix}3\\2\\2\end{pmatrix}$ は 1 次独立．$t=1$ として $2\begin{pmatrix}1\\2\\3\end{pmatrix}-\begin{pmatrix}3\\2\\2\end{pmatrix}+\begin{pmatrix}1\\-2\\-4\end{pmatrix}=\boldsymbol{0}$ が得られるため，$\begin{pmatrix}1\\-2\\-4\end{pmatrix}$ は $\begin{pmatrix}1\\2\\3\end{pmatrix}, \begin{pmatrix}3\\2\\2\end{pmatrix}$ の 1 次結合で表される．よって $\begin{pmatrix}1\\2\\3\end{pmatrix}, \begin{pmatrix}3\\2\\2\end{pmatrix}$ は与えられた部分空間の基底.

(2) $\begin{pmatrix}2&5&1&2\\1&2&1&0\\-1&-2&1&-2\end{pmatrix} \to \begin{pmatrix}0&1&-1&2\\1&2&1&0\\0&0&2&-2\end{pmatrix} \to \begin{pmatrix}0&1&-1&2\\1&0&3&-4\\0&0&2&-2\end{pmatrix} \to \begin{pmatrix}0&1&0&1\\1&0&0&-1\\0&0&2&-2\end{pmatrix} \to \begin{pmatrix}1&0&0&-1\\0&1&0&1\\0&0&1&-1\end{pmatrix}$

より $x\begin{pmatrix}2\\1\\-1\end{pmatrix}+y\begin{pmatrix}5\\2\\-2\end{pmatrix}+z\begin{pmatrix}1\\1\\1\end{pmatrix}+w\begin{pmatrix}2\\0\\-2\end{pmatrix}=\boldsymbol{0}\ \cdots(*)$ を満たす x,y,z,w は $\begin{pmatrix}x\\y\\z\\w\end{pmatrix}=t\begin{pmatrix}1\\-1\\1\\1\end{pmatrix}$ $(t\in\boldsymbol{R})$ と表せる．したがって $w=0$ のとき，$(*)$ を満たす x,y,z は $x=y=z=0$ に限るから，$\begin{pmatrix}2\\1\\-1\end{pmatrix}, \begin{pmatrix}5\\2\\-2\end{pmatrix}, \begin{pmatrix}1\\1\\1\end{pmatrix}$ は 1 次独立.

与えられた部分空間は $\boldsymbol{R}^3$ 全体で，$\begin{pmatrix}2\\1\\-1\end{pmatrix}, \begin{pmatrix}5\\2\\-2\end{pmatrix}, \begin{pmatrix}1\\1\\1\end{pmatrix}$ はその基底.

問題 18.2 (1) $\begin{pmatrix}1&2&2&3\\3&1&6&4\\1&1&2&2\\2&3&4&5\end{pmatrix} \to \begin{pmatrix}1&2&2&3\\0&-5&0&-5\\0&-1&0&-1\\0&-1&0&-1\end{pmatrix} \to \begin{pmatrix}1&0&2&1\\0&1&0&1\\0&0&0&0\\0&0&0&0\end{pmatrix}$ より，$x\begin{pmatrix}1\\3\\1\\2\end{pmatrix}+y\begin{pmatrix}2\\1\\1\\3\end{pmatrix}+z\begin{pmatrix}2\\6\\2\\4\end{pmatrix}+w\begin{pmatrix}3\\4\\2\\5\end{pmatrix}=\boldsymbol{0}\cdots(*)$ を満たす x,y,z,w は $\begin{pmatrix}x\\y\\z\\w\end{pmatrix}=s\begin{pmatrix}-2\\0\\1\\0\end{pmatrix}+t\begin{pmatrix}-1\\-1\\0\\1\end{pmatrix}$ $(s,t\in\boldsymbol{R})$ と表せる．したがって $z=w=0$ のとき，$(*)$ を満たす x,y は $x=y=0$ に限るから，$\begin{pmatrix}1\\3\\1\\2\end{pmatrix}, \begin{pmatrix}2\\1\\1\\3\end{pmatrix}$ は 1 次独立．$(s,t)=(1,0),(0,1)$ の場合を考えれば

$-2\begin{pmatrix}1\\3\\1\\2\end{pmatrix}+\begin{pmatrix}2\\6\\2\\4\end{pmatrix}=\boldsymbol{0},\ -\begin{pmatrix}1\\3\\1\\2\end{pmatrix}-\begin{pmatrix}2\\1\\1\\3\end{pmatrix}+\begin{pmatrix}3\\4\\2\\5\end{pmatrix}=\boldsymbol{0}$ が得られるので，$\begin{pmatrix}2\\6\\2\\4\end{pmatrix}$ と $\begin{pmatrix}3\\4\\2\\5\end{pmatrix}$ は $\begin{pmatrix}1\\3\\1\\2\end{pmatrix}$ と $\begin{pmatrix}2\\1\\1\\3\end{pmatrix}$ の 1 次結合で

表される．よって $\begin{pmatrix}1\\3\\1\\2\end{pmatrix}, \begin{pmatrix}2\\1\\1\\3\end{pmatrix}$ は与えられた部分空間の基底.

(2) $\begin{pmatrix}-1&0&2&1\\1&1&-1&1\\1&5&3&0\\4&2&-6&1\end{pmatrix} \to \begin{pmatrix}-1&0&2&1\\0&1&1&2\\0&5&5&1\\0&2&2&5\end{pmatrix} \to \begin{pmatrix}-1&0&2&1\\0&1&1&2\\0&0&0&-9\\0&0&0&1\end{pmatrix} \to \begin{pmatrix}1&0&-2&0\\0&1&1&0\\0&0&0&1\\0&0&0&0\end{pmatrix}$ より，

$x\begin{pmatrix}-1\\1\\1\\4\end{pmatrix} + y\begin{pmatrix}0\\1\\5\\2\end{pmatrix} + z\begin{pmatrix}2\\-1\\3\\-6\end{pmatrix} + w\begin{pmatrix}1\\1\\0\\1\end{pmatrix} = \mathbf{0} \cdots (*)$ を満たす x, y, z, w は $\begin{pmatrix}x\\y\\z\\w\end{pmatrix} = t\begin{pmatrix}2\\-1\\1\\0\end{pmatrix}$ $(t \in \boldsymbol{R})$ と表せる．したがって $z = 0$ のとき，$(*)$ を満たす $x, y\,w$ は $x = y = w = 0$ に限り，$\begin{pmatrix}-1\\1\\1\\4\end{pmatrix}, \begin{pmatrix}0\\1\\5\\2\end{pmatrix}, \begin{pmatrix}1\\1\\0\\1\end{pmatrix}$ は 1 次独立．$t = 1$ の場合を考えれば $2\begin{pmatrix}-1\\1\\1\\4\end{pmatrix} - \begin{pmatrix}0\\1\\5\\2\end{pmatrix} + \begin{pmatrix}2\\-1\\3\\-6\end{pmatrix} = \mathbf{0}$ が得られるから，$\begin{pmatrix}2\\-1\\3\\-6\end{pmatrix}$ は $\begin{pmatrix}-1\\1\\1\\4\end{pmatrix}$ と $\begin{pmatrix}0\\1\\5\\2\end{pmatrix}$ の 1 次結合で表される.

よって $\begin{pmatrix}-1\\1\\1\\4\end{pmatrix}, \begin{pmatrix}0\\1\\5\\2\end{pmatrix}, \begin{pmatrix}1\\1\\0\\1\end{pmatrix}$ は与えられた部分空間の基底.

問題 18.3 問題 18.1 (1) $\begin{pmatrix}1&3&1\\2&2&-2\\3&2&-4\end{pmatrix} \to \begin{pmatrix}1&0&0\\2&-4&-4\\3&-7&-7\end{pmatrix} \to \begin{pmatrix}1&0&0\\2&-4&0\\3&-7&0\end{pmatrix}$ よって，$\begin{pmatrix}1\\2\\3\end{pmatrix}, \begin{pmatrix}0\\-4\\-7\end{pmatrix}$ は基底.

(2) $\begin{pmatrix}2&5&1&2\\1&2&1&0\\-1&-2&1&-2\end{pmatrix} \to \begin{pmatrix}0&0&1&0\\-1&-3&1&-2\\-3&-7&1&-4\end{pmatrix} \to \begin{pmatrix}1&0&0&0\\1&-3&-1&-2\\1&-3&-7&-4\end{pmatrix} \to \begin{pmatrix}1&0&0&0\\1&1&0&0\\1&1&1&0\end{pmatrix}$

よって，$\begin{pmatrix}1\\1\\1\end{pmatrix}, \begin{pmatrix}0\\1\\1\end{pmatrix}, \begin{pmatrix}0\\0\\1\end{pmatrix}$ は基底.

問題 18.2 (1) $\begin{pmatrix}1&2&2&3\\3&1&6&4\\1&1&2&2\\2&3&4&5\end{pmatrix} \to \begin{pmatrix}1&0&0&0\\3&-5&0&-5\\1&-1&0&-1\\2&-1&0&-1\end{pmatrix} \to \begin{pmatrix}1&0&0&0\\3&-5&0&-5\\1&-1&0&-1\\2&-1&0&-1\end{pmatrix} \to \begin{pmatrix}1&0&0&0\\3&5&0&0\\1&1&0&0\\2&1&0&0\end{pmatrix}$

よって，$\begin{pmatrix}1\\3\\1\\2\end{pmatrix}, \begin{pmatrix}0\\5\\1\\1\end{pmatrix}$ は基底.

(2) $\begin{pmatrix}-1&0&2&1\\1&1&-1&1\\1&5&3&0\\4&2&-6&1\end{pmatrix} \to \begin{pmatrix}-1&0&0&0\\1&1&1&2\\1&5&5&1\\4&2&2&5\end{pmatrix} \to \begin{pmatrix}-1&0&0&0\\1&1&0&0\\11&5&-9&0\\4&2&1&0\end{pmatrix}$ よって，$\begin{pmatrix}-1\\1\\11\\4\end{pmatrix}, \begin{pmatrix}0\\1\\5\\2\end{pmatrix}, \begin{pmatrix}0\\0\\-9\\1\end{pmatrix}$ は基底.

問題 19 (1) $c_1 1 + c_2(1+x) + c_3 x + c_4(1+x+x^2) = 0 \cdots (*)$ とおけば，左辺は $(c_1+c_2+c_4) + (c_2+c_3+c_4)x + c_4 x^2$ に等しいため，上式が成り立つためには，c_1, c_2, c_3, c_4 が $\begin{pmatrix}1&1&0&1\\0&1&1&1\\0&0&0&1\end{pmatrix}$ を係数行列とする斉次連立 1 次方程式の解であることが必要十分である．$\begin{pmatrix}1&1&0&1\\0&1&1&1\\0&0&0&1\end{pmatrix} \to \begin{pmatrix}1&0&-1&0\\0&1&1&1\\0&0&0&1\end{pmatrix}$ $\to \begin{pmatrix}1&0&-1&0\\0&1&1&0\\0&0&0&1\end{pmatrix}$ だから，c_1, c_2, c_3, c_4 は $\begin{pmatrix}c_1\\c_2\\c_3\\c_4\end{pmatrix} = t\begin{pmatrix}1\\-1\\1\\0\end{pmatrix}$ $(t \in \boldsymbol{R})$ と表せる．したがって $c_2 = 0$ のとき，$(*)$ を満たす c_1, c_3, c_4 は $c_1 = c_3 = c_4 = 0$ に限るため，$1, x, 1+x+x^2$ は 1 次独立である．$1+x$ は 1 と x の 1 次結合だから，$1, x, 1+x+x^2$ は与えられた部分空間の基底.

(2) $c_1(1+x) + c_2(x-x^2) + c_3(x^2-x^3) + c_4(1+2x-x^3) = 0 \cdots (*)$ とおけば，左辺は $(c_1+c_4) + (c_1+c_2+2c_4)x + (-c_2+c_3)x^2 + (-c_3-c_4)x^3$ に等しいため，上式が成り立つためには，c_1, c_2, c_3, c_4

が $\begin{pmatrix}1&0&0&1\\1&1&0&2\\0&-1&1&0\\0&0&-1&-1\end{pmatrix}$ を係数行列とする斉次連立 1 次方程式の解であることが必要十分である.

$\begin{pmatrix}1&0&0&1\\1&1&0&2\\0&-1&1&0\\0&0&-1&-1\end{pmatrix} \to \begin{pmatrix}1&0&0&1\\0&1&0&1\\0&0&1&1\\0&0&-1&-1\end{pmatrix} \to \begin{pmatrix}1&0&0&1\\0&1&0&1\\0&0&1&1\\0&0&0&0\end{pmatrix}$ だから, $(*)$ を満たす c_1, c_2, c_3, c_4 は

$\begin{pmatrix}c_1\\c_2\\c_3\\c_4\end{pmatrix} = t\begin{pmatrix}-1\\-1\\-1\\1\end{pmatrix}$ $(t \in \boldsymbol{R})$ と表せる. $c_4 = 0$ のとき, $t = 0$ で $(*)$ を満たす c_1, c_2, c_3 は $c_1 = c_2 = c_3 = 0$ に限るため, $1+x, x-x^2, x^2-x^3$ は 1 次独立である. $t = 1$ として, $-(1+x)-(x-x^2)-(x^2-x^3)+(1+2x-x^3) = 0$ が得られ, $1+2x-x^3$ は $1+x, x-x^2, x^2-x^3$ の 1 次結合だから $1+x$, $x-x^2$, x^2-x^3 は与えられた部分空間の基底.

(3) $c_1(x^2+x^3)+c_2(1+x^2-x^3)+c_3(-1+2x^3)+c_4(2+3x^2-x^3) = 0 \cdots (*)$ とおけば, 左辺は $(c_2-c_3+2_4)+(c_1+c_2+3c_4)x^2+(c_1-c_2+2c_3-c_4)x^3 = 0$ に等しいため, 上式が成り立つためには, c_1, c_2, c_3, c_4 が $\begin{pmatrix}0&1&-1&2\\1&1&0&3\\1&-1&2&-1\end{pmatrix}$ を係数行列とする斉次連立 1 次方程式の解であることが必要十分である. $\begin{pmatrix}0&1&-1&2\\1&1&0&3\\1&-1&2&-1\end{pmatrix}$ $\to \begin{pmatrix}1&1&0&3\\0&2&-2&4\\0&1&-1&2\end{pmatrix} \to \begin{pmatrix}1&0&1&1\\0&1&-1&2\\0&0&0&0\end{pmatrix}$ だから, c_1, c_2, c_3, c_4 は $\begin{pmatrix}c_1\\c_2\\c_3\\c_4\end{pmatrix} = s\begin{pmatrix}-1\\1\\1\\0\end{pmatrix} + t\begin{pmatrix}-1\\-2\\0\\1\end{pmatrix}$ $(s, t \in \boldsymbol{R})$ と表せる. したがって $c_3 = c_4 = 0$ のとき, $(*)$ を満たす c_1, c_2 は $c_1 = c_2 = 0$ に限るため, $x^2+x^3, 1+x^2-x^3$ は 1 次独立であり, $(s,t) = (1,0), (0,1)$ とすれば $-(x^2+x^3)+(1+x^2-x^3)+(-1+2x^3) = 0$, $-(x^2+x^3)-2(1+x^2-x^3)+(2+3x^2-x^3) = 0$ が得られ, $-1+2x^3$, $2+3x^2-x^3$ は $x^2+x^3, 1+x^2-x^3$ の 1 次結合だから, x^2+x^3, $1+x^2-x^3$ は与えられた部分空間の基底.

問題 20.1 W_1+W_2 は $\begin{pmatrix}1\\1\\0\end{pmatrix}, \begin{pmatrix}1\\0\\1\end{pmatrix}, \begin{pmatrix}1\\0\\-1\end{pmatrix}$ で生成される部分空間である. $\begin{pmatrix}1&1&1\\1&0&0\\0&1&-1\end{pmatrix} \to \begin{pmatrix}0&1&1\\1&0&0\\0&1&-1\end{pmatrix}$ $\to \begin{pmatrix}0&1&1\\1&0&0\\0&0&-2\end{pmatrix} \to \begin{pmatrix}1&0&0\\0&1&0\\0&0&1\end{pmatrix}$ だから, $\begin{pmatrix}1\\1\\0\end{pmatrix}, \begin{pmatrix}1\\0\\1\end{pmatrix}, \begin{pmatrix}1\\0\\-1\end{pmatrix}$ は 1 次独立. よって W_1+W_2 は $\boldsymbol{R}^3$ の 3 次元部分空間であり, $\boldsymbol{R}^3$ に一致して, その基底として基本ベクトル $\boldsymbol{e}_1, \boldsymbol{e}_2, \boldsymbol{e}_3$ がとれ, 次元は 3.

問題 20.2 $W_1+W_2 = \left\langle \begin{pmatrix}1\\1\\1\\3\end{pmatrix}, \begin{pmatrix}0\\1\\0\\-1\end{pmatrix}, \begin{pmatrix}2\\-1\\1\\4\end{pmatrix}, \begin{pmatrix}3\\0\\2\\7\end{pmatrix} \right\rangle$ である. $\begin{pmatrix}1&0&2&3\\1&1&-1&0\\1&0&1&2\\3&-1&4&7\end{pmatrix} \to \begin{pmatrix}1&0&2&3\\0&1&-3&-3\\0&0&-1&-1\\0&-1&-2&-2\end{pmatrix}$ $\to \begin{pmatrix}1&0&2&3\\0&1&-3&-3\\0&0&-1&-1\\0&0&-5&-5\end{pmatrix} \to \begin{pmatrix}1&0&0&1\\0&1&0&0\\0&0&1&1\\0&0&0&0\end{pmatrix}$ だから, $x\begin{pmatrix}1\\1\\1\\3\end{pmatrix} + y\begin{pmatrix}0\\1\\0\\-1\end{pmatrix} + z\begin{pmatrix}2\\-1\\1\\4\end{pmatrix} + w\begin{pmatrix}3\\0\\2\\7\end{pmatrix} = \boldsymbol{0}$ を満たす x, y, z, w は $\begin{pmatrix}x\\y\\z\\w\end{pmatrix} = t\begin{pmatrix}-1\\0\\-1\\1\end{pmatrix}$ $(t \in \boldsymbol{R})$ と表せる. $w = 0$ とすると $x = y = z = 0$ となるから, $\begin{pmatrix}1\\1\\1\\3\end{pmatrix}, \begin{pmatrix}0\\1\\0\\-1\end{pmatrix}, \begin{pmatrix}2\\-1\\1\\4\end{pmatrix}$ は 1 次独立. $t = 1$ の場合を考えれば $-\begin{pmatrix}1\\1\\1\\3\end{pmatrix} - \begin{pmatrix}2\\-1\\1\\4\end{pmatrix} + \begin{pmatrix}3\\0\\2\\7\end{pmatrix} = \boldsymbol{0}$ が得られるため, $\begin{pmatrix}3\\0\\2\\7\end{pmatrix}$ は他のベクトルの 1 次結合で表される. よって $\begin{pmatrix}1\\1\\1\\3\end{pmatrix}, \begin{pmatrix}0\\1\\0\\-1\end{pmatrix}, \begin{pmatrix}2\\-1\\1\\4\end{pmatrix}$ は W_1+W_2 の基底で, W_1+W_2 の次元は 3.

問題 20.3 $c_1(x^2+x^3)+c_2(1-x^3)+c_3(1+x^2)+c_4(x-x^2+2x^3) = 0 \cdots (*)$ とおけば, 左辺は $(c_2+c_3)+c_4x+(c_1+c_3-c_4)x^2+(c_1-c_2+2c_4)x^3 = 0$ に等しいため, 上式が成り立つためには, c_1, c_2, c_3, c_4 が $\begin{pmatrix}0&1&1&0\\0&0&0&1\\1&0&1&-1\\1&-1&0&2\end{pmatrix}$ を係数行列とする斉次連立 1 次方程式の解であることが必要十分である. $\begin{pmatrix}0&1&1&0\\0&0&0&1\\1&0&1&-1\\1&-1&0&2\end{pmatrix}$

$\to \begin{pmatrix} 0 & 1 & 1 & 0 \\ 0 & 0 & 0 & 1 \\ 1 & 0 & 1 & -1 \\ 0 & -1 & -1 & 3 \end{pmatrix} \to \begin{pmatrix} 0 & 1 & 1 & 0 \\ 0 & 0 & 0 & 1 \\ 1 & 0 & 1 & -1 \\ 0 & 0 & 0 & 3 \end{pmatrix} \to \begin{pmatrix} 1 & 0 & 1 & 0 \\ 0 & 1 & 1 & 0 \\ 0 & 0 & 0 & 1 \\ 0 & 0 & 0 & 0 \end{pmatrix}$ だから，c_1, c_2, c_3, c_4 は $\begin{pmatrix} c_1 \\ c_2 \\ c_3 \\ c_4 \end{pmatrix} = t \begin{pmatrix} -1 \\ -1 \\ 1 \\ 0 \end{pmatrix}$
($t \in \boldsymbol{R}$) と表せる．したがって $c_1 = 0$ のとき，(*) を満たす c_2, c_3, c_4 は $c_2 = c_3 = c_4 = 0$ に限るため，
$1 - x^3$, $1 + x^2$, $x - x^2 + 2x^3$ は 1 次独立である．$t = 1$ とすれば $-(x^2 + x^3) - (1 - x^3) + (1 + x^2) = 0$ が得られ，
$x^2 + x^3$ は $1 - x^3$ と $1 + x^2$ の 1 次結合である．よって $1 - x^3$, $1 + x^2$, $x - x^2 + 2x^3$ は $W_1 + W_2$ の基底で，
$W_1 + W_2$ の次元は 3.

問題 20.4 $\begin{pmatrix} 1 & 1 & -1 & 2 \\ 2 & 3 & 1 & 4 \end{pmatrix} \to \begin{pmatrix} 1 & 1 & -1 & 2 \\ 0 & 1 & 3 & 0 \end{pmatrix} \to \begin{pmatrix} 1 & 0 & -4 & 2 \\ 0 & 1 & 3 & 0 \end{pmatrix}$ だから，W_2 のベクトルは $s \begin{pmatrix} 4 \\ -3 \\ 1 \\ 0 \end{pmatrix} + t \begin{pmatrix} -2 \\ 0 \\ 0 \\ 1 \end{pmatrix}$

$(s, t \in \boldsymbol{R})$ と表せる．したがって，$W_1 + W_2$ は $\begin{pmatrix} 1 \\ -1 \\ 4 \\ 3 \end{pmatrix}, \begin{pmatrix} 1 \\ 2 \\ 3 \\ 1 \end{pmatrix}, \begin{pmatrix} 4 \\ -3 \\ 1 \\ 0 \end{pmatrix}, \begin{pmatrix} -2 \\ 0 \\ 0 \\ 1 \end{pmatrix}$ で生成される部分空間である．

$\begin{pmatrix} 1 & 1 & 4 & -2 \\ -1 & 2 & -3 & 0 \\ 4 & 3 & 1 & 0 \\ 3 & 1 & 0 & 1 \end{pmatrix} \to \begin{pmatrix} 1 & 1 & 4 & -2 \\ 0 & 3 & 1 & -2 \\ 0 & -1 & -15 & 8 \\ 0 & -2 & -12 & 7 \end{pmatrix} \to \begin{pmatrix} 1 & 0 & -11 & 6 \\ 0 & 0 & -44 & 22 \\ 0 & -1 & -15 & 8 \\ 0 & 0 & 18 & -9 \end{pmatrix} \to \begin{pmatrix} 1 & 0 & 0 & \frac{1}{2} \\ 0 & 1 & 0 & -\frac{1}{2} \\ 0 & 0 & 1 & -\frac{1}{2} \\ 0 & 0 & 0 & 0 \end{pmatrix}$ だから，

$x \begin{pmatrix} 1 \\ -1 \\ 4 \\ 3 \end{pmatrix} + y \begin{pmatrix} 1 \\ 2 \\ 3 \\ 1 \end{pmatrix} + z \begin{pmatrix} 4 \\ -3 \\ 1 \\ 0 \end{pmatrix} + w \begin{pmatrix} -2 \\ 0 \\ 0 \\ 1 \end{pmatrix} = \boldsymbol{0}$ を満たす x, y, z, w は $\begin{pmatrix} x \\ y \\ z \\ w \end{pmatrix} = t \begin{pmatrix} -1 \\ 1 \\ 1 \\ 2 \end{pmatrix}$ ($t \in \boldsymbol{R}$) と表せる．したがっ

て $w = 0$ のとき，(*) を満たす x, y, z は $x = y = z = 0$ に限るので，$\begin{pmatrix} 1 \\ -1 \\ 4 \\ 3 \end{pmatrix}, \begin{pmatrix} 1 \\ 2 \\ 3 \\ 1 \end{pmatrix}, \begin{pmatrix} 4 \\ -3 \\ 1 \\ 0 \end{pmatrix}$ は 1 次独立である．$t = 1$

の場合を考えれば $-\begin{pmatrix} 1 \\ -1 \\ 4 \\ 3 \end{pmatrix} + \begin{pmatrix} 1 \\ 2 \\ 3 \\ 1 \end{pmatrix} + \begin{pmatrix} 4 \\ -3 \\ 1 \\ 0 \end{pmatrix} + 2 \begin{pmatrix} -2 \\ 0 \\ 0 \\ 1 \end{pmatrix} = \boldsymbol{0}$ が得られ，$\begin{pmatrix} 4 \\ -3 \\ 1 \\ 0 \end{pmatrix}$ は他のベクトルの 1 次結合で表され

る．よって $\begin{pmatrix} 1 \\ -1 \\ 4 \\ 3 \end{pmatrix}, \begin{pmatrix} 1 \\ 2 \\ 3 \\ 1 \end{pmatrix}, \begin{pmatrix} 4 \\ -3 \\ 1 \\ 0 \end{pmatrix}$ は $W_1 + W_2$ の基底で，$W_1 + W_2$ の次元は 3.

問題 21 (1) $W_1 \cap W_2$ は $\begin{pmatrix} 1 & 1 & 2 \\ 2 & 3 & 1 \\ 3 & 3 & -4 \end{pmatrix}$ を係数行列とする斉次連立 1 次方程式の解空間である．

$\begin{pmatrix} 1 & 1 & 2 \\ 2 & 3 & 1 \\ 3 & 3 & -4 \end{pmatrix} \to \begin{pmatrix} 1 & 1 & 2 \\ 0 & 1 & -3 \\ 0 & 0 & -10 \end{pmatrix} \to \begin{pmatrix} 1 & 0 & 5 \\ 0 & 1 & -3 \\ 0 & 0 & -10 \end{pmatrix} \to \begin{pmatrix} 1 & 0 & 0 \\ 0 & 1 & 0 \\ 0 & 0 & 1 \end{pmatrix}$ だから，この連立 1 次方程式は自明な解しかもたない．したがって，$W_1 \cap W_2$ は零ベクトルのみからなる $\boldsymbol{R}^3$ の部分空間で，0 次元である．(基底は $\varnothing$)

(2) $W_1 \cap W_2$ は $\begin{pmatrix} 1 & -1 & -1 & 1 \\ 0 & 2 & 3 & -2 \\ -2 & 4 & 5 & -2 \\ 1 & 3 & 5 & -4 \end{pmatrix}$ を係数行列とする斉次連立 1 次方程式の解空間である．

$\begin{pmatrix} 1 & -1 & -1 & 1 \\ 0 & 2 & 3 & -2 \\ -2 & 4 & 5 & -2 \\ 1 & 3 & 5 & -4 \end{pmatrix} \to \begin{pmatrix} 1 & -1 & -1 & 1 \\ 0 & 2 & 3 & -2 \\ 0 & 2 & 3 & 0 \\ 0 & 4 & 6 & -5 \end{pmatrix} \to \begin{pmatrix} 1 & 0 & \frac{1}{2} & 0 \\ 0 & 2 & 3 & -2 \\ 0 & 0 & 0 & 2 \\ 0 & 0 & 0 & -1 \end{pmatrix} \to \begin{pmatrix} 1 & 0 & \frac{1}{2} & 0 \\ 0 & 1 & \frac{3}{2} & 0 \\ 0 & 0 & 0 & 1 \\ 0 & 0 & 0 & 0 \end{pmatrix}$ だから，$W_1 \cap W_2$ のベク

トルは $t \begin{pmatrix} -1 \\ -3 \\ 2 \\ 0 \end{pmatrix}$ ($t \in \boldsymbol{R}$) と表せる．したがって，$W_1 \cap W_2$ は $\begin{pmatrix} -1 \\ -3 \\ 2 \\ 0 \end{pmatrix}$ を基底とする部分空間で，1 次元である．

問題 22 (1) $A \to \begin{pmatrix} 1 & -2 & -1 & 3 \\ 0 & 0 & 0 & 0 \end{pmatrix}$ だから，$A\boldsymbol{x} = \boldsymbol{0}$ の解は $\boldsymbol{x} = s \begin{pmatrix} 2 \\ 1 \\ 0 \\ 0 \end{pmatrix} + t \begin{pmatrix} 1 \\ 0 \\ 1 \\ 0 \end{pmatrix} + u \begin{pmatrix} -3 \\ 0 \\ 0 \\ 1 \end{pmatrix}$ ($s, t, u \in \boldsymbol{R}$) と表せ，

また $\begin{pmatrix}2\\1\\0\\0\end{pmatrix}, \begin{pmatrix}1\\0\\1\\0\end{pmatrix}, \begin{pmatrix}-3\\0\\0\\1\end{pmatrix}$ は 1 次独立だから，$\mathrm{Ker}\ T_A$ の基底である．したがって $\dim \mathrm{Ker}\ T_A = 3$.

(2) $A \to \begin{pmatrix}1&0&-4&1\\0&1&3&2\end{pmatrix}$ だから，$A\boldsymbol{x} = \boldsymbol{0}$ の解は $\boldsymbol{x} = s\begin{pmatrix}4\\-3\\1\\0\end{pmatrix} + t\begin{pmatrix}-1\\-2\\0\\1\end{pmatrix}$ $(s, t \in \boldsymbol{R})$ と表せ，また $\begin{pmatrix}4\\-3\\1\\0\end{pmatrix}, \begin{pmatrix}-1\\-2\\0\\1\end{pmatrix}$ は 1 次独立だから，$\mathrm{Ker}\ T_A$ の基底である．したがって $\dim \mathrm{Ker}\ T_A = 2$.

(3) $A \to \begin{pmatrix}1&-1&1&7\\0&1&-3&-4\\0&1&-3&-4\end{pmatrix} \to \begin{pmatrix}1&0&-2&3\\0&1&-3&-4\\0&0&0&0\end{pmatrix}$ だから，$A\boldsymbol{x} = \boldsymbol{0}$ の解は $\boldsymbol{x} = s\begin{pmatrix}2\\3\\1\\0\end{pmatrix} + t\begin{pmatrix}-3\\4\\0\\1\end{pmatrix}$ $(s, t \in \boldsymbol{R})$ と表せ，また $\begin{pmatrix}2\\3\\1\\0\end{pmatrix}, \begin{pmatrix}-3\\4\\0\\1\end{pmatrix}$ は 1 次独立だから，$\mathrm{Ker}\ T_A$ の基底である．したがって $\dim \mathrm{Ker}\ T_A = 2$.

(4) $A \to \begin{pmatrix}-1&-2&-3&0\\0&-1&1&1\\0&-2&3&4\end{pmatrix} \to \begin{pmatrix}-1&0&-5&-2\\0&-1&1&1\\0&0&1&2\end{pmatrix} \to \begin{pmatrix}1&0&0&-8\\0&1&0&1\\0&0&1&2\end{pmatrix}$ だから，$A\boldsymbol{x} = \boldsymbol{0}$ の解は $\boldsymbol{x} = t\begin{pmatrix}8\\-1\\-2\\1\end{pmatrix}$ $(t \in \boldsymbol{R})$ と表せ，また $\begin{pmatrix}8\\-1\\-2\\1\end{pmatrix}$ は 1 次独立だから，$\mathrm{Ker}\ T_A$ の基底である．したがって $\dim \mathrm{Ker}\ T_A = 1$.

問題 23 (1) $\mathrm{Im}\ T_A$ は A の列ベクトルで生成されるが，A の第 1 列と第 2 列は一致しているため，$\mathrm{Im}\ T_A$ は A の第 1, 3, 4 列で生成される．$\begin{pmatrix}1&1&1\\2&1&3\\-1&3&-5\end{pmatrix} \to \begin{pmatrix}1&1&1\\0&-1&1\\0&4&-4\end{pmatrix} \to \begin{pmatrix}1&0&2\\0&1&-1\\0&0&0\end{pmatrix}$ だから，
$x\begin{pmatrix}1\\2\\-1\end{pmatrix} + y\begin{pmatrix}1\\1\\3\end{pmatrix} + z\begin{pmatrix}1\\3\\-5\end{pmatrix} = \boldsymbol{0} \cdots (*)$ を満たす x, y, z は $\begin{pmatrix}x\\y\\z\end{pmatrix} = t\begin{pmatrix}-2\\1\\1\end{pmatrix}$ $(t \in \boldsymbol{R})$ と表せる．したがって $z = 0$ のとき，$(*)$ を満たす x, y は $x = y = 0$ に限るから，A の第 1 列と第 3 列は 1 次独立である．$t = 1$ の場合を考えれば
$-2\begin{pmatrix}1\\2\\-1\end{pmatrix} + \begin{pmatrix}1\\1\\3\end{pmatrix} + \begin{pmatrix}1\\3\\-5\end{pmatrix} = \boldsymbol{0}$ が得られ，A の第 4 列は，第 1 列と第 3 列の 1 次結合で表される．ゆえに $\mathrm{Im}\ T_A$ の基底として $\begin{pmatrix}1\\2\\-1\end{pmatrix}, \begin{pmatrix}1\\1\\3\end{pmatrix}$ がとれ，次元は 2.

(2) $A \to \begin{pmatrix}-1&1&2&1\\0&2&2&-4\\0&3&5&5\end{pmatrix} \to \begin{pmatrix}-1&1&2&1\\0&2&2&-4\\0&0&2&11\end{pmatrix} \to \begin{pmatrix}1&0&0&\frac{5}{2}\\0&1&0&-\frac{15}{2}\\0&0&1&\frac{11}{2}\end{pmatrix}$ だから，
$x\begin{pmatrix}-1\\1\\1\end{pmatrix} + y\begin{pmatrix}1\\1\\2\end{pmatrix} + z\begin{pmatrix}2\\0\\3\end{pmatrix} + w\begin{pmatrix}1\\-5\\4\end{pmatrix} = 0 \cdots (*)$ を満たす x, y, z, w は $\begin{pmatrix}x\\y\\z\\w\end{pmatrix} = t\begin{pmatrix}-5\\15\\-11\\2\end{pmatrix}$ $(t \in \boldsymbol{R})$ と表せる．したがって，$w = 0$ のとき，$t = 0$ で $x = y = z = 0$ に限るから，A の第 1, 2, 3 列は 1 次独立であり，したがって，$\mathrm{Im}\, T_A = \boldsymbol{R}^3$ である．よって，基底として $\begin{pmatrix}-1\\1\\1\end{pmatrix}, \begin{pmatrix}1\\1\\2\end{pmatrix}, \begin{pmatrix}2\\0\\3\end{pmatrix}$ がとれ，$\dim \mathrm{Im}\, T_A = 3$.

(3) $A \to \begin{pmatrix}1&0&2&1\\0&1&-1&1\\0&1&-1&1\\0&-1&1&-1\end{pmatrix} \to \begin{pmatrix}1&0&2&1\\0&1&-1&1\\0&0&0&0\\0&0&0&0\end{pmatrix}$ だから，$x\begin{pmatrix}1\\0\\2\\1\end{pmatrix} + y\begin{pmatrix}0\\1\\1\\-1\end{pmatrix} + z\begin{pmatrix}2\\-1\\3\\3\end{pmatrix} + w\begin{pmatrix}1\\1\\3\\0\end{pmatrix} = \boldsymbol{0} \cdots (*)$ を満たす x, y, z, w は $\begin{pmatrix}x\\y\\z\\w\end{pmatrix} = s\begin{pmatrix}-2\\1\\1\\0\end{pmatrix} + t\begin{pmatrix}-1\\-1\\0\\1\end{pmatrix}$ $(s, t \in \boldsymbol{R})$ と表せる．したがって $z = w = 0$ のとき，$(*)$ を満たす x, y は $x = y = 0$ に限るから，A の第 1 列と第 2 列は 1 次独立である．$(s, t) = (1, 0), (0, 1)$ の場合を考えれば
$-2\begin{pmatrix}1\\0\\2\\1\end{pmatrix} + \begin{pmatrix}0\\1\\1\\-1\end{pmatrix} + \begin{pmatrix}2\\-1\\3\\3\end{pmatrix} = \boldsymbol{0},\ -\begin{pmatrix}1\\0\\2\\1\end{pmatrix} - \begin{pmatrix}0\\1\\1\\-1\end{pmatrix} + \begin{pmatrix}1\\1\\3\\0\end{pmatrix} = \boldsymbol{0}$ が得られ，A の第 3 列と第 4 列は，第 1 列と第 2

列の 1 次結合で表される．ゆえに $\mathrm{Im}\ T_A$ の基底として $\begin{pmatrix}1\\0\\2\\1\end{pmatrix}$, $\begin{pmatrix}0\\1\\1\\-1\end{pmatrix}$ がとれ，次元は 2.

(4) $A \to \begin{pmatrix}1&2&1&1\\0&1&1&-1\\0&1&-1&2\\0&4&2&-1\end{pmatrix} \to \begin{pmatrix}1&0&-1&3\\0&1&1&-1\\0&0&-2&3\\0&0&-2&3\end{pmatrix} \to \begin{pmatrix}1&0&0&\frac{3}{2}\\0&1&0&\frac{1}{2}\\0&0&1&-\frac{3}{2}\\0&0&0&0\end{pmatrix}$ だから，

$x\begin{pmatrix}1\\-1\\1\\-1\end{pmatrix}+y\begin{pmatrix}2\\-1\\3\\2\end{pmatrix}+z\begin{pmatrix}1\\0\\0\\1\end{pmatrix}+w\begin{pmatrix}1\\-2\\3\\-2\end{pmatrix}=\mathbf{0}\ \cdots(*)$ を満たす x, y, z, w は $\begin{pmatrix}x\\y\\z\\w\end{pmatrix}=t\begin{pmatrix}-3\\-1\\3\\2\end{pmatrix}$ $(t \in \boldsymbol{R})$ と表せる．したがって $w=0$ のとき，$(*)$ を満たす x, y, z は $x=y=z=0$ に限るから，A の第 1 列，第 2 列，第 3 列は 1 次独立である．$t=1$ の場合を考えれば $-3\begin{pmatrix}1\\-1\\1\\-1\end{pmatrix}-\begin{pmatrix}2\\-1\\3\\2\end{pmatrix}+3\begin{pmatrix}1\\0\\0\\1\end{pmatrix}+2\begin{pmatrix}1\\-2\\3\\-2\end{pmatrix}=\mathbf{0}$ が得られ，A の第 4 列は，第 1 列，第 2 列，第 3 列の 1 次結合で表される．ゆえに $\mathrm{Im}\ T_A$ の基底として $\begin{pmatrix}1\\-1\\1\\-1\end{pmatrix}$, $\begin{pmatrix}2\\-1\\3\\2\end{pmatrix}$, $\begin{pmatrix}1\\0\\0\\1\end{pmatrix}$ がとれ，次元は 3.

問題 24.1 (1) $x\begin{pmatrix}2\\3\end{pmatrix}+y\begin{pmatrix}3\\4\end{pmatrix}=\begin{pmatrix}3\\1\end{pmatrix}$ を満たす x, y は $\left(\begin{array}{cc|c}2&3&3\\3&4&1\end{array}\right)$ を拡大係数行列とする連立 1 次方程式の解であり，$\left(\begin{array}{cc|c}2&3&3\\3&4&1\end{array}\right)\to\left(\begin{array}{cc|c}2&3&3\\1&1&-2\end{array}\right)\to\left(\begin{array}{cc|c}0&1&7\\1&1&-2\end{array}\right)\to\left(\begin{array}{cc|c}1&0&-9\\0&1&7\end{array}\right)$ より $x=-9$, $y=7$ だから，求める座標は $\begin{pmatrix}-9\\7\end{pmatrix}$.

(2) $x\begin{pmatrix}2\\2\end{pmatrix}+y\begin{pmatrix}3\\5\end{pmatrix}=\begin{pmatrix}3\\1\end{pmatrix}$ を満たす x, y は $\left(\begin{array}{cc|c}2&3&3\\2&5&1\end{array}\right)$ を拡大係数行列とする連立 1 次方程式の解であり，$\left(\begin{array}{cc|c}2&3&3\\2&5&1\end{array}\right)\to\left(\begin{array}{cc|c}2&3&3\\0&2&-2\end{array}\right)\to\left(\begin{array}{cc|c}1&0&3\\0&1&-1\end{array}\right)$ より $x=3$, $y=-1$ だから，求める座標は $\begin{pmatrix}3\\-1\end{pmatrix}$.

問題 24.2 (1) $x\begin{pmatrix}0\\1\\0\end{pmatrix}+y\begin{pmatrix}-1\\0\\0\end{pmatrix}+z\begin{pmatrix}1\\-2\\1\end{pmatrix}=\begin{pmatrix}1\\-2\\3\end{pmatrix}$ を満たす x, y, z は $\left(\begin{array}{ccc|c}0&-1&1&1\\1&0&-2&-2\\0&0&1&3\end{array}\right)$ を拡大係数行列とする連立 1 次方程式の解であり，$\left(\begin{array}{ccc|c}0&-1&1&1\\1&0&-2&-2\\0&0&1&3\end{array}\right)\to\left(\begin{array}{ccc|c}1&0&0&4\\0&1&0&2\\0&0&1&3\end{array}\right)$ より，求める座標は $\begin{pmatrix}4\\2\\3\end{pmatrix}$.

(2) $x\begin{pmatrix}-3\\-1\\1\end{pmatrix}+y\begin{pmatrix}2\\5\\-2\end{pmatrix}+z\begin{pmatrix}-2\\-2\\1\end{pmatrix}=\begin{pmatrix}1\\-2\\3\end{pmatrix}$ を満たす x, y, z は $\left(\begin{array}{ccc|c}-3&2&-2&1\\-1&5&-2&-2\\1&-2&1&3\end{array}\right)$ を拡大係数行列とする連立 1 次方程式の解であり，$\left(\begin{array}{ccc|c}-3&2&-2&1\\-1&5&-2&-2\\1&-2&1&3\end{array}\right)\to\cdots\to\left(\begin{array}{ccc|c}0&-1&0&11\\0&3&-1&1\\1&1&0&4\end{array}\right)\to\left(\begin{array}{ccc|c}1&0&0&15\\0&1&0&-11\\0&0&1&-34\end{array}\right)$ より，求める座標は $\begin{pmatrix}15\\-11\\-34\end{pmatrix}$.

問題 24.3 (1) $i\begin{pmatrix}1\\0\end{pmatrix}+1\begin{pmatrix}0\\1\end{pmatrix}=\begin{pmatrix}i\\1\end{pmatrix}$ だから，求める座標は $\begin{pmatrix}i\\1\end{pmatrix}$.

(2) $0\begin{pmatrix}1\\i\end{pmatrix}+1\begin{pmatrix}i\\1\end{pmatrix}=\begin{pmatrix}i\\1\end{pmatrix}$ だから，求める座標は $\begin{pmatrix}0\\1\end{pmatrix}$.

問題 24.4 (1) $1\cdot1+2x+3x^2=3x^2+2x+1$ だから，求める座標は $\begin{pmatrix}1\\2\\3\end{pmatrix}$.

(2) $a(1-x+x^2)+b(1+x+x^2)+c(1+x)=3x^2+2x+1$ とおけば，左辺は $(a+b)x^2+(-a+b+c)x+a+b+c$ に等しいため，上式を満たす a, b, c は連立 1 次方程式 $\begin{cases}a+b=3\\-a+b+c=2\\a+b+c=1\end{cases}$ の解である．1 つ目と 3 つ目の式から $c=-2$ だから，2 つ目の式から $b=a+4$. これを 1 つ目の式に代入すれば $a=-\frac{1}{2}$ が得られる．したがって求める座標は $\begin{pmatrix}-\frac{1}{2}\\\frac{7}{2}\\-2\end{pmatrix}$.

問題 25.1 (1) $f\left(\begin{pmatrix}1\\1\end{pmatrix}\right)=A\begin{pmatrix}1\\1\end{pmatrix}=\begin{pmatrix}2\\2\end{pmatrix}=2\begin{pmatrix}1\\1\end{pmatrix}+0\begin{pmatrix}1\\-1\end{pmatrix}$ であり，

$f\left(\begin{pmatrix}1\\-1\end{pmatrix}\right)=A\begin{pmatrix}1\\-1\end{pmatrix}=\begin{pmatrix}6\\4\end{pmatrix}=x\begin{pmatrix}1\\1\end{pmatrix}+y\begin{pmatrix}1\\-1\end{pmatrix}$ とおくと $x+y=6$，$x-y=4$ より $x=5$，$y=1$ である．よって，与えられた基底による f の表現行列は $\begin{pmatrix}2&5\\0&1\end{pmatrix}$.

(2) $f\left(\begin{pmatrix}1\\1\end{pmatrix}\right)=A\begin{pmatrix}1\\1\end{pmatrix}=\begin{pmatrix}2\\2\end{pmatrix}=2\begin{pmatrix}1\\1\end{pmatrix}+0\begin{pmatrix}2\\3\end{pmatrix}$ であり，$f\left(\begin{pmatrix}2\\3\end{pmatrix}\right)=A\begin{pmatrix}2\\3\end{pmatrix}=\begin{pmatrix}2\\3\end{pmatrix}=0\begin{pmatrix}1\\1\end{pmatrix}+1\begin{pmatrix}2\\3\end{pmatrix}$ だから，与えられた基底による f の表現行列は $\begin{pmatrix}2&0\\0&1\end{pmatrix}$.

問題 25.2 (1) $f\left(\begin{pmatrix}1\\0\\1\end{pmatrix}\right)=A\begin{pmatrix}1\\0\\1\end{pmatrix}=\begin{pmatrix}3\\0\\3\end{pmatrix}=3\begin{pmatrix}1\\0\\1\end{pmatrix}+0\begin{pmatrix}0\\1\\1\end{pmatrix}+0\begin{pmatrix}1\\1\\1\end{pmatrix}$,

$f\left(\begin{pmatrix}0\\1\\1\end{pmatrix}\right)=A\begin{pmatrix}0\\1\\1\end{pmatrix}=\begin{pmatrix}-1\\2\\1\end{pmatrix}=-1\begin{pmatrix}1\\0\\1\end{pmatrix}+2\begin{pmatrix}0\\1\\1\end{pmatrix}+0\begin{pmatrix}1\\1\\1\end{pmatrix}$,

$f\left(\begin{pmatrix}1\\1\\1\end{pmatrix}\right)=A\begin{pmatrix}1\\1\\1\end{pmatrix}=\begin{pmatrix}3\\1\\3\end{pmatrix}=2\begin{pmatrix}1\\0\\1\end{pmatrix}+0\begin{pmatrix}0\\1\\1\end{pmatrix}+1\begin{pmatrix}1\\1\\1\end{pmatrix}$ だから，与えられた基底による f の表現行列は $\begin{pmatrix}3&-1&2\\0&2&0\\0&0&1\end{pmatrix}$.

(2) $f\left(\begin{pmatrix}1\\0\\1\end{pmatrix}\right)=A\begin{pmatrix}1\\0\\1\end{pmatrix}=\begin{pmatrix}3\\0\\3\end{pmatrix}=3\begin{pmatrix}1\\0\\1\end{pmatrix}+0\begin{pmatrix}1\\1\\2\end{pmatrix}+0\begin{pmatrix}0\\1\\0\end{pmatrix}$,

$f\left(\begin{pmatrix}1\\1\\2\end{pmatrix}\right)=A\begin{pmatrix}1\\1\\2\end{pmatrix}=\begin{pmatrix}2\\2\\4\end{pmatrix}=0\begin{pmatrix}1\\0\\1\end{pmatrix}+2\begin{pmatrix}1\\1\\2\end{pmatrix}+0\begin{pmatrix}0\\1\\0\end{pmatrix}$,

$f\left(\begin{pmatrix}0\\1\\0\end{pmatrix}\right)=A\begin{pmatrix}0\\1\\0\end{pmatrix}=\begin{pmatrix}0\\1\\0\end{pmatrix}=0\begin{pmatrix}1\\0\\1\end{pmatrix}+0\begin{pmatrix}1\\1\\2\end{pmatrix}+1\begin{pmatrix}0\\1\\0\end{pmatrix}$ だから，与えられた基底による f の表現行列は $\begin{pmatrix}3&0&0\\0&2&0\\0&0&1\end{pmatrix}$.

問題 25.3 (1) $D(1)=1=1\cdot1+0x+0x^2$，$D(x)=0+x=0\cdot1+1x+0x^2$，$D(x^2)=3x^2=0\cdot1+0x+3x^2$ だから，与えられた基底による D の表現行列は $\begin{pmatrix}1&0&0\\0&1&0\\0&0&3\end{pmatrix}$.

(2) $D(1)=1=1\cdot1+0x+0x^2$，$D(x)=1+x=1\cdot1+1x+0x^2$，$D(x^2)=2x+x^2=0\cdot1+2x+1x^2$ だから，与えられた基底による D の表現行列は $\begin{pmatrix}1&1&0\\0&1&2\\0&0&1\end{pmatrix}$.

問題 26 (1) $D(1)=-2=-2\cdot1+0x+0x^2$，$D(x)=1-2x=1\cdot1+(-2)x+0x^2$，
$D(x^2)=-2+2x=-2\cdot1+2x+0x^2$ だから，$P(\boldsymbol{R}^2)$ の基底 $[1,x,x^2]$ に関する D の表現行列を A とすれば $A=\begin{pmatrix}-2&1&-2\\0&-2&2\\0&0&0\end{pmatrix}$ である．$A\to\begin{pmatrix}-2&0&-1\\0&-2&2\\0&0&0\end{pmatrix}\to\begin{pmatrix}1&0&\frac{1}{2}\\0&1&-1\\0&0&0\end{pmatrix}$ だから，$\mathrm{Ker}\,T_A$ の基底として $\begin{pmatrix}-1\\2\\2\end{pmatrix}$ が選べる．したがって，$\mathrm{Ker}\,D$ の基底として $-1+2x+2x^2$ が選べて，$\dim\mathrm{Ker}\,D=1$ である．

(2) $D(1)=1=1\cdot1+0x+0x^2$, $D(x)=-1=-1\cdot1+0\cdot x+0\cdot x^2$, $D(x^2)=4-x^2=4\cdot1+0\cdot x+(-1)\cdot x^2$ だから，$P(\boldsymbol{R}^2)$ の基底 $[1,x,x^2]$ に関する D の表現行列を A とすれば $A=\begin{pmatrix}1&-1&4\\0&0&0\\0&0&-1\end{pmatrix}$ である．$A\to\begin{pmatrix}1&-1&0\\0&0&1\\0&0&0\end{pmatrix}$ だから，$\mathrm{Ker}\,T_A$ の基底として $\begin{pmatrix}1\\1\\0\end{pmatrix}$ が選べる．したがって $\mathrm{Ker}\,D$ の基底として $1+x$ が選べて，$\dim\mathrm{Ker}\,D=1$ である．

問題 27.1 (1) $\begin{pmatrix}1\\1\end{pmatrix}=0\begin{pmatrix}1\\0\end{pmatrix}+1\begin{pmatrix}1\\1\end{pmatrix}$，$\begin{pmatrix}2\\1\end{pmatrix}=1\begin{pmatrix}1\\0\end{pmatrix}+1\begin{pmatrix}1\\1\end{pmatrix}$ だから，求める基底の変換行列は $\begin{pmatrix}0&1\\1&1\end{pmatrix}$.

(2) $\boldsymbol{R}^3$ の基底 $\left[\begin{pmatrix}1\\0\\0\end{pmatrix},\begin{pmatrix}0\\1\\0\end{pmatrix},\begin{pmatrix}0\\0\\1\end{pmatrix}\right]$ から基底 $\left[\begin{pmatrix}6\\2\\3\end{pmatrix},\begin{pmatrix}-3\\-1\\-2\end{pmatrix},\begin{pmatrix}2\\1\\1\end{pmatrix}\right]$ への変換行列は $\begin{pmatrix}6&-3&2\\2&-1&1\\3&-2&1\end{pmatrix}$ だから，基底 $\left[\begin{pmatrix}6\\2\\3\end{pmatrix},\begin{pmatrix}-3\\-1\\-2\end{pmatrix},\begin{pmatrix}2\\1\\1\end{pmatrix}\right]$ から基底 $\left[\begin{pmatrix}1\\0\\0\end{pmatrix},\begin{pmatrix}0\\1\\0\end{pmatrix},\begin{pmatrix}0\\0\\1\end{pmatrix}\right]$ への変換行列はこの行列の逆行列であり，

$$\left(\begin{array}{ccc|ccc} 6 & -3 & 2 & 1 & 0 & 0 \\ 2 & -1 & 1 & 0 & 1 & 0 \\ 3 & -2 & 1 & 0 & 0 & 1 \end{array}\right) \to \left(\begin{array}{ccc|ccc} 1 & 0 & 0 & 1 & -1 & -1 \\ 2 & -1 & 1 & 0 & 1 & 0 \\ 3 & -2 & 1 & 0 & 0 & 1 \end{array}\right) \to \left(\begin{array}{ccc|ccc} 1 & 0 & 0 & 1 & -1 & -1 \\ 0 & -1 & 1 & -2 & 3 & 2 \\ 0 & -2 & 1 & -3 & 3 & 4 \end{array}\right)$$

$$\to \left(\begin{array}{ccc|ccc} 1 & 0 & 0 & 1 & -1 & -1 \\ 0 & 1 & -1 & 2 & -3 & -2 \\ 0 & -2 & 1 & -3 & 3 & 4 \end{array}\right) \to \left(\begin{array}{ccc|ccc} 1 & 0 & 0 & 1 & -1 & -1 \\ 0 & 1 & -1 & 2 & -3 & -2 \\ 0 & 0 & -1 & 1 & -3 & 0 \end{array}\right) \to \left(\begin{array}{ccc|ccc} 1 & 0 & 0 & 1 & -1 & -1 \\ 0 & 1 & -1 & 2 & -3 & -2 \\ 0 & 0 & 1 & -1 & 3 & 0 \end{array}\right)$$

$\to \left(\begin{array}{ccc|ccc} 1 & 0 & 0 & 1 & -1 & -1 \\ 0 & 1 & 0 & 1 & 0 & -2 \\ 0 & 0 & 1 & -1 & 3 & 0 \end{array}\right)$ だから，求める基底の変換行列は $\begin{pmatrix} 1 & -1 & -1 \\ 1 & 0 & -2 \\ -1 & 3 & 0 \end{pmatrix}$.

問題 27.2 (1) $1 = 0x + 0x^2 + 1{\cdot}1$, $1 + x = 1x + 0x^2 + 1{\cdot}1$, $1 + x^2 = 0x + 1x^2 + 1{\cdot}1$ だから，求める基底の変換行列は $\begin{pmatrix} 0 & 1 & 0 \\ 0 & 0 & 1 \\ 1 & 1 & 1 \end{pmatrix}$.

(2) $1 = 1{\cdot}1 + 0x + 0x^2 + 0x^3 + 0x^4$, $x = 0{\cdot}1 + 1x + 0x^2 + 0x^3 + 0x^4$,
$x(x-1) = 0{\cdot}1 + (-1)x + 1x^2 + 0x^3 + 0x^4$, $x(x-1)(x-2) = 0{\cdot}1 + 2x + (-3)x^2 + 1x^3 + 0x^4$,
$x(x-1)(x-2)(x-3) = 0{\cdot}1 + (-6)x + 11x^2 + (-6)x^3 + 1x^4$ だから，基底 $[1, x, x^2, x^3, x^4]$ から基底 $[1, x, x(x-1), x(x-1), x(x-1)(x-2), x(x-1)(x-2)(x-3)]$ への変換行列は $\begin{pmatrix} 1 & 0 & 0 & 0 & 0 \\ 0 & 1 & -1 & 2 & -6 \\ 0 & 0 & 1 & -3 & 11 \\ 0 & 0 & 0 & 1 & -6 \\ 0 & 0 & 0 & 0 & 1 \end{pmatrix}$.

基底 $[1, x, x(x-1), x(x-1), x(x-1)(x-2), x(x-1)(x-2)(x-3)]$ から基底 $[1, x, x^2, x^3, x^4]$ への変換行列はこの行列の逆行列であり，$\left(\begin{array}{ccccc|ccccc} 1 & 0 & 0 & 0 & 0 & 1 & 0 & 0 & 0 & 0 \\ 0 & 1 & -1 & 2 & -6 & 0 & 1 & 0 & 0 & 0 \\ 0 & 0 & 1 & -3 & 11 & 0 & 0 & 1 & 0 & 0 \\ 0 & 0 & 0 & 1 & -6 & 0 & 0 & 0 & 1 & 0 \\ 0 & 0 & 0 & 0 & 1 & 0 & 0 & 0 & 0 & 1 \end{array}\right) \to \left(\begin{array}{ccccc|ccccc} 1 & 0 & 0 & 0 & 0 & 1 & 0 & 0 & 0 & 0 \\ 0 & 1 & 0 & -1 & 5 & 0 & 1 & 1 & 0 & 0 \\ 0 & 0 & 1 & -3 & 11 & 0 & 0 & 1 & 0 & 0 \\ 0 & 0 & 0 & 1 & -6 & 0 & 0 & 0 & 1 & 0 \\ 0 & 0 & 0 & 0 & 1 & 0 & 0 & 0 & 0 & 1 \end{array}\right) \to$

$\left(\begin{array}{ccccc|ccccc} 1 & 0 & 0 & 0 & 0 & 1 & 0 & 0 & 0 & 0 \\ 0 & 1 & 0 & 0 & -1 & 0 & 1 & 1 & 1 & 0 \\ 0 & 0 & 1 & 0 & -7 & 0 & 0 & 1 & 3 & 0 \\ 0 & 0 & 0 & 1 & -6 & 0 & 0 & 0 & 1 & 0 \\ 0 & 0 & 0 & 0 & 1 & 0 & 0 & 0 & 0 & 1 \end{array}\right) \to \left(\begin{array}{ccccc|ccccc} 1 & 0 & 0 & 0 & 0 & 1 & 0 & 0 & 0 & 0 \\ 0 & 1 & 0 & 0 & 0 & 0 & 1 & 1 & 1 & 1 \\ 0 & 0 & 1 & 0 & 0 & 0 & 0 & 1 & 3 & 7 \\ 0 & 0 & 0 & 1 & 0 & 0 & 0 & 0 & 1 & 6 \\ 0 & 0 & 0 & 0 & 1 & 0 & 0 & 0 & 0 & 1 \end{array}\right)$ だから，求める基底の変換行列は

$\begin{pmatrix} 1 & 0 & 0 & 0 & 0 \\ 0 & 1 & 1 & 1 & 1 \\ 0 & 0 & 1 & 3 & 7 \\ 0 & 0 & 0 & 1 & 6 \\ 0 & 0 & 0 & 0 & 1 \end{pmatrix}$.

問題 28.1 (1) $(\boldsymbol{u}, \boldsymbol{v}) = 3{\cdot}(-2) + 2{\cdot}2 + 1{\cdot}3 + (-2){\cdot}1 = -1$, $\|\boldsymbol{u}\| = \sqrt{3^2 + 2^2 + 1^2 + (-2)^2} = 3\sqrt{2}$

(2) $(\boldsymbol{u}, \boldsymbol{v}) = 2{\cdot}1 + 1{\cdot}3 + (-3){\cdot}1 + (-1){\cdot}(-1) = 3$, $\|\boldsymbol{u}\| = \sqrt{2^2 + 1^2 + (-3)^2 + (-1)^2} = \sqrt{15}$

問題 28.2 (1) $(\boldsymbol{u}, \boldsymbol{v}) = (2+3i)\overline{(1-i)} + 2i\overline{(3+i)} = 1 + 11i$, $\|\boldsymbol{u}\| = \sqrt{|2+3i|^2 + |2i|^2} = \sqrt{17}$

(2) $(\boldsymbol{u}, \boldsymbol{v}) = (-2-i)\overline{(1+3i)} + (-1-i)\overline{(2-5i)} = -2 - 2i$, $\|\boldsymbol{u}\| = \sqrt{|-2-i|^2 + |-1-i|^2} = \sqrt{7}$

(3) $(\boldsymbol{u}, \boldsymbol{v}) = (3-i)\overline{4} + 2\overline{(1+i)} + i\overline{(4-i)} = 13 - 2i$, $\|\boldsymbol{u}\| = \sqrt{|3-i|^2 + |2|^2 + |i|^2} = \sqrt{15}$

(4) $(\boldsymbol{u}, \boldsymbol{v}) = (4-i)\overline{(2i)} + (2+i)\overline{(3-4i)} + (1-3i)\overline{1} = 1$, $\|\boldsymbol{u}\| = \sqrt{|4-i|^2 + |2+i|^2 + |1-3i|^2} = 4\sqrt{2}$

問題 29.1 (1) $(f(x), g(x)) = \displaystyle\int_0^1 (x + x^2)\,dx = \frac{5}{6}$, $\|f(x)\| = \sqrt{\displaystyle\int_0^1 1^2\,dx} = 1$,
$\|g(x)\| = \sqrt{\displaystyle\int_0^1 (x + x^2)^2\,dx} = \sqrt{\dfrac{31}{30}}$

(2) $(f(x), g(x)) = \displaystyle\int_0^1 (1 + x + 3x^2)(1 - x^3)\,dx = \frac{31}{20}$, $\|f(x)\| = \sqrt{\displaystyle\int_0^1 (1 + x + 3x^2)^2\,dx} = \sqrt{\dfrac{229}{30}}$,
$\|g(x)\| = \sqrt{\displaystyle\int_0^1 (1 - x^3)^2\,dx} = \dfrac{3}{\sqrt{14}}$

問題 29.2 (1) $(f(x), g(x)) = \displaystyle\int_{-1}^1 (x + x^2)\,dx = \frac{2}{3}$, $\|f(x)\| = \sqrt{\displaystyle\int_{-1}^1 1^2\,dx} = \sqrt{2}$,
$\|g(x)\| = \sqrt{\displaystyle\int_{-1}^1 (x + x^2)^2\,dx} = \dfrac{4}{\sqrt{15}}$

(2) $(f(x), g(x)) = \int_{-1}^{1} (1+x+3x^2)(1-x^3)\,dx = \frac{18}{5}$, $\|f(x)\| = \sqrt{\int_{-1}^{1} (1+x+3x^2)^2\,dx} = \sqrt{\frac{154}{15}}$,
$\|g(x)\| = \sqrt{\int_{-1}^{1} (1-x^3)^2\,dx} = \frac{4}{\sqrt{7}}$

問題 30.1 (1) $\boldsymbol{v}_1 = \begin{pmatrix}1\\2\\1\end{pmatrix}, \boldsymbol{v}_2 = \begin{pmatrix}2\\1\\2\end{pmatrix}, \boldsymbol{v}_3 = \begin{pmatrix}1\\1\\0\end{pmatrix}$ とおく．$\boldsymbol{w}_1 = \boldsymbol{v}_1$ とおけば $(\boldsymbol{v}_2, \boldsymbol{w}_1) = (\boldsymbol{w}_1, \boldsymbol{w}_1) = 6$ より，
$\boldsymbol{w}_2 = \boldsymbol{v}_2 - \frac{(\boldsymbol{v}_2, \boldsymbol{w}_1)}{(\boldsymbol{w}_1, \boldsymbol{w}_1)}\boldsymbol{w}_1 = \begin{pmatrix}1\\-1\\1\end{pmatrix}$．また $(\boldsymbol{v}_3, \boldsymbol{w}_1) = 3$，$(\boldsymbol{v}_3, \boldsymbol{w}_2) = 0$ より，
$\boldsymbol{w}_3 = \boldsymbol{v}_3 - \frac{(\boldsymbol{v}_3, \boldsymbol{w}_1)}{(\boldsymbol{w}_1, \boldsymbol{w}_1)}\boldsymbol{w}_1 - \frac{(\boldsymbol{v}_3, \boldsymbol{w}_2)}{(\boldsymbol{w}_2, \boldsymbol{w}_2)}\boldsymbol{w}_2 = \frac{1}{2}\begin{pmatrix}1\\0\\-1\end{pmatrix}$．このとき $\|\boldsymbol{w}_1\| = \sqrt{6}$，$\|\boldsymbol{w}_2\| = \sqrt{3}$，$\|\boldsymbol{w}_3\| = \frac{1}{\sqrt{2}}$ だから，
求める正規直交基底は $\frac{1}{\sqrt{6}}\begin{pmatrix}1\\2\\1\end{pmatrix}$，$\frac{1}{\sqrt{3}}\begin{pmatrix}1\\-1\\1\end{pmatrix}$，$\frac{1}{\sqrt{2}}\begin{pmatrix}1\\0\\-1\end{pmatrix}$．

(2) $\boldsymbol{v}_1 = \begin{pmatrix}1\\2\\2\end{pmatrix}, \boldsymbol{v}_2 = \begin{pmatrix}1\\0\\1\end{pmatrix}, \boldsymbol{v}_3 = \begin{pmatrix}2\\1\\0\end{pmatrix}$ とおく．$\boldsymbol{w}_1 = \boldsymbol{v}_1$ とおけば $(\boldsymbol{v}_2, \boldsymbol{w}_1) = 3$，$(\boldsymbol{w}_1, \boldsymbol{w}_1) = 9$ より，
$\boldsymbol{w}_2 = \boldsymbol{v}_2 - \frac{(\boldsymbol{v}_2, \boldsymbol{w}_1)}{(\boldsymbol{w}_1, \boldsymbol{w}_1)}\boldsymbol{w}_1 = \frac{1}{3}\begin{pmatrix}2\\-2\\1\end{pmatrix}$．また $(\boldsymbol{v}_3, \boldsymbol{w}_1) = 4$，$(\boldsymbol{v}_3, \boldsymbol{w}_2) = \frac{2}{3}$，$(\boldsymbol{w}_2, \boldsymbol{w}_2) = 1$ より，
$\boldsymbol{w}_3 = \boldsymbol{v}_3 - \frac{(\boldsymbol{v}_3, \boldsymbol{w}_1)}{(\boldsymbol{w}_1, \boldsymbol{w}_1)}\boldsymbol{w}_1 - \frac{(\boldsymbol{v}_3, \boldsymbol{w}_2)}{(\boldsymbol{w}_2, \boldsymbol{w}_2)}\boldsymbol{w}_2 = \frac{5}{9}\begin{pmatrix}2\\1\\-2\end{pmatrix}$．このとき $\|\boldsymbol{w}_1\| = 3$，$\|\boldsymbol{w}_2\| = 1$, $\|\boldsymbol{w}_3\| = \frac{5}{3}$ だから，求める正規直交基底は $\frac{1}{3}\begin{pmatrix}1\\2\\2\end{pmatrix}$，$\frac{1}{3}\begin{pmatrix}2\\-2\\1\end{pmatrix}$，$\frac{1}{3}\begin{pmatrix}2\\1\\-2\end{pmatrix}$．

問題 30.2 $\boldsymbol{v}_1 = \begin{pmatrix}1\\1\\1\\1\end{pmatrix}, \boldsymbol{v}_2 = \begin{pmatrix}3\\3\\-1\\-1\end{pmatrix}, \boldsymbol{v}_3 = \begin{pmatrix}3\\0\\1\\-2\end{pmatrix}, \boldsymbol{v}_4 = \begin{pmatrix}5\\-2\\-1\\0\end{pmatrix}$ とおく．$\boldsymbol{w}_1 = \boldsymbol{v}_1$ とおけば
$(\boldsymbol{v}_2, \boldsymbol{w}_1) = (\boldsymbol{w}_1, \boldsymbol{w}_1) = 4$ より，$\boldsymbol{w}_2 = \boldsymbol{v}_2 - \frac{(\boldsymbol{v}_2, \boldsymbol{w}_1)}{(\boldsymbol{w}_1, \boldsymbol{w}_1)}\boldsymbol{w}_1 = \begin{pmatrix}2\\2\\-2\\-2\end{pmatrix}$．また $(\boldsymbol{v}_3, \boldsymbol{w}_1) = 2$，$(\boldsymbol{v}_3, \boldsymbol{w}_2) = 8$,
$(\boldsymbol{w}_2, \boldsymbol{w}_2) = 16$ より，$\boldsymbol{w}_3 = \boldsymbol{v}_3 - \frac{(\boldsymbol{v}_3, \boldsymbol{w}_1)}{(\boldsymbol{w}_1, \boldsymbol{w}_1)}\boldsymbol{w}_1 - \frac{(\boldsymbol{v}_3, \boldsymbol{w}_2)}{(\boldsymbol{w}_2, \boldsymbol{w}_2)}\boldsymbol{w}_2 = \frac{3}{2}\begin{pmatrix}1\\-1\\1\\-1\end{pmatrix}$．さらに $(\boldsymbol{v}_4, \boldsymbol{w}_1) = 2$，$(\boldsymbol{v}_4, \boldsymbol{w}_2) = 8$,
$(\boldsymbol{v}_4, \boldsymbol{w}_3) = (\boldsymbol{w}_3, \boldsymbol{w}_3) = 9$ より，$\boldsymbol{w}_4 = \boldsymbol{v}_4 - \frac{(\boldsymbol{v}_4, \boldsymbol{w}_1)}{(\boldsymbol{w}_1, \boldsymbol{w}_1)}\boldsymbol{w}_1 - \frac{(\boldsymbol{v}_4, \boldsymbol{w}_2)}{(\boldsymbol{w}_2, \boldsymbol{w}_2)}\boldsymbol{w}_2 - \frac{(\boldsymbol{v}_4, \boldsymbol{w}_3)}{(\boldsymbol{w}_3, \boldsymbol{w}_3)}\boldsymbol{w}_3 = \begin{pmatrix}2\\-2\\-2\\2\end{pmatrix}$．このとき
$\|\boldsymbol{w}_1\| = 2, \|\boldsymbol{w}_2\| = 4, \|\boldsymbol{w}_3\| = 3, \|\boldsymbol{w}_4\| = 4$ だから，求める正規直交基底は $\frac{1}{2}\begin{pmatrix}1\\1\\1\\1\end{pmatrix}, \frac{1}{2}\begin{pmatrix}1\\1\\-1\\-1\end{pmatrix}, \frac{1}{2}\begin{pmatrix}1\\-1\\1\\-1\end{pmatrix}, \frac{1}{2}\begin{pmatrix}1\\-1\\-1\\1\end{pmatrix}$．

問題 30.3 (1) $\boldsymbol{v}_1 = \begin{pmatrix}2-i\\3+2i\end{pmatrix}, \boldsymbol{v}_2 = \begin{pmatrix}1-2i\\3\end{pmatrix}$ とおく．$\boldsymbol{w}_1 = \boldsymbol{v}_1$ とおけば $(\boldsymbol{v}_2, \boldsymbol{w}_1) = 13-9i$，$(\boldsymbol{w}_1, \boldsymbol{w}_1) = 18$ より，$\boldsymbol{w}_2 = \boldsymbol{v}_2 - \frac{(\boldsymbol{v}_2, \boldsymbol{w}_1)}{(\boldsymbol{w}_1, \boldsymbol{w}_1)}\boldsymbol{w}_1 = \frac{1}{18}\begin{pmatrix}1-5i\\-3+i\end{pmatrix}$．このとき $\|\boldsymbol{w}_1\| = 3\sqrt{2}$，$\|\boldsymbol{w}_2\| = \frac{1}{3}$ だから，求める正規直交基底は
$\frac{1}{3\sqrt{2}}\begin{pmatrix}2-i\\3+2i\end{pmatrix}$，$\frac{1}{6}\begin{pmatrix}1-5i\\-3+i\end{pmatrix}$．

(2) $\boldsymbol{v}_1 = \begin{pmatrix}1+3i\\2+4i\end{pmatrix}, \boldsymbol{v}_2 = \begin{pmatrix}5-i\\6-i\end{pmatrix}$ とおく．$\boldsymbol{w}_1 = \boldsymbol{v}_1$ とおけば $(\boldsymbol{v}_2, \boldsymbol{w}_1) = 10-42i$，$(\boldsymbol{w}_1, \boldsymbol{w}_1) = 30$ より，
$\boldsymbol{w}_2 = \boldsymbol{v}_2 - \frac{(\boldsymbol{v}_2, \boldsymbol{w}_1)}{(\boldsymbol{w}_1, \boldsymbol{w}_1)}\boldsymbol{w}_1 = \frac{1}{15}\begin{pmatrix}7-9i\\-4+7i\end{pmatrix}$．このとき $\|\boldsymbol{w}_1\| = \sqrt{30}$，$\|\boldsymbol{w}_2\| = \sqrt{\frac{13}{15}}$ だから，求める正規直交基底は
$\frac{1}{\sqrt{30}}\begin{pmatrix}1+3i\\2+4i\end{pmatrix}$，$\frac{1}{\sqrt{195}}\begin{pmatrix}7-9i\\-4+7i\end{pmatrix}$．

問題 30.4 (1) $\boldsymbol{w}_1 = \boldsymbol{v}_1$ とおけば $(\boldsymbol{v}_2, \boldsymbol{w}_1) = \int_0^1 x^3\,dx = \frac{1}{4}$, $(\boldsymbol{w}_1, \boldsymbol{w}_1) = \int_0^1 x^5\,dx = \frac{1}{5}$ より,
$\boldsymbol{w}_2 = \boldsymbol{v}_2 - \frac{(\boldsymbol{v}_2, \boldsymbol{w}_1)}{(\boldsymbol{w}_1, \boldsymbol{w}_1)}\boldsymbol{w}_1 = x - \frac{5}{4}x^2$. また $(\boldsymbol{v}_3, \boldsymbol{w}_1) = \int_0^1 x^2\,dx = \frac{1}{3}$, $(\boldsymbol{v}_3, \boldsymbol{w}_2) = \int_0^1 \left(x - \frac{5}{4}x^2\right)dx = \frac{1}{12}$,
$(\boldsymbol{w}_2, \boldsymbol{w}_2) = \int_0^1 \left(x - \frac{5}{4}x^2\right)^2 dx = \frac{1}{48}$ より,
$\boldsymbol{w}_3 = \boldsymbol{v}_3 - \frac{(\boldsymbol{v}_3, \boldsymbol{w}_1)}{(\boldsymbol{w}_1, \boldsymbol{w}_1)}\boldsymbol{w}_1 - \frac{(\boldsymbol{v}_3, \boldsymbol{w}_2)}{(\boldsymbol{w}_2, \boldsymbol{w}_2)}\boldsymbol{w}_2 = 1 - \frac{5}{3}x^2 - 4\left(x - \frac{5}{4}x^2\right) = 1 - 4x + \frac{10}{3}x^2$. このとき $\|\boldsymbol{w}_1\| = \frac{1}{\sqrt{5}}$,
$\|\boldsymbol{w}_2\| = \frac{1}{4\sqrt{3}}$, $\|\boldsymbol{w}_3\| = \sqrt{\int_0^1 \left(1 - 4x + \frac{10}{3}x^2\right)^2 dx} = \frac{1}{3}$ だから, 求める正規直交基底は
$\sqrt{5}x^2$, $\sqrt{3}(4x - 5x^2)$, $3 - 12x + 10x^2$.

(2) $\boldsymbol{w}_1 = \boldsymbol{v}_1$ とおけば $(\boldsymbol{v}_2, \boldsymbol{w}_1) = \int_0^1 (1+x)(1-x)\,dx = \frac{2}{3}$, $(\boldsymbol{w}_1, \boldsymbol{w}_1) = \int_0^1 (1-x)^2 dx = \frac{1}{3}$ より,
$\boldsymbol{w}_2 = \boldsymbol{v}_2 - \frac{(\boldsymbol{v}_2, \boldsymbol{w}_1)}{(\boldsymbol{w}_1, \boldsymbol{w}_1)}\boldsymbol{w}_1 = -1 + 3x$. また $(\boldsymbol{v}_3, \boldsymbol{w}_1) = \int_0^1 x^2(1-x)\,dx = \frac{1}{12}$,
$(\boldsymbol{v}_3, \boldsymbol{w}_2) = \int_0^1 x^2(-1+3x)\,dx = \frac{5}{12}$, $(\boldsymbol{w}_2, \boldsymbol{w}_2) = \int_0^1 (-1+3x)^2\,dx = 1$ より,
$\boldsymbol{w}_3 = \boldsymbol{v}_3 - \frac{(\boldsymbol{v}_3, \boldsymbol{w}_1)}{(\boldsymbol{w}_1, \boldsymbol{w}_1)}\boldsymbol{w}_1 - \frac{(\boldsymbol{v}_3, \boldsymbol{w}_2)}{(\boldsymbol{w}_2, \boldsymbol{w}_2)}\boldsymbol{w}_2 = x^2 - x + \frac{1}{6}$. このとき $\|\boldsymbol{w}_1\| = \frac{1}{\sqrt{3}}$, $\|\boldsymbol{w}_2\| = 1$,
$\|\boldsymbol{w}_3\| = \sqrt{\int_0^1 \left(x^2 - x + \frac{1}{6}\right)^2 dx} = \frac{1}{6\sqrt{5}}$ だから, 求める正規直交基底は $\sqrt{3}(1-x)$, $-1+3x$, $\sqrt{5}(1-6x+6x^2)$.

問題 31 (1) $U^\perp$ は斉次連立 1 次方程式 $\begin{cases} x + 2y + 3z = 0 \\ -x + y + 3z = 0 \end{cases}$ の解空間である. $\begin{pmatrix} 1 & 2 & 3 \\ -1 & 1 & 3 \end{pmatrix} \to \begin{pmatrix} 1 & 2 & 3 \\ 0 & 3 & 6 \end{pmatrix}$
$\to \begin{pmatrix} 1 & 2 & 3 \\ 0 & 1 & 2 \end{pmatrix} \to \begin{pmatrix} 1 & 0 & -1 \\ 0 & 1 & 2 \end{pmatrix}$ より, 解は $\begin{pmatrix} x \\ y \\ z \end{pmatrix} = t\begin{pmatrix} 1 \\ -2 \\ 1 \end{pmatrix}$ $(t \in \boldsymbol{R})$ と表せるため, $U^\perp$ の基底として $\begin{pmatrix} 1 \\ -2 \\ 1 \end{pmatrix}$ がとれる.

(2) $U^\perp$ は斉次連立 1 次方程式 $\begin{cases} x + y + 2z + 3w = 0 \\ 2x + 3y + z + 4w = 0 \\ x + 2y - z + w = 0 \end{cases}$ の解空間である.
$\begin{pmatrix} 1 & 1 & 2 & 3 \\ 2 & 3 & 1 & 4 \\ 1 & 2 & -1 & 1 \end{pmatrix} \to \begin{pmatrix} 1 & 1 & 2 & 3 \\ 0 & 1 & -3 & -2 \\ 0 & 1 & -3 & -2 \end{pmatrix} \to \begin{pmatrix} 1 & 0 & 5 & 5 \\ 0 & 1 & -3 & -2 \\ 0 & 0 & 0 & 0 \end{pmatrix}$ より, 解は $\begin{pmatrix} x \\ y \\ z \\ w \end{pmatrix} = s\begin{pmatrix} -5 \\ 3 \\ 1 \\ 0 \end{pmatrix} + t\begin{pmatrix} -5 \\ 2 \\ 0 \\ 1 \end{pmatrix}$ $(s, t \in \boldsymbol{R})$ と
表せるため, $U^\perp$ の基底として $\begin{pmatrix} -5 \\ 3 \\ 1 \\ 0 \end{pmatrix}$, $\begin{pmatrix} -5 \\ 2 \\ 0 \\ 1 \end{pmatrix}$ がとれる.

問題 32.1 (1) $\boldsymbol{w}_1 = \begin{pmatrix} 1 \\ 0 \\ 1 \end{pmatrix}, \boldsymbol{w}_2 = \begin{pmatrix} 0 \\ 1 \\ 1 \end{pmatrix} - \frac{1}{2}\begin{pmatrix} 1 \\ 0 \\ 1 \end{pmatrix} = \frac{1}{2}\begin{pmatrix} -1 \\ 2 \\ 1 \end{pmatrix}$ より, U の正規直交基底 $\boldsymbol{u}_1 = \frac{1}{\sqrt{2}}\begin{pmatrix} 1 \\ 0 \\ 1 \end{pmatrix}$,
$\boldsymbol{u}_2 = \frac{1}{\sqrt{6}}\begin{pmatrix} -1 \\ 2 \\ 1 \end{pmatrix}$ が求まる. したがって, $\mathrm{pr}_U(\boldsymbol{v}) = (\boldsymbol{v}, \boldsymbol{u}_1)\boldsymbol{u}_1 + (\boldsymbol{v}, \boldsymbol{u}_2)\boldsymbol{u}_2 = \begin{pmatrix} 1 \\ 0 \\ 1 \end{pmatrix} + \frac{1}{3}\begin{pmatrix} -1 \\ 2 \\ 1 \end{pmatrix} = \frac{1}{3}\begin{pmatrix} 2 \\ 2 \\ 4 \end{pmatrix}$.

(2) $\boldsymbol{w}_1 = \begin{pmatrix} 1 \\ 1 \\ 1 \end{pmatrix}, \boldsymbol{w}_2 = \begin{pmatrix} 1 \\ 2 \\ 1 \end{pmatrix} - \frac{4}{3}\begin{pmatrix} 1 \\ 1 \\ 1 \end{pmatrix} = \frac{1}{3}\begin{pmatrix} -1 \\ 2 \\ -1 \end{pmatrix}$ より, U の正規直交基底 $\boldsymbol{u}_1 = \frac{1}{\sqrt{3}}\begin{pmatrix} 1 \\ 1 \\ 1 \end{pmatrix}, \boldsymbol{u}_2 = \frac{1}{\sqrt{6}}\begin{pmatrix} -1 \\ 2 \\ -1 \end{pmatrix}$ が
求まる. したがって, $\mathrm{pr}_U(\boldsymbol{v}) = (\boldsymbol{v}, \boldsymbol{u}_1)\boldsymbol{u}_1 + (\boldsymbol{v}, \boldsymbol{u}_2)\boldsymbol{u}_2 = \frac{1}{3}\begin{pmatrix} 1 \\ 1 \\ 1 \end{pmatrix} - \frac{1}{6}\begin{pmatrix} -1 \\ 2 \\ -1 \end{pmatrix} = \frac{1}{6}\begin{pmatrix} 3 \\ 0 \\ 3 \end{pmatrix} = \frac{1}{2}\begin{pmatrix} 1 \\ 0 \\ 1 \end{pmatrix}$.

問題 32.2 $k, l = 1, 2, 3$ に対し, $\int_{-\pi}^{\pi} 1 \cdot \sin kx\,dx = \int_{-\pi}^{\pi} 1 \cdot \cos kx\,dx = \int_{-\pi}^{\pi} \sin kx \cos lx\,dx = 0$ $(k \neq l)$ より,

$$1, \sin x, \cos x, \sin 2x, \cos 2x, \sin 3x, \cos 3x$$

は直交系である．$\displaystyle\int_{-\pi}^{\pi} 1\,dx = 2\pi, \int_{-\pi}^{\pi} \sin^2 kx\,dx = \int_{-\pi}^{\pi} \cos^2 kx\,dx = \pi$ であるから，

$$\frac{1}{\sqrt{2\pi}}, \frac{1}{\sqrt{\pi}}\sin x, \frac{1}{\sqrt{\pi}}\cos x, \frac{1}{\sqrt{\pi}}\sin 2x, \frac{1}{\sqrt{\pi}}\cos 2x, \frac{1}{\sqrt{\pi}}\sin 3x, \frac{1}{\sqrt{\pi}}\cos 3x$$

は U の正規直交基底である．

(1) $x\sin kx$ の原始関数は $\dfrac{\sin kx}{k^2} - \dfrac{x\cos kx}{k}$ で，$x\cos kx$ は奇関数だから，$k = 1, 2, \ldots$ に対し

$$(x, \sin kx) = \int_{-\pi}^{\pi} x\sin kx\,dx = \frac{2\pi(-1)^{k+1}}{k}, \quad (x, \cos kx) = \int_{-\pi}^{\pi} x\cos kx\,dx = 0$$

である．したがって，

$$\begin{aligned}\mathrm{pr}_U(x) &= \left(x, \frac{1}{\sqrt{2\pi}}\right)\cdot\frac{1}{\sqrt{2\pi}} + \sum_{k=1}^{3}\left(\left(x, \frac{1}{\sqrt{\pi}}\sin kx\right)\frac{1}{\sqrt{\pi}}\sin kx + \left(x, \frac{1}{\sqrt{\pi}}\cos kx\right)\frac{1}{\sqrt{\pi}}\cos kx\right)\\ &= \sum_{k=1}^{3}\frac{2(-1)^{k+1}}{k}\sin kx = 2\sin x - \sin 2x + \frac{2}{3}\sin 3x\end{aligned}$$

(2) $x^2\sin kx$ は奇関数で，$x^2\cos kx$ の原始関数は $\dfrac{x^2\sin kx}{k} + \dfrac{2x\cos kx}{k^2} - \dfrac{2\sin kx}{k^3}$ だから，$k = 1, 2, \ldots$ に対し

$$(x^2, \sin kx) = \int_{-\pi}^{\pi} x^2\sin kx\,dx = 0, \quad (x^2, \cos kx) = \int_{-\pi}^{\pi} x^2\cos kx\,dx = \frac{4\pi(-1)^k}{k^2}$$

である．したがって，

$$\begin{aligned}\mathrm{pr}_U(x^2) &= \left(x^2, \frac{1}{\sqrt{2\pi}}\right)\cdot\frac{1}{\sqrt{2\pi}} + \sum_{k=1}^{3}\left(\left(x^2, \frac{1}{\sqrt{\pi}}\sin kx\right)\frac{1}{\sqrt{\pi}}\sin kx + \left(x^2, \frac{1}{\sqrt{\pi}}\cos kx\right)\frac{1}{\sqrt{\pi}}\cos kx\right)\\ &= \frac{\pi^2}{3} + \sum_{k=1}^{3}\frac{4(-1)^k}{k^2}\cos kx = \frac{\pi^2}{3} - 4\cos x + \cos 2x - \frac{4}{9}\cos 3x\end{aligned}$$

(3) $e^x\sin kx, e^x\cos kx$ の原始関数はそれぞれ $\dfrac{e^x(\sin kx - k\cos kx)}{1+k^2}, \dfrac{e^x(\cos kx + k\sin kx)}{1+k^2}$ だから，$k = 1, 2, \ldots$ に対し

$$(e^x, \sin kx) = \int_{-\pi}^{\pi} e^x\sin kx\,dx = \frac{(-1)^{k+1}k(e^{\pi} - e^{-\pi})}{1+k^2}, \quad (e^x, \cos kx) = \int_{-\pi}^{\pi} e^x\cos kx\,dx = \frac{(-1)^k(e^{\pi} - e^{-\pi})}{1+k^2}$$

である．したがって，

$$\begin{aligned}\mathrm{pr}_U(e^x) &= \left(e^x, \frac{1}{\sqrt{2\pi}}\right)\cdot\frac{1}{\sqrt{2\pi}} + \sum_{k=1}^{3}\left(\left(e^x, \frac{1}{\sqrt{\pi}}\sin kx\right)\frac{1}{\sqrt{\pi}}\sin kx + \left(e^x, \frac{1}{\sqrt{\pi}}\cos kx\right)\frac{1}{\sqrt{\pi}}\cos kx\right)\\ &= \frac{e^{\pi} - e^{-\pi}}{2\pi} + \sum_{k=1}^{3}\left(\frac{(-1)^{k+1}k(e^{\pi} - e^{-\pi})}{\pi(1+k^2)}\sin kx + \frac{(-1)^k(e^{\pi} - e^{-\pi})}{\pi(1+k^2)}\cos kx\right)\\ &= \frac{e^{\pi} - e^{-\pi}}{\pi}\left(\frac{1}{2} + \frac{1}{2}\sin x - \frac{1}{2}\cos x - \frac{2}{5}\sin 2x + \frac{1}{5}\cos 2x + \frac{3}{10}\sin 3x - \frac{1}{10}\cos 3x\right)\end{aligned}$$

問題 33 (1) $|xE_3 - A| = \begin{vmatrix} x & 1 & 0 \\ -2 & x-3 & 0 \\ 0 & 0 & x-2 \end{vmatrix} = (x-2)\begin{vmatrix} x & 1 \\ -2 & x-3 \end{vmatrix} = (x-2)(x^2-3x+2) = (x-2)^2(x-1)$ だから，A の固有値は $1, 2$ である．$E_3 - A = \begin{pmatrix} 1 & 1 & 0 \\ -2 & -2 & 0 \\ 0 & 0 & -1 \end{pmatrix} \to \begin{pmatrix} 1 & 1 & 0 \\ 0 & 0 & 1 \\ 0 & 0 & 0 \end{pmatrix}$ より，固有値 1 に対する固有空間の基底として $\begin{pmatrix} 1 \\ -1 \\ 0 \end{pmatrix}$ がとれ，その次元は 1 である．$2E_3 - A = \begin{pmatrix} 2 & 1 & 0 \\ -2 & -1 & 0 \\ 0 & 0 & 0 \end{pmatrix} \to \begin{pmatrix} 2 & 1 & 0 \\ 0 & 0 & 0 \\ 0 & 0 & 0 \end{pmatrix}$ より，固有値 1 に対する固有空間の基底として $\begin{pmatrix} 1 \\ -2 \\ 0 \end{pmatrix}, \begin{pmatrix} 0 \\ 0 \\ 1 \end{pmatrix}$ がとれ，その次元は 2 である．

(2) $|xE_3-A| = \begin{vmatrix} x+2 & 0 & 0 \\ 2 & x-2 & -2 \\ -6 & 12 & x+8 \end{vmatrix} = (x+2)\begin{vmatrix} x-2 & -2 \\ 12 & x+8 \end{vmatrix} = (x+2)(x^2+6x+8) = (x+2)^2(x+4)$ だから，A の固有値は $-4, -2$ である．$-4E_3-A = \begin{pmatrix} -2 & 0 & 0 \\ 2 & -6 & -2 \\ -6 & 12 & 4 \end{pmatrix} \to \begin{pmatrix} -2 & 0 & 0 \\ 0 & -6 & -2 \\ 0 & 12 & 4 \end{pmatrix} \to \begin{pmatrix} 1 & 0 & 0 \\ 0 & 1 & \frac{1}{3} \\ 0 & 0 & 0 \end{pmatrix}$ より，固有値 -4 に対する固有空間の基底として $\begin{pmatrix} 0 \\ 1 \\ -3 \end{pmatrix}$ がとれ，その次元は 1 である．$-2E_3-A = \begin{pmatrix} 0 & 0 & 0 \\ 2 & -4 & -2 \\ -6 & 12 & 6 \end{pmatrix} \to \begin{pmatrix} 0 & 0 & 0 \\ 1 & -2 & -1 \\ 0 & 0 & 0 \end{pmatrix}$ より，固有値 -2 に対する固有空間の基底として $\begin{pmatrix} 2 \\ 1 \\ 0 \end{pmatrix}, \begin{pmatrix} 1 \\ 0 \\ 1 \end{pmatrix}$ がとれ，その次元は 2 である．

(3) $|xE_3-A| = \begin{vmatrix} x & 2 & -1 \\ 1 & x-1 & 1 \\ -4 & -4 & x-3 \end{vmatrix} = \begin{vmatrix} x & -x+2 & -1 \\ 1 & x-2 & 1 \\ -4 & 0 & x-3 \end{vmatrix} = (x-2)\begin{vmatrix} x & -1 & -1 \\ 1 & 1 & 1 \\ -4 & 0 & x-3 \end{vmatrix} = (x-2)\begin{vmatrix} x+1 & 0 & 0 \\ 1 & 1 & 1 \\ -4 & 0 & x-3 \end{vmatrix} = (x-2)(x+1)\begin{vmatrix} 1 & 1 \\ 0 & x-3 \end{vmatrix} = (x+1)(x-2)(x-3)$ だから，A の固有値は $-1, 2, 3$ である．$-E_3-A = \begin{pmatrix} -1 & 2 & -1 \\ 1 & -2 & 1 \\ -4 & -4 & -4 \end{pmatrix} \to \begin{pmatrix} -1 & 2 & -1 \\ 0 & 0 & 0 \\ 0 & -12 & 0 \end{pmatrix} \to \begin{pmatrix} 1 & 0 & 1 \\ 0 & 1 & 0 \\ 0 & 0 & 0 \end{pmatrix}$ より，固有値 -1 に対する固有空間の基底として $\begin{pmatrix} 1 \\ 0 \\ -1 \end{pmatrix}$ がとれ，その次元は 1 である．$2E_3-A = \begin{pmatrix} 2 & 2 & -1 \\ 1 & 1 & 1 \\ -4 & -4 & -1 \end{pmatrix} \to \begin{pmatrix} 0 & 0 & -3 \\ 1 & 1 & 1 \\ 0 & 0 & 3 \end{pmatrix} \to \begin{pmatrix} 1 & 1 & 0 \\ 0 & 0 & 1 \\ 0 & 0 & 0 \end{pmatrix}$ より，固有値 2 に対する固有空間の基底として $\begin{pmatrix} 1 \\ -1 \\ 0 \end{pmatrix}$ がとれ，その次元は 1 である．$3E_3-A = \begin{pmatrix} 3 & 2 & -1 \\ 1 & 2 & 1 \\ -4 & -4 & 0 \end{pmatrix} \to \begin{pmatrix} 0 & -4 & -4 \\ 1 & 2 & 1 \\ 0 & 4 & 4 \end{pmatrix} \to \begin{pmatrix} 1 & 0 & -1 \\ 0 & 1 & 1 \\ 0 & 0 & 0 \end{pmatrix}$ より，固有値 3 に対する固有空間の基底として $\begin{pmatrix} 1 \\ -1 \\ 1 \end{pmatrix}$ がとれ，その次元は 1 である．

(4) $|xE_3-A| = \begin{vmatrix} x+9 & 16 & 20 \\ -2 & x-3 & 2 \\ -2 & -4 & x-9 \end{vmatrix} = \begin{vmatrix} x+9 & -2x-2 & 20 \\ -2 & x+1 & 2 \\ -2 & 0 & x-9 \end{vmatrix} = (x+1)\begin{vmatrix} x+9 & -2 & 20 \\ -2 & 1 & 2 \\ -2 & 0 & x-9 \end{vmatrix} = (x+1)\begin{vmatrix} x+5 & 0 & 24 \\ -2 & 1 & 2 \\ -2 & 0 & x-9 \end{vmatrix} = (x+1)\begin{vmatrix} x+5 & 24 \\ -2 & x-9 \end{vmatrix} = (x+1)(x^2-4x+3) = (x+1)(x-1)(x-3)$ だから，A の固有値は $-1, 1, 3$ である．$-E_3-A = \begin{pmatrix} 8 & 16 & 20 \\ -2 & -4 & 2 \\ -2 & -4 & -10 \end{pmatrix} \to \begin{pmatrix} 0 & 0 & 24 \\ -2 & -4 & 2 \\ 0 & 0 & -12 \end{pmatrix} \to \begin{pmatrix} 1 & 2 & 0 \\ 0 & 0 & 1 \\ 0 & 0 & 0 \end{pmatrix}$ より，固有値 -1 に対する固有空間の基底として $\begin{pmatrix} 2 \\ -1 \\ 0 \end{pmatrix}$ がとれ，その次元は 1 である．$E_3-A = \begin{pmatrix} 10 & 16 & 20 \\ -2 & -2 & 2 \\ -2 & -4 & -8 \end{pmatrix} \to \begin{pmatrix} 0 & 6 & 30 \\ -2 & -2 & 2 \\ 0 & -2 & -10 \end{pmatrix} \to \begin{pmatrix} 1 & 0 & -6 \\ 0 & 1 & 5 \\ 0 & 0 & 0 \end{pmatrix}$ より，固有値 1 に対する固有空間の基底として $\begin{pmatrix} 6 \\ -5 \\ 1 \end{pmatrix}$ がとれ，その次元は 1 である．

$3E_3-A = \begin{pmatrix} 12 & 16 & 20 \\ -2 & 0 & 2 \\ -2 & -4 & -6 \end{pmatrix} \to \begin{pmatrix} 0 & 16 & 32 \\ -2 & 0 & 2 \\ 0 & -4 & -8 \end{pmatrix} \to \begin{pmatrix} 1 & 0 & -1 \\ 0 & 1 & 2 \\ 0 & 0 & 0 \end{pmatrix}$ より，固有値 3 に対する固有空間の基底として $\begin{pmatrix} 1 \\ -2 \\ 1 \end{pmatrix}$ がとれ，その次元は 1 である．

問題 34 (1) $|xE_3-A| = \begin{vmatrix} x-3 & -2 & -3 \\ 0 & x-2 & -1 \\ 0 & 0 & x-1 \end{vmatrix} = (x-1)(x-2)(x-3)$ だから，A の固有値は $1, 2, 3$.

$E_3-A = \begin{pmatrix} -2 & -2 & -3 \\ 0 & -1 & -1 \\ 0 & 0 & 0 \end{pmatrix} \to \begin{pmatrix} 1 & 0 & \frac{1}{2} \\ 0 & 1 & 1 \\ 0 & 0 & 0 \end{pmatrix}$ より，固有値 1 に対する固有空間の基底として $\begin{pmatrix} 1 \\ 2 \\ -2 \end{pmatrix}$ がとれる．

$2E_3-A = \begin{pmatrix} -1 & -2 & -3 \\ 0 & 0 & -1 \\ 0 & 0 & 1 \end{pmatrix} \to \begin{pmatrix} 1 & 2 & 0 \\ 0 & 0 & 1 \\ 0 & 0 & 0 \end{pmatrix}$ より，固有値 2 に対する固有空間の基底として $\begin{pmatrix} -2 \\ 1 \\ 0 \end{pmatrix}$ がとれる．

$3E_3-A = \begin{pmatrix} 0 & -2 & -3 \\ 0 & 1 & -1 \\ 0 & 0 & 2 \end{pmatrix} \to \begin{pmatrix} 0 & 0 & -5 \\ 0 & 1 & -1 \\ 0 & 0 & 2 \end{pmatrix} \to \begin{pmatrix} 0 & 1 & 0 \\ 0 & 0 & 1 \\ 0 & 0 & 0 \end{pmatrix}$ より，固有値 3 に対する固有空間の基底として $\begin{pmatrix} 1 \\ 0 \\ 0 \end{pmatrix}$ がとれる．

以上から，$P=\begin{pmatrix}1&-2&1\\2&1&0\\-2&0&0\end{pmatrix}$ とおけば $P^{-1}AP=\begin{pmatrix}1&0&0\\0&2&0\\0&0&3\end{pmatrix}$ となり，A は対角化可能である．

(2) $|xE_3-A|=\begin{vmatrix}x-2&-2&-3\\0&x-2&-1\\0&0&x-1\end{vmatrix}=(x-2)^2(x-1)$ だから，A の固有値は $1, 2$ (重複度 2).

$2E_3-A=\begin{pmatrix}0&-2&-3\\0&0&-1\\0&0&1\end{pmatrix}\to\begin{pmatrix}0&1&0\\0&0&1\\0&0&0\end{pmatrix}$ より，固有値 2 に対する固有空間の基底として $\begin{pmatrix}1\\0\\0\end{pmatrix}$ がとれるため，その次元は 1 であるが，この数は固有値 2 の重複度と一致しないため，A は対角化不可能である．

(3) $|xE_3-A|=\begin{vmatrix}x-5&3&2\\-3&x+1&2\\1&-1&x-3\end{vmatrix}=\begin{vmatrix}x-5&x-2&2\\-3&x-2&2\\1&0&x-3\end{vmatrix}=(x-2)\begin{vmatrix}x-5&1&2\\-3&1&2\\1&0&x-3\end{vmatrix}=$

$(x-2)\begin{vmatrix}x-2&0&0\\-3&1&2\\1&0&x-3\end{vmatrix}=(x-2)^2\begin{vmatrix}1&2\\0&x-3\end{vmatrix}=(x-2)^2(x-3)$ だから，A の固有値は 2 (重複度 2), 3.

$2E_3-A=\begin{pmatrix}-3&3&2\\-3&3&2\\1&-1&-1\end{pmatrix}\to\begin{pmatrix}0&0&-1\\0&0&-1\\1&-1&-1\end{pmatrix}\to\begin{pmatrix}1&-1&0\\0&0&1\\0&0&0\end{pmatrix}$ より，固有値 2 に対する固有空間の基底として $\begin{pmatrix}1\\1\\0\end{pmatrix}$ がとれるため，その次元は 1 であるが，この数は固有値 2 の重複度と一致しないため，A は対角化不可能である．

(4) $|xE_3-A|=\begin{vmatrix}x+2&-1&-1\\-2&x+4&3\\0&-2&x\end{vmatrix}=\begin{vmatrix}x+2&-1&-1\\-2&x+4&3\\-2(x+2)&0&x+2\end{vmatrix}=(x+2)\begin{vmatrix}x+2&-1&-1\\-2&x+4&3\\-2&0&1\end{vmatrix}=$

$(x+2)\begin{vmatrix}x&-1&-1\\4&x+4&3\\0&0&1\end{vmatrix}=(x+2)\begin{vmatrix}x&-1\\4&x+4\end{vmatrix}=(x+2)^3$ だから，A の固有値は -2 (重複度 3).

$-2E_3-A=\begin{pmatrix}0&-1&-1\\-2&2&3\\0&-2&-2\end{pmatrix}\to\begin{pmatrix}1&0&-\frac{1}{2}\\0&1&1\\0&0&0\end{pmatrix}$ より，固有値 -2 に対する固有空間の基底として $\begin{pmatrix}1\\-2\\2\end{pmatrix}$ がとれるため，その次元は 1 であるが，この数は固有値 -2 の重複度と一致しないため，A は対角化不可能である．

(5) $|xE_3-A|=\begin{vmatrix}x-6&-5&11\\4&x+3&-7\\-2&-2&x+4\end{vmatrix}=\begin{vmatrix}x-6&-x+1&11\\4&x-1&-7\\-2&0&x+4\end{vmatrix}=(x-1)\begin{vmatrix}x-6&-1&11\\4&1&-7\\-2&0&x+4\end{vmatrix}=$

$(x-1)\begin{vmatrix}x-2&0&4\\4&1&-7\\-2&0&x+4\end{vmatrix}=(x-1)\begin{vmatrix}x-2&4\\-2&x+4\end{vmatrix}=x(x-1)(x+2)$ だから，A の固有値は $-2, 0, 1$.

$-2E_3-A=\begin{pmatrix}-8&-5&11\\4&1&-7\\-2&-2&2\end{pmatrix}\to\begin{pmatrix}0&3&3\\0&-3&-3\\-2&-2&2\end{pmatrix}\to\begin{pmatrix}1&0&-2\\0&1&1\\0&0&0\end{pmatrix}$ より，固有値 2 に対する固有空間の基底として $\begin{pmatrix}2\\-1\\1\end{pmatrix}$ がとれる．$0E_3-A=\begin{pmatrix}-6&-5&11\\4&3&-7\\-2&-2&4\end{pmatrix}\to\begin{pmatrix}0&1&-1\\0&-1&1\\-2&-2&4\end{pmatrix}\to\begin{pmatrix}1&0&-1\\0&1&-1\\0&0&0\end{pmatrix}$ より，固有値 0 に対する固有空間の基底として $\begin{pmatrix}1\\1\\1\end{pmatrix}$ がとれる．$E_3-A=\begin{pmatrix}-5&-5&11\\4&4&-7\\-2&-2&5\end{pmatrix}\to\begin{pmatrix}0&0&-\frac{3}{2}\\0&0&3\\-2&-2&5\end{pmatrix}\to\begin{pmatrix}1&1&0\\0&0&1\\0&0&0\end{pmatrix}$ より，固有値 1 に対する固有空間の基底として $\begin{pmatrix}1\\-1\\0\end{pmatrix}$ がとれる．

以上から，$P=\begin{pmatrix}2&1&1\\-1&1&-1\\1&1&0\end{pmatrix}$ とおけば $P^{-1}AP=\begin{pmatrix}-2&0&0\\0&0&0\\0&0&1\end{pmatrix}$ となり，A は対角化可能である．

(6) $|xE_3-A|=\begin{vmatrix}x-5&-5&-7\\18&x+14&14\\0&0&x+4\end{vmatrix}=(x+4)\begin{vmatrix}x-5&-5\\18&x+14\end{vmatrix}=(x+4)(x^2+9x+20)=(x+4)^2(x+5)$ だから，A の固有値は $-5, -4$ (重複度 2).

$-5E_3-A=\begin{pmatrix}-10&-5&-7\\18&9&14\\0&0&-1\end{pmatrix}\to\begin{pmatrix}-10&-5&0\\18&9&0\\0&0&-1\end{pmatrix}\to\begin{pmatrix}1&\frac{1}{2}&0\\0&0&1\\0&0&0\end{pmatrix}$ より，固有値 -5 に対する固有空間の基底として $\begin{pmatrix}1\\-2\\0\end{pmatrix}$ がとれる．$-4E_3-A=\begin{pmatrix}-9&-5&-7\\18&10&14\\0&0&0\end{pmatrix}\to\begin{pmatrix}1&\frac{5}{9}&\frac{7}{9}\\0&0&0\\0&0&0\end{pmatrix}$ より，固有値 -5 に対する固有空間の基底として $\begin{pmatrix}-5\\9\\0\end{pmatrix}, \begin{pmatrix}-7\\0\\9\end{pmatrix}$ がとれる．

以上から，$P=\begin{pmatrix}1&-5&-7\\-2&9&0\\0&0&9\end{pmatrix}$ とおけば $P^{-1}AP=\begin{pmatrix}-5&0&0\\0&-4&0\\0&0&-4\end{pmatrix}$ となり，A は対角化可能である.

問題 35.1 (1) $|xE_2-A|=\begin{vmatrix}x-3&-2\\-2&x-6\end{vmatrix}=x^2-9x+14=(x-2)(x-7)$ だから，A の固有値は $2,7$ である.
$2E_2-A=\begin{pmatrix}-1&-2\\-2&-4\end{pmatrix}$ より，固有値 2 に対する固有空間の正規直交基底として $\dfrac{1}{\sqrt{5}}\begin{pmatrix}2\\-1\end{pmatrix}$ がとれる.
$7E_2-A=\begin{pmatrix}4&-2\\-2&1\end{pmatrix}$ より，固有値 7 に対する固有空間の正規直交基底として $\dfrac{1}{\sqrt{5}}\begin{pmatrix}1\\2\end{pmatrix}$ がとれる.

以上から，$T=\dfrac{1}{\sqrt{5}}\begin{pmatrix}2&1\\-1&2\end{pmatrix}$ とおけば T は直交行列で，$T^{-1}AT=\begin{pmatrix}2&0\\0&7\end{pmatrix}$ となる.

(2) $|xE_2-A|=\begin{vmatrix}x-7&-6\\-6&x-7\end{vmatrix}=x^2-14x+13=(x-1)(x-13)$ だから，A の固有値は $1,13$ である.
$E_2-A=\begin{pmatrix}-6&-6\\-6&-6\end{pmatrix}$ より，固有値 1 に対する固有空間の正規直交基底として $\dfrac{1}{\sqrt{2}}\begin{pmatrix}1\\-1\end{pmatrix}$ がとれる.
$13E_2-A=\begin{pmatrix}6&-6\\-6&6\end{pmatrix}$ より，固有値 13 に対する固有空間の正規直交基底として $\dfrac{1}{\sqrt{2}}\begin{pmatrix}1\\1\end{pmatrix}$ がとれる.

以上から，$T=\dfrac{1}{\sqrt{2}}\begin{pmatrix}1&1\\-1&1\end{pmatrix}$ とおけば T は直交行列で，$T^{-1}AT=\begin{pmatrix}1&0\\0&13\end{pmatrix}$ となる.

(3) $|xE_3-A|=\begin{vmatrix}x-3&0&2\\0&x-1&2\\2&2&x-2\end{vmatrix}=(x-3)\begin{vmatrix}x-1&2\\2&x-2\end{vmatrix}+2\begin{vmatrix}0&x-1\\2&x-2\end{vmatrix}=$
$(x-3)(x^2-3x-2)-4(x-1)=x^3-6x^2+3x+10=(x+1)(x-2)(x-5)$ だから，A の固有値は $-1,2,5$ である．$-E_3-A=\begin{pmatrix}-4&0&2\\0&-2&2\\2&2&-3\end{pmatrix}\to\begin{pmatrix}-4&0&2\\0&-2&2\\0&2&-2\end{pmatrix}\to\begin{pmatrix}1&0&-\frac{1}{2}\\0&1&-1\\0&0&0\end{pmatrix}$ より，固有値 -1 に対する固有空間の正規直交基底として $\dfrac{1}{3}\begin{pmatrix}1\\2\\2\end{pmatrix}$ がとれる．$2E_3-A=\begin{pmatrix}-1&0&2\\0&1&2\\2&2&0\end{pmatrix}\to\begin{pmatrix}-1&0&2\\0&1&2\\0&2&4\end{pmatrix}\to\begin{pmatrix}1&0&-2\\0&1&2\\0&0&0\end{pmatrix}$ より，固有値 2 に対する固有空間の正規直交基底として $\dfrac{1}{3}\begin{pmatrix}2\\-2\\1\end{pmatrix}$ がとれる．$5E_3-A=\begin{pmatrix}2&0&2\\0&4&2\\2&2&3\end{pmatrix}\to\begin{pmatrix}2&0&2\\0&4&2\\0&2&1\end{pmatrix}\to\begin{pmatrix}1&0&1\\0&1&\frac{1}{2}\\0&0&0\end{pmatrix}$ より，固有値 5 に対する固有空間の正規直交基底として $\dfrac{1}{3}\begin{pmatrix}2\\1\\-2\end{pmatrix}$ がとれる.

以上から，$T=\dfrac{1}{3}\begin{pmatrix}1&2&2\\2&-2&1\\2&1&-2\end{pmatrix}$ とおけば T は直交行列で，$T^{-1}AT=\begin{pmatrix}-1&0&0\\0&2&0\\0&0&5\end{pmatrix}$ となる.

(4) $|xE_3-A|=\begin{vmatrix}x&-1&2\\-1&x&-2\\2&-2&x+3\end{vmatrix}=\begin{vmatrix}x-1&-1&2\\x-1&x&-2\\0&-2&x+3\end{vmatrix}=(x-1)\begin{vmatrix}1&-1&2\\1&x&-2\\0&-2&x+3\end{vmatrix}=$
$(x-1)\begin{vmatrix}1&-1&2\\0&x+1&-4\\0&-2&x+3\end{vmatrix}=(x-1)\begin{vmatrix}x+1&-4\\-2&x+3\end{vmatrix}=(x-1)(x^2+4x-5)=(x-1)^2(x+5)$ だから，A の固有値は $-5,1$ である.
$-5E_3-A=\begin{pmatrix}-5&-1&2\\-1&-5&-2\\2&-2&-2\end{pmatrix}\to\begin{pmatrix}0&-6&-3\\0&-6&-3\\2&-2&-2\end{pmatrix}\to\begin{pmatrix}1&0&-\frac{1}{2}\\0&1&\frac{1}{2}\\0&0&0\end{pmatrix}$ より，固有値 -5 に対する固有空間の正規直交基底として $\dfrac{1}{\sqrt{6}}\begin{pmatrix}1\\-1\\2\end{pmatrix}$ がとれる．$E_3-A=\begin{pmatrix}1&-1&2\\-1&1&-2\\2&-2&4\end{pmatrix}\to\begin{pmatrix}1&-1&2\\0&0&0\\0&0&0\end{pmatrix}$ より，固有値 2 に対する固有空間の基底として $\boldsymbol{v}_1=\begin{pmatrix}1\\1\\0\end{pmatrix}$，$\boldsymbol{v}_2=\begin{pmatrix}2\\0\\-1\end{pmatrix}$ がとれる．これらを，グラム・シュミットの直交化法で直交化すれば，
$\boldsymbol{v}_2-\dfrac{(\boldsymbol{v}_2,\boldsymbol{v}_1)}{(\boldsymbol{v}_1,\boldsymbol{v}_1)}\boldsymbol{v}_1=\begin{pmatrix}2\\0\\-1\end{pmatrix}-\begin{pmatrix}1\\1\\0\end{pmatrix}=\begin{pmatrix}1\\-1\\-1\end{pmatrix}$ だから，固有値 1 に対する固有空間の正規直交基底として
$\dfrac{1}{\sqrt{2}}\begin{pmatrix}1\\1\\0\end{pmatrix}$，$\dfrac{1}{\sqrt{3}}\begin{pmatrix}1\\-1\\-1\end{pmatrix}$ がとれる.

以上から，$T=\dfrac{1}{\sqrt{6}}\begin{pmatrix}1 & \sqrt{3} & \sqrt{2}\\ -1 & \sqrt{3} & -\sqrt{2}\\ 2 & 0 & -\sqrt{2}\end{pmatrix}$ とおけば T は直交行列で，$T^{-1}AT=\begin{pmatrix}-5 & 0 & 0\\ 0 & 1 & 0\\ 0 & 0 & 1\end{pmatrix}$ となる．

問題 35.2 (1) $|xE_2-A|=\begin{vmatrix}x & -\omega\\ -\omega^2 & x\end{vmatrix}=x^2-1$ より，A の固有値は ± 1.

$-E_2-A=\begin{pmatrix}-1 & -\omega\\ -\omega^2 & -1\end{pmatrix}\to\begin{pmatrix}-1 & -\omega\\ 0 & 0\end{pmatrix}$ より，-1 に対する固有空間の正規直交基底として $\dfrac{1}{\sqrt{2}}\begin{pmatrix}\omega\\ -1\end{pmatrix}$ がとれる．

$E_2-A=\begin{pmatrix}1 & -\omega\\ -\omega^2 & 1\end{pmatrix}\to\begin{pmatrix}1 & -\omega\\ 0 & 0\end{pmatrix}$ より，1 に対する固有空間の正規直交基底として $\dfrac{1}{\sqrt{2}}\begin{pmatrix}\omega\\ 1\end{pmatrix}$ がとれる．

以上から，$U=\dfrac{1}{\sqrt{2}}\begin{pmatrix}\omega & \omega\\ -1 & 1\end{pmatrix}$ とおけば，U はユニタリー行列であり，$U^{-1}AU=\begin{pmatrix}-1 & 0\\ 0 & 1\end{pmatrix}$ となる．

(2) $|xE_2-A|=\begin{vmatrix}x-1 & 1-i\\ 1+i & x\end{vmatrix}=x^2-x-2=(x+1)(x-2)$ より，A 行列の固有値は $-1, 2$.

$-E_2-A=\begin{pmatrix}-2 & 1-i\\ 1+i & -1\end{pmatrix}\to\begin{pmatrix}1+i & -1\\ 0 & 0\end{pmatrix}$ だから，-1 に対する固有空間の正規直交基底として $\dfrac{1}{\sqrt{3}}\begin{pmatrix}1\\ 1+i\end{pmatrix}$ がとれる．

$2E_2-A=\begin{pmatrix}1 & 1-i\\ 1+i & 2\end{pmatrix}\to\begin{pmatrix}1 & 1-i\\ 0 & 0\end{pmatrix}$ だから，2 に対する固有空間の正規直交基底として $\dfrac{1}{\sqrt{3}}\begin{pmatrix}1-i\\ -1\end{pmatrix}$ がとれる．

以上から，$U=\dfrac{1}{\sqrt{3}}\begin{pmatrix}1 & 1-i\\ 1+i & -1\end{pmatrix}$ とおけば U はユニタリー行列であり，$U^{-1}AU=\begin{pmatrix}-1 & 0\\ 0 & 2\end{pmatrix}$ となる．

(3) $|xE_3-A|=\begin{vmatrix}x & -i & -1\\ i & x & -i\\ -1 & i & x\end{vmatrix}=\begin{vmatrix}x-1 & -i & -1\\ 0 & x & -i\\ x-1 & i & x\end{vmatrix}=\begin{vmatrix}x-1 & -i & -1\\ 0 & x & -i\\ 0 & 2i & x+1\end{vmatrix}=(x-1)\begin{vmatrix}x & -i\\ 2i & x+1\end{vmatrix}=$ $(x-1)(x^2+x-2)=(x-1)^2(x+2)$ より，A の固有値は $1, -2$.

$-2E_3-A=\begin{pmatrix}-2 & -i & -1\\ i & -2 & -i\\ -1 & i & -2\end{pmatrix}\to\begin{pmatrix}0 & -3i & 3\\ 0 & -3 & -3i\\ -1 & -i & -2\end{pmatrix}\to\begin{pmatrix}0 & -3i & 3\\ 0 & 0 & 0\\ -1 & i & 0\end{pmatrix}$ より，-2 に対する固有空間の正規直交基底として $\dfrac{1}{\sqrt{3}}\begin{pmatrix}1\\ i\\ -1\end{pmatrix}$ がとれる．$E_3-A=\begin{pmatrix}1 & -i & -1\\ i & 1 & -i\\ -1 & i & 1\end{pmatrix}\to\begin{pmatrix}1 & -i & -1\\ 0 & 0 & 0\\ 0 & 0 & 0\end{pmatrix}$ だから，1 に対する固有空間の基底として $\begin{pmatrix}1\\ 0\\ 1\end{pmatrix}, \begin{pmatrix}i\\ 1\\ 0\end{pmatrix}$ がとれる．$\boldsymbol{v}_1=\begin{pmatrix}1\\ 0\\ 1\end{pmatrix}, \boldsymbol{v}_2=\begin{pmatrix}i\\ 1\\ 0\end{pmatrix}$ とおき，これらをグラム・シュミットの直交化法で直交化すれば，

$\boldsymbol{v}_2-\dfrac{(\boldsymbol{v}_2,\boldsymbol{v}_1)}{(\boldsymbol{v}_1,\boldsymbol{v}_1)}\boldsymbol{v}_1=\dfrac{1}{2}\begin{pmatrix}i\\ 2\\ -i\end{pmatrix}$ だから，1 に対する固有空間の正規直交基底として $\dfrac{1}{\sqrt{2}}\begin{pmatrix}1\\ 0\\ 1\end{pmatrix}, \dfrac{1}{\sqrt{6}}\begin{pmatrix}i\\ 2\\ -i\end{pmatrix}$ がとれる．

以上から，$U=\dfrac{1}{\sqrt{6}}\begin{pmatrix}\sqrt{2} & \sqrt{3} & i\\ \sqrt{2}i & 0 & 2\\ -\sqrt{2} & \sqrt{3} & -i\end{pmatrix}$ とおけば U はユニタリー行列であり，$U^{-1}AU=\begin{pmatrix}-2 & 0 & 0\\ 0 & 1 & 0\\ 0 & 0 & 1\end{pmatrix}$ となる．

索　引

著者紹介

川添　充
かわ ぞえ　みつる

現　在　大阪公立大学国際基幹教育機構
教授，京都大学 博士(理学)

山口　睦
やま ぐち　あつし

現　在　大阪公立大学大学院理学研究科
教授，ジョンズ・ホプキンス
大学 Ph.D.

吉冨　賢太郎
よし とみ けん た ろう

現　在　大阪公立大学国際基幹教育機構
准教授，京都大学 博士(理学)

2012年10月30日　初 版 発 行
2025年 1 月28日　初版第10刷発行

理工系新課程 線形代数演習
—解き方の手順と例題解説—

著　者　川添　充
山口　睦
吉冨賢太郎
発行者　山本　格

発行所 株式会社 培　風　館
東京都千代田区九段南 4-3-12・郵便番号 102-8260
電　話(03)3262-5256(代表)・振 替 00140-7-44725

D.T.P. アベリー・平文社印刷・牧 製本

PRINTED IN JAPAN

ISBN 978-4-563-00393-7 C3041